山东省一流本科课程配套教材

U0174813

计算机网络

主　编：肖　川　吕海洋　张栩之
副主编：王红艳　王纪红　郑美珠　徐玉国　郭　赟

电子工业出版社

Publishing House of Electronics Industry

北京 · BEIJING

内 容 简 介

本书从网络形态和构成要素出发，介绍计算机网络的原理、技术、协议及典型应用等。全书共分为 8 章，分别介绍计算机网络基础知识、数据通信与通信网技术、计算机网络体系结构、以太网交换技术、网络互联与互联网、虚拟化技术与服务器搭建、无线网络、计算机网络安全等。

本书是一本实用性很强的教材，适合高等院校计算机、信息管理、电子商务及相关专业的学生和网络从业人员使用。

图书在版编目（CIP）数据

计算机网络 / 肖川，吕海洋，张栩之主编. —北京：电子工业出版社，2023.6

ISBN 978-7-121-45656-5

Ⅰ. ①计⋯　Ⅱ. ①肖⋯　②吕⋯　③张⋯　Ⅲ. ①计算机网络—高等学校—教材　Ⅳ. ①TP393

中国国家版本馆 CIP 数据核字（2023）第 094179 号

责任编辑：王　花

印　　刷：三河市兴达印务有限公司
装　　订：三河市兴达印务有限公司
出版发行：电子工业出版社
　　　　　北京市海淀区万寿路 173 信箱　邮编：100036
开　　本：787×1092　1/16　　印张：17.5　　字数：444.8 千字
版　　次：2023 年 6 月第 1 版
印　　次：2024 年 12 月第 4 次印刷
定　　价：59.00 元

凡所购买电子工业出版社图书有缺损问题，请向购买书店调换。若书店售缺，请与本社发行部联系，联系及邮购电话：（010）88254888，88258888。

质量投诉请发邮件至 zlts@phei.com.cn，盗版侵权举报请发邮件至 dbqq@phei.com.cn。

本书咨询联系方式：（010）88254178，liujie@phei.com.cn。

前　　言

计算机网络技术是当今计算机科学与工程领域迅速发展的新兴技术之一，也是计算机应用中一个空前活跃的领域。计算机网络技术的快速发展促进了信息技术革命的到来，使人类社会步入了信息时代。随着计算机应用的广泛普及，人们的生活、工作、学习及思维方式都已发生了深刻变化，计算机成为人们工作、学习、娱乐和处理日常事务必不可少的工具，网络承载着联通地球的信息传输重任。同时，计算机与其他学科领域交叉融合，促进了学科发展和专业更新，引发了新兴交叉学科与技术的不断涌现。党的二十大报告提出，坚持把发展经济的着力点放在实体经济上，推进新型工业化，加快建设制造强国、质量强国、航天强国、交通强国、网络强国、数字中国。计算机网络技术及其应用已成为发展数字中国、网络强国的重要技术支撑。

计算机网络作为一门交叉学科，涉及计算机技术与通信技术两个学科。计算机网络经过几十年的发展，已经形成了比较完善的体系。为了适应计算机网络课程学习的要求，编者结合自己多年的教学经验编写了本书。本书以注重网络基础知识、实际操作、网络应用为中心，让学生掌握和了解计算机网络的概念、基本原理及应用技术，能够利用互联网络作为本学科的学习与研究工具，适应信息化社会的发展。本书既能保持教学的系统性，又能反映当前网络技术发展的最新成果。在结构设计与内容选择上，编者力求达到层次清晰，能涵盖初学者需要掌握与了解的基本计算机网络理论和应用知识点；同时采用理论与应用技能培养相结合的方法，使初学者在掌握基本概念的基础上，能够比较容易地学习网络应用的基本技能，对计算机网络领域中较为综合的技术与正在发展的技术有所了解。

本书编写团队深入学习党的二十大精神，深刻领悟党的二十大报告的精髓要义，在吸纳创新创业领域最新教学研究成果的基础上对上一版教材进行了修订。本书共有 8 章，第 1 章介绍计算机网络的形成和发展、定义、功能和应用、拓扑结构等；第 2 章介绍数据通信的概念、数据通信方式、数据的编码和调制技术等；第 3 章介绍计算机网络体系结构的概念、OSI参考模型、TCP/IP 体系结构、TCP/IP 协议栈等；第 4 章介绍以太网的原理、分类、端口技术等；第 5 章介绍网络互联技术、网络互联设备、广域网互联技术等；第 6 章介绍虚拟化技术、服务器搭建等；第 7 章介绍无线局域网、无线个域网、移动通信网等；第 8 章介绍网络安全的概念、数据加密、报文摘要、防火墙技术等内容。附录部分介绍网络实用操作技术，包括校园网组建实例、常用网络命令和故障分析等。

《计算机网络》课程被学习强国平台收录，为方便教学，本书还提供完整的教学课件和微课视频，请有需要的老师和学生扫描前言中的二维码查看，如有问题请与电子工业出版社联系（liujie@phei.com.cn）。

本书由烟台南山学院肖川、吕海洋、张栩之主编，王红艳、王纪红、郑美珠、徐玉国、郭赟副主编，孙茜、柳丹阳、杨琼、刘同金、李石师等参编，并由肖川负责统稿，具体分工如下。

第 1 章、第 3 章、第 5 章：肖川。

第 2 章：吕海洋。

第 6 章：徐玉国、张栩之。

第 7 章、第 8 章：王红艳、王纪红。

第 4 章、附录 A、附录 B：郑美珠、郭赟、李石师、孙茜、柳丹阳、杨琼、刘同金。

本书在编写过程中得到了南山集团技术中心和中创软件多位专家的建议，并得到了多所院校教授的宝贵意见，在此表示衷心的感谢。

虽然编者在编写本书的过程中倾注了大量精力与心血，但由于能力有限，书中的不妥之处在所难免，恳切希望广大读者提出宝贵意见，以使本书不断完善。

编者

2023 年 2 月

教学课件

微课视频

目　　录

第1章 计算机网络基础知识

计算机网络借助电缆、光纤、公共通信线路、专用线路、微波、卫星等传输介质，把跨越不同地理区域又相互独立的计算机连接起来形成信息通信网络。计算机网络中所有计算机共同遵循的通信规则称为"协议"（Protocol），在协议的控制下，计算机之间可以实现各类信息的通信以及软件、硬件和数据资源的共享。

计算机网络代表着今后计算机系统发展的一个重要方向，它的发展和应用正改变着人们的传统观念和生活方式，使信息传递和交换更加快捷。目前，计算机网络在全世界范围内迅猛发展，网络应用逐渐渗透到社会的各方面，已经成为衡量一个国家综合水平和国力强弱的标志。

1.1 计算机网络的形成和发展

1.1.1 计算机网络的形成

计算机网络是信息社会最重要的基础设施，并将构成人类社会的信息高速公路。

1. 通信技术的发展

通信技术的发展经历了一个漫长的过程，1835 年莫尔斯发明了电报，1876 年贝尔发明了电话，开创了人类通信事业的新纪元。通信技术在人类生活和两次世界大战中都发挥了极其重要的作用。

2. 计算机网络的产生

1946 年诞生了世界上第一台数字计算机，开辟了向信息社会迈进的新纪元。20 世纪 50 年代，美国利用计算机技术建立了半自动化的地面防空系统，将雷达信号和其他信号经远程通信线路送达计算机进行处理，第一次利用计算机网络实现了远程集中式控制，这是计算机网络的雏形。

1969 年，当时的美国国防部高等研究计划局（ARPA）建立了世界上第一个分组交换网ARPAnet，即互联网的前身，这是一个只有四个节点的分组交换广域网。ARPAnet 以电话线路作为通信网，采取存储转发方式。

1976 年，美国 Xerox 公司开发了基于载波侦听多路访问/冲突检测（CSMA/CD）原理的局域网，取名为"以太网"。以太网用同轴电缆作为共享线路连接多台计算机。

计算机网络是半导体技术、计算机技术、数据通信技术和网络技术相互渗透、相互促进的产物。数据通信的任务是利用传输介质传输信息。

通信网为计算机网络提供了便利而广泛的信息传输通道,而计算机和计算机网络技术的发展也促进了通信技术的发展。

笔记:计算机网络技术=通信技术+计算机技术。

1.1.2 计算机网络的发展

计算机网络出现的时间并不长,但发展速度很快,经历了从简单到复杂的过程。计算机网络最早出现在 20 世纪 50 年代,到现在经历了以下四个阶段。

1. 大型机时代(1965 年~1975 年)

大型机时代是集中运算的时代,使用主机和终端模式结构,所有运算都是在主机上进行的,用户终端为字符方式。在这一结构里,最基本的联网设备是前端处理机和中央控制器(又称集中器),所有终端都连到集中器上,通过点到点电缆或电话专线连到前端处理机上。

2. 小型机时代(1975 年~1985 年)

美国 DEC 公司最先推出了小型机及其联网技术,采用了允许第三方产品介入的联网结构,加速了网络技术的发展。很快,10Mbps 的局域网速率在 DEC 推出的 VAX 系列主机、终端服务器等一系列产品上被广泛采用。

3. 共享型局域网时代(1985 年~1995 年)

随着 DEC 公司和 IBM 公司基于局域网(Local Area Network,LAN)的终端服务器和微型计算机诞生和快速发展,各领域纷纷需要解决资源共享问题。为满足这一需求,一种基于 LAN 的网络操作系统研制成功,与此同时,基于 LAN 的网络数据库系统应用也得到快速发展。

在共享型局域网时代,由于安装不方便,粗缆技术开始被双绞线这种高可靠性的星形网络结构取代,大楼楼层开始放置集线器,用于连接总线网和令牌环网的桥接器也研制成功。这些设备在扩大联网规模的同时也加大了广播信息量,对网络规模的继续扩大构成了威胁。随后出现了以路由器为基础的联网技术,这不但解决了提升带宽的问题,而且解决了广播风暴问题。

4. 交换时代(1995 年至今)

个人计算机(Personal Computer,PC)的快速发展是开创网络计算时代最直接的动因。交换时代的网络数据业务强调可视化,例如 Web 技术的出现与应用、各种图像文档的信息发布、用于诊断的医疗放射图片的传输、视频培训系统的广泛应用等。多媒体业务的快速增长、全球信息高速公路的提出和实施都对网络带宽提出了更快、更高的要求。显然,几年前运行良好的路由器技术已经不能满足这些要求,一个崭新的交换时代已经来临。

1.1.3 计算机网络的发展趋势

计算机网络的发展趋势是 IP 技术+光网络,光网络将会演化为全光网络。从网络服务层面上看,未来将是一个 IP 的世界,通信网络、计算机网络和有线电视网络将通过 IP 实现三网合一；从传输层面上看，未来将是一个光的世界；从接入层面上看，未来将是一个有线和无线的多元化世界。

1. 三网合一

目前广泛使用的网络有通信网络、计算机网络和有线电视网络等。随着技术的不断发展，新业务不断出现，新旧业务不断融合，作为载体的各类网络也不断融合，使目前广泛使用的三类网络正逐渐向统一的 IP 网络发展，即所谓的"三网合一"。

实现"三网合一"并最终形成统一的 IP 网络后，传递数据、语音、视频等只需要建造、维护一个网络，可简化管理，也会大大地节约开支，同时可提供集成服务，方便用户。

2. 光通信技术

光通信技术已有四十多年的历史。随着光器件、各种光复用技术和光网络协议的发展，光传送系统的容量已从 Mbps 级发展到 Tbps 级，提高了近 100 万倍。

光通信技术的发展主要有两个大的方向，一是主干传输向高速率、大容量的光传输网发展，最终实现全光网络；二是接入方式向低成本、综合接入、宽带化光纤接入网发展，最终实现光纤到家庭和光纤到桌面。全光网络是指光信息流在网络中的传输和交换始终以光的形式实现，不再经过光/电、电/光转换，即信息从源节点到目的节点的传输过程中始终在光域内。

3. IPv6 协议

TCP/IP 协议族是互联网的基石之一，而 IP 协议是 TCP/IP 协议族的核心。目前 IP 协议的版本为 IPv4，地址位数为 32 位，即理论上约有 43 亿个地址。随着互联网应用和网络技术不断发展，IPv4 的问题逐渐显露出来，主要表现为地址资源枯竭、路由表急剧膨胀、对网络安全和多媒体应用的支持不够等。

IPv6 是下一版本的 IP 协议，也可以说是下一代 IP 协议。IPv6 采用 128 位地址长度，几乎可以不受限制地提供地址。理论上约有 3.4×10^{38} 个 IPv6 地址，而地球的表面积也仅有 $5.1 \times 10^{18} cm^2$，即使按保守方法估算 IPv6 实际可分配的地址，每平方厘米面积上也可分配到若干亿个 IPv6 地址。除了解决地址短缺问题，IPv6 同时也弥补了 IPv4 的其他缺陷，例如端到端 IP连接、服务质量（QoS）、安全性、IP 多播、移动性、即插即用等。

4. 宽带接入技术

计算机网络必须要有宽带接入技术的支持，各种宽带服务与应用才有可能开展。只有接入网的带宽瓶颈问题被解决，骨干网和城域网的容量潜力才能真正发挥。尽管当前宽带接入技术有很多种，但只要是不和光纤结合的技术，就很难在下一代网络中应用。目前光纤到户技术（Fiber To The Home，FTTH）的成本已下降至用户可以接受的程度，这里涉及两个新技术，一个是以太网无源光网络技术（Ethernet Passive Optical Network，EPON），另一个是自由空间光通信技术（Free Space Optical Communication，FSOC）。

由 EPON 支持的光纤到户技术正在异军突起，它能支持 Gbps 级别的数据传输速率，其成本在不久的将来会降到与数字用户线路（Digital Subscriber Line，DSL）和混合光纤同轴电缆（Hybrid Fiber Coax，HFC）相同的水平。

FSOC 通过大气而不是光纤传输光信号，是光纤通信与无线电通信的结合，数据传输速率可达到 1Gbps。FSOC 既在无线接入带宽上有了明显突破，又不需要在稀有资源无线电频率上有很大的投资。与光纤线路相比，FSOC 不仅安装简便，节约时间，而且成本也低很多，已在企业和居民区得到应用，但易受环境因素干扰。

5. 移动通信系统技术

与 4G 系统和 3G 系统相比，4G+系统的传输容量更大，灵活性更高，以多媒体业务为基础，已形成很多标准，并将引入新的商业模式。4G 以上系统以宽带多媒体业务为基础，使用更高更宽的频带，使传输容量更上一层楼。

笔记：计算机网络发展的趋势是有线网络光纤化、终端用户无线化和网络应用智能化。

1.2　计算机网络的定义

计算机网络自诞生以来，没有一个标准的定义，最简单的定义是：一些互相连接的、自治的计算机的集合。

综合各种计算机网络的定义，本书对计算机网络的定义为：不同地理位置上两台或两台以上独立的计算机通过通信设备和传输介质相互连接，在网络软件的作用下完成资源共享和数据通信等基本任务的系统。独立的计算机又称为自治的计算机，是指计算机网络中连接的主机，能独立于计算机网络处理数据。网络软件是指网络系统软件（如网络操作系统）、网络应用软件和网络协议软件等。

笔记：网络资源包括软件资源、硬件资源和数据资源；软件是用来处理数据的功能的集合。

计算机网络的用户一般使用网络应用软件，网络应用软件通过通信链路和协议进行通信。

1.3　计算机网络的功能和应用

计算机网络系统包括网络传输介质、网络连接设备、各种类型的计算机等。在软件方面，计算机网络系统需要有网络协议、网络操作系统、网络管理和应用软件等。

1.3.1　计算机网络的功能

计算机网络是计算机技术与通信技术相结合的产物，它的应用范围不断扩大，功能也不断增强，主要包括以下几个方面。

1. 共享资源

现代计算机网络的主要目的是共享网络资源，包括硬件资源（大容量的硬盘、打印机等）、软件资源（各种网络应用软件等）和数据资源（文字、图片、视频等）。

网络中的各种资源均可以根据不同的访问权限和访问级别提供给入网的计算机用户共享使用，可以是全开放的，也可以按权限访问。用户可以在权限范围内共享网络系统提供的资源，不受实际地理位置的限制。例如，客户端的用户可以在网络服务器上建立用户目录并将自己的数据文件存放到此目录下，也可以从服务器上读取共享的文件，还可以把文件发送到与网络连接的打印机上进行打印，当然也可以从网络中检索自己所需要的信息数据等。

在计算机网络中，如果某台计算机的处理任务过重，也就是太"忙"时，可通过网络将部分工作转交给较为"空闲"的计算机来完成，均衡使用网络资源。

2. 数据通信

数据通信是计算机网络最基本的功能，用来快速传输计算机之间的各种信息，包括文本、图形、图像、声音和视频信息等。利用这一功能，可将分散在不同地理位置的计算机连接起来，进行统一的调配、控制和管理。

利用计算机网络可以传输文件、访问大型机、在异地同时举行网络会议、发送与接收电子邮件、在家中办公或购物、在网络上欣赏体育比赛等，还可以在网络上与他人聊天或讨论问题等。

3. 提高信息系统的可靠性

计算机网络中的计算机能够彼此互为备用，一旦网络中某台计算机出现故障，故障计算机的任务可以由其他计算机来完成，不会出现单机故障使整个系统瘫痪的现象，增加了计算机网络系统的安全可靠性。如果网络中的一台计算机或一条线路出现故障，可以通过其他无故障线路传输信息，并在其他无故障的计算机上进行处理。

计算机网络对不可抗拒的自然灾害也有较强的应对能力，战争、地震、水灾等可能使一个单位或一个地区的信息处理系统处于瘫痪状态，但整个计算机网络中其他地域的系统仍能工作，只是在一定程度上降低了计算机网络的分布处理能力。

4. 分布式处理

在具有分布式处理能力的计算机网络中，可以将任务分散到多台计算机上进行处理，由网络来完成多台计算机的协调工作。对于较大型的综合性问题，可按一定的算法将任务分配给网络中的不同计算机进行分布式处理，提高处理速度，有效利用设备。这样，以往需要大型机才能完成的大型题目可由多台微型机或小型机组成的网络协调完成，运行费用大大降低，运行效率大大提高，还能保证数据的安全性、完整性和一致性。

采用分布式处理技术，往往能将多台性能不一定很高的计算机连成具有高性能的计算机网络，使解决大型复杂问题的费用大大降低。

5. 实时控制和综合处理

利用计算机网络，可以完成数据的实时采集、实时传输、实时处理和实时控制，这在实时性要求较高或环境恶劣的情况下非常有用。另外，通过计算机网络可将分散在各地的数据信息进行集中或分级管理，综合分析处理后得到有价值的数据信息资料；也可以利用计算机网络完成下级生产部门向上级部门的集中汇总，使上级部门及时了解情况。

1.3.2　计算机网络的应用

计算机网络的功能和特点使计算机网络已经深入社会生活的各个方面，例如办公自动化、信息管理、远程教育、公共生活服务信息化、电子商务和电子政务等。随着现代信息社会进程的推进，计算机技术和通信技术迅猛发展，计算机网络的应用越来越普及，打破了空间和时间的限制，其应用可归纳为下列几个方面。

1. 办公自动化

人们已经不满足于用个人计算机进行文字处理及文档管理，普遍要求把一个机关或企业的办公计算机连成网络，以简化办公室的日常事务，这些事务包括以下几部分。

（1）信息录入和存档。

（2）信息的综合处理与统计。

（3）报告生成以及部门之间或上下级之间的报表传递。

（4）通信和联络（电话、邮件）。

（5）决策与判断。

2. 信息管理

信息管理对部门多、业务复杂的大型企业更有意义，也是当前计算机网络应用最广泛的方面，主要包括以下三部分。

（1）按不同的业务部门设计子系统，例如计划统计子系统、人事管理子系统、设备仪器管理子系统等。

（2）工况监督系统，例如对大型生产设备、仪器参数、产量等信息实时采集的综合信息处理系统。

（3）企业管理决策支持系统。

3. 远程教育

基于计算机网络的远程教育系统能适应信息化社会对教育高效率、高质量、多学制、多学科、个别化、终身化的要求。因此，有人把远程教育看成教育领域的信息革命，也是科教兴国的重要举措。

4. 公共生活服务信息化

公共生活服务信息化包括以下几方面的网络应用服务。

（1）与电子商务有关的网上购物服务。

（2）基于信息检索服务的各种生活信息服务，例如天气预报信息、旅游信息、交通信息、图书资料出版信息、证券行情信息等。

（3）基于联机事务处理系统的各种事务性公共服务，例如火车联网订票系统、银行汇兑及取款系统、旅店客房预定系统、图书借阅管理系统等。

（4）各种方便、快捷的网络通信服务，例如网络电子邮件、网络电话、网络传真、网络寻呼机、网上交友、网络视频会议等。

（5）网上广播和电视服务，例如网上新闻组、交互式视频点播等。

5. 电子商务

商贸电子化和电子数据交换等网络应用把商店、银行、运输、海关、工厂、仓库等各个部门联系起来，实现了无纸、无票据的电子贸易。电子商务可提高流通速度，降低成本，提高商业竞争力，是全球化经济的体现，也是构造全球化信息社会不可缺少的纽带。

6. 电子政务

政府上网可以及时发布政府信息并接收和处理公众反馈的信息，增强人民群众与政府领导之间的直接联系和对话，有利于提高政府机关的办事效率，提高透明度和决策准确性，也有利于廉政建设和社会民主建设。

1.4　计算机网络的拓扑结构

计算机网络的拓扑机构是指通信线路和节点的几何排序，用以说明网络的整体结构外貌，同时也反映了各组成模块之间的结构关系。拓扑结构影响网络的设计、功能、可靠性、通信费用等方面，是计算机网络研究的主要内容之一。拓扑结构有很多种，主要有星型、总线型、环型、网状、树型和混合型等。

1. 星型拓扑结构

星型拓扑结构由中心节点和一些与它相连的从节点组成，如图 1-1 所示。中心节点可与从节点直接通信，而从节点之间必须经中心节点转接才能通信。星型拓扑结构的中心节点一般有两类，一类是功能很强的计算机，它具有数据处理和转接的双重功能，为存储转发方式，转接会产生时间延迟；另一类是转接中心，仅起到各从节点的连通作用。

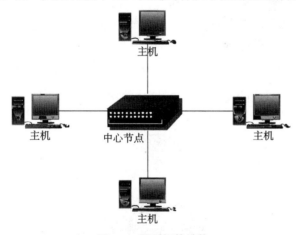

图 1-1　星型拓扑结构

星型拓扑结构有以下特点。
（1）便于维护和管理。
（2）重新配置的灵活性高。
（3）网络延迟时间较短。
（4）网络共享能力较差。
（5）通信线路利用率低。

2. 总线型拓扑结构

总线型拓扑结构采用公共总线作为传输介质，各节点通过相应的硬件接口直接连到总线，信号沿介质进行广播式传输，如图 1-2 所示。总线型拓扑结构共享无源总线，通信处理为分布式控制，故入网节点必须智能，能执行介质访问控制协议。

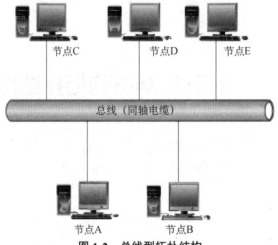

图 1-2　总线型拓扑结构

总线型拓扑结构有以下特点。
（1）结构简单，非常便于扩充。
（2）可靠性高，网络响应速度快。
（3）设备量少，价格低，安装使用方便。
（4）共享资源能力强，一个节点发送，所有节点都可接收。
（5）故障诊断和隔离比较困难。

3. 环型拓扑结构

环型拓扑结构为一个封闭的环形，各节点通过中继器连入网内，各中继器之间首尾连接，信息沿环路单向逐点传输，如图 1-3 所示。

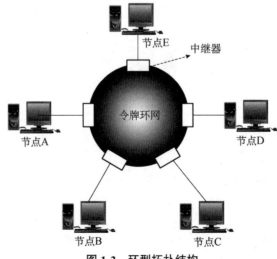

图 1-3　环型拓扑结构

环型拓扑结构有以下特点。

（1）信息在网络中沿固定方向流动，两个节点间仅有唯一通路，大大简化了路径选择。

（2）某个节点发生故障时，可以自动旁路，可靠性较高。

（3）当节点过多时，会影响传输效率，网络响应时间变长。

4. 网状拓扑结构

网状拓扑结构又称为分布式结构，无严格的布点规定和构形，节点之间有多条线路可供选择，如图1-4所示。在网状拓扑结构中，某一线路或节点发生故障不会影响整个网络的工作，具有较高的可靠性，而且资源共享方便。

网状拓扑结构的节点通常和其他多个节点相连，各个节点都具有路由选择和流量控制功能，所以网络管理比较复杂，硬件成本较高。

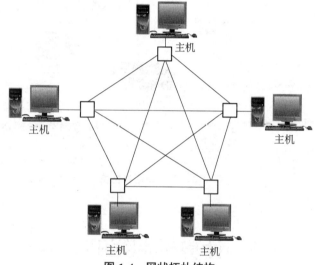

图 1-4　网状拓扑结构

5. 树型拓扑结构

树型拓扑结构是从总线型和星型拓扑结构演变而来的，其形状像一棵倒置的树，顶端有一个带分支的根，每个分支还可延伸出子分支，如图1-5所示。树型拓扑结构综合了星型拓扑结构和总线型拓扑结构的优缺点。

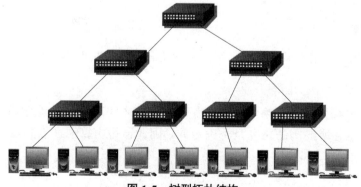

图 1-5　树型拓扑结构

6. 混合型拓扑结构

多个不同类型的拓扑结构组成混合型拓扑结构，如图 1-6 所示。

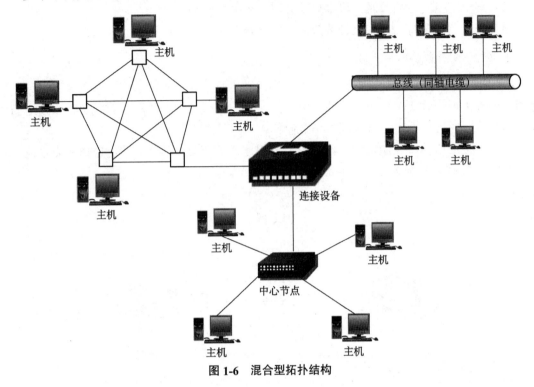

图 1-6 混合型拓扑结构

1.5 计算机网络的分类

计算机网络有多种分类方法，其中最常用的分类依据有三种，即按网络的传输技术、网络的覆盖范围和网络的拓扑结构进行分类。

1.5.1 按网络的传输技术分类

1. 广播网络

广播网络的通信信道是共享介质，网络上的所有计算机共享传输通道。

2. 点到点网络

点到点网络也称为分组交换网，发送者和接收者之间有许多条连接通道，数据分组要通过通信设备，而且所经历的路径是不确定的。因此，路由算法在点到点网络中起着重要作用。

1.5.2　按网络的覆盖范围分类

计算机网络按照网络的覆盖范围可以分为个域网、局域网、城域网和广域网。

1. 个域网

个域网（Personal Area Network，PAN）是近几年随着穿戴设备和便携式移动设备的快速发展而出现的网络类型。个域网通常是由个人设备通过无线通信技术构成的小范围网络，可以实现个人设备间的数据传输，覆盖范围通常为 1m～10m。

2. 局域网

局域网（Local Area Network，LAN）的地理分布范围在几百米以内，一般建立在某个机构所属的一个建筑群内或大学校园内，也可以由办公室或实验室的几台计算机连接组成。局域网连接用户的微型计算机及资源共享设备（如打印机等）进行信息交换，通过路由器与广域网或城域网相连，实现远程访问和通信。LAN 是当前计算机网络发展中最活跃的分支，有别于其他类型网络的特点如下。

（1）覆盖范围有限，一般仅在几百米至几千米的范围内。

（2）数据传输率高，一般在 10Mbps～100Mbps。现在的高速 LAN 的数据传输率可达到千兆级别，信息传输的过程中延迟小、差错率低。

（3）易于安装，便于维护。

3. 城域网

城域网（Metropolitan Area Network，MAN）采用类似于 LAN 的技术，但规模比 LAN 大。MAN 的覆盖范围通常为几千米至几十千米，介于 LAN 和 WAN 之间，一般覆盖一个城市或地区。

4. 广域网

广域网（Wide Area Network，WAN）的作用范围很大，可以是一个国家或一个洲际网络，规模十分庞大而复杂。WAN 的传输介质由专门负责公共数据通信的机构提供，有以下特点。

（1）覆盖范围广，可以形成全球性网络，是互联网的核心部分。

（2）数据传输速率高，连接广域网各节点交换机的链路一般都是高速链路，具有较大的通信容量。

（3）通信线路一般使用电信部门的公用线路或专线，例如公共交换电话网、综合业务数字网、数字数据网、非对称数字用户线路等。

局域网、城域网和广域网的比较如表 1-1 所示。

表 1-1　局域网、城域网和广域网的比较

	局域网	城域网	广域网
地理范围	室内；校园内部	建筑物之间；城区内	国内；国际
所有者和运营者	单位所有	几个单位共有或公用	通信运营公司所有
通信方式	共享介质，分组广播	共享介质，分组广播	共享介质，分组交换

	局域网	城域网	广域网
传输速率	10Mbps～1000Mbps	10Mbps～1000Mbps	100Mbps～10Gbps
误码率	最小	中	较大
拓扑结构	规则结构 总线型、星型和环型	规则结构 总线型、星型和环型	不规则的网状结构
主要连接设备	以太网交换机	城域网交换机	广域网交换机
主要应用	分布式数据处理 办公自动化	LAN 互联 综合传输声音、视频等	MAN、LAN 互联 远程数据传输

1.5.3　按网络的拓扑结构分类

计算机网络按照网络的拓扑结构可以分为星型网络、总线型网络、环型网络、网状网络、树型网络和混合型网络等，如 1.4 所述。

1.5.4　其他网络分类方法

1. 按照网络控制方式的不同，可把计算机网络分为分布式网络和集中式网络。

2. 按照信息交换方式的不同，可把计算机网络分为分组交换网、报文交换网、电路交换网和综合业务数字网。

3. 按照网络环境的不同，可把计算机网络分为企业网、部门网和校园网等。

4. 按照数据传输速率的不同，可把计算机网络分为低速网、中速网和高速网。

（1）低速网的数据传输速率为 300bps～1.4Mbps，通常借助调制解调器实现。

（2）中速网的数据传输速率为 1.5Mbps～45Mbps，主要是传统的数字式公用数据网。

（3）高速网的数据传输速率为 50Mbps～1000Mbps。

5. 按照配置的不同，可把计算机网络分为同类网、单服务器网和混合网，几乎所有客户机/服务器模式的网络都是这三种网络中的一种。

6. 按照传输介质带宽的不同，可把计算机网络分为基带网络和宽带网络。

数据的原始数字信号固有的频带（没有加以调制）叫基本频带，或称基带，这种原始数字信号称为基带信号。数据直接通过基带信号在信道中传输的方式称为基带传输，其网络称为基带网络。

基带信号占用的频带宽，往往独占通信线路，不利于信道的复用，且抗干扰能力差，容易发生衰减和畸变，不利于远距离传输。不同频率的多种信号在同一传输线路中传输的方式称为宽带传输，其网络称为宽带网络。

7. 按照网络协议的不同，可把计算机网络分为以太网（Ethernet）、令牌环网（Token Ring）、光纤分布式数据接口网络（FDDI）、X.25 分组交换数据网络、TCP/IP 网络、系统网络体系结构（SNA）、异步传输模式网络（ATM）等。

笔记：传统的以太网使用总线型和星型拓扑结构；交换式以太网使用星型拓扑结构；广域网使用星型、网状和环型等拓扑结构；实际应用中可能是混合型结构或树型结构。

1.6　计算机网络的基本组成

按照物理组成来划分，计算机网络由若干计算机（服务器、客户机）和各种通信设备通过电缆、电话线等通信线路连接组成；按照数据通信和数据处理的功能来划分，计算机网络由外层的资源子网和内层的通信子网组成。

1. 计算机网络的系统组成

一个计算机网络从逻辑功能上可分为两部分，计算机和终端负责数据处理，通信控制处理机和通信链路负责数据通信。

从系统组成的角度来看，典型的计算机网络分为资源子网和通信子网两部分，资源子网负责数据处理，通信子网负责数据传输，如图 1-7 所示。

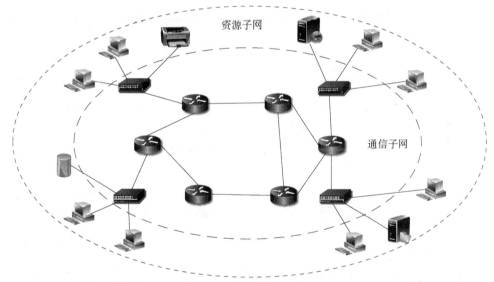

图 1-7　计算机网络的系统组成

（1）资源子网

资源子网由主机、终端、终端控制器、计算机外设、软件资源和信息资源等组成。资源子网不仅能提供资源共享所需的硬件、软件及数据资源，还具备访问计算机网络和处理数据的能力。

网络中的主机可以是大型机、中型机、小型机、工作站或微型机。主机是资源子网的主要组成单元，通过高速通信线路与通信子网的控制处理机相连。随着微型机的广泛应用，接入计算机网络的微型机数量日益增多，它可以作为主机的一种类型直接通过通信控制处理机接入网内，也可以间接通过联网的大、中、小型计算机系统接入网内。

终端是直接面向用户的交互设备，可以是由键盘和显示器组成的简单终端，也可以是微型计算机系统。终端控制器连接一组终端，负责这些终端和主机的信息通信，或者直接作为网络节点。

计算机外设主要是指网络中的一些共享设备，例如大型的硬盘机、高速打印机、大型绘图仪等。

（2）通信子网

通信子网由通信控制处理机、通信线路、信号转换设备及其他通信设备组成，主要完成数据的传输、交换以及通信控制等功能。

通信控制处理机在通信子网中又被称为网络节点，它一方面是与资源子网的主机和终端连接的接口，将主机和终端接入网内；另一方面又作为通信子网中的分组存储转发节点，完成分组的接收、校验、存储和转发等功能，将数据准确发送到目的主机。

通信线路为通信控制处理机和主机或其他通信控制处理机之间提供通信信道。计算机网络采用了多种通信线路，例如电话线、双绞线、同轴电缆、光纤、无线通信信道、微波与卫星通信信道等。

信号转换设备的功能是对信号进行转换以适应不同传输介质的要求，这些设备一般有调制解调器、无线通信接收和发送器、用于光纤通信的编码解码器等。

计算机网络还具有功能完善的软件系统，支持数据处理和资源共享功能。为了在网络各个单元之间进行正确的数据通信，通信双方必须遵守一致的规则或约定，这些规则或约定称为网络协议。

2. 计算机网络的组成部分

（1）服务器

服务器是一台高性能计算机，用于网络管理、运行服务程序、处理各网络工作站成员的信息请求等，并连接一些外部设备如打印机、CD-ROM 等。服务器根据作用的不同可分为文件服务器、应用程序服务器、通信服务器和数据库服务器等。

（2）客户机

客户机也称工作站，网络中由服务器进行管理和提供服务的计算机都属于客户机，其性能一般低于服务器。个人计算机接入计算机网络后，在获取服务的同时，其本身也成为一台客户机。

（3）网络适配器

网络适配器也称网卡，在局域网中用于将用户计算机与网络相连。大多数局域网采用以太网卡。

（4）网络传输介质

网络传输介质用于网络设备之间的通信连接，常用的网络传输介质有双绞线、同轴电缆、光纤和无线介质等。

（5）网络操作系统

网络操作系统是用于管理的核心软件，目前常用的网络操作系统有 UNIX（IBM AIX、Sun Solaris、HP-UX 等）、PC UNIX （SCO UNIX、Solaris X86 等）、Novell NetWare、Windows NT、Apple Macintosh、Linux 等。

UNIX 系统因其悠久的历史、强大的通信和管理功能以及可靠的安全性等得到较为普遍的认可；Windows NT 系统则利用价格优势、友好的用户界面、简易的操作方式和丰富的应用软件等特性，在短短几年时间内从小型网络系统的市场竞争中脱颖而出。

（6）协议

协议是网络设备之间进行互相通信的语言和规范，常用的网络协议有以下几种。

① TCP/IP 协议。TCP/IP 协议是互联网中使用的基本通信协议，虽然从名字上看包括两个协议，但它实际上是一组协议，包括了上百个各种功能的协议。TCP 协议和 IP 协议是保证数据完整传输的两个基本协议，通常说的 TCP/IP 协议是指互联网协议族，而不单单指 TCP 协议和 IP 协议。

② IPX/SPX 网络协议。IPX/SPX 网络协议是指 IPX 协议和 SPX 协议，IPX 协议负责数据包的传输，SPX 协议负责保证数据包传输的完整性。

③ NetBEUI 协议。NetBEUI 协议是 NetBIOS（Network Basic Input/Output System，网络基本输入/输出系统）的一种扩展，主要用于本地局域网中，一般不能用于与其他网络的计算机进行沟通。

④ WWW 协议。"WWW"是"World Wide Web（环球信息网）"的缩写，也可以简称为"Web"，中文名字为"万维网"。把 Web 页面传输给浏览器的协议是 HTTP（Hyper Text Transfer Protocol，超文本传输协议）。

（7）客户软件和服务软件

客户机上使用的应用软件称为客户软件，用于应用和获取网络上的共享资源。用在服务器上的服务软件则使网络用户可以获取服务器上的各种服务。

1.7　计算机网络的主要性能指标

不同的性能指标从不同的方面来衡量计算机网络的优劣，下面介绍计算机网络的主要性能指标。

1. 传输速率

比特（Bit）是计算机中数据存储的最小单位，也是信息论中使用的信息量单位，一个比特就是二进制数中的一个 0 或 1。计算机网络的传输速率是指计算机在单位时间内往通信信道上传输的比特数，单位为 bit/s（比特每秒），也写为 bps（Bit Per Second）。

在计算机网络中，常用的传输速率单位及换算如下。

（1）$1\text{kbps}=2^{10}\text{bps}=1024\text{bps}$。

（2）$1\text{Mbps}=2^{10}\text{kbps}=1024\text{kbps}$。

（3）$1\text{Gbps}=2^{10}\text{Mbps}=1024\text{Mbps}$。

（4）$1\text{Tbps}=2^{10}\text{Gbps}=1024\text{Gbps}$。

2. 带宽

"带宽"一词原指模拟信号的频带范围。在计算机网络中主要传输的是数字信号，仍然沿用了"带宽"一词，表示的意义是单位时间内从网络中一个节点到另外一个节点所能通过的最高传输速率，单位为 bps。

3. 吞吐量

吞吐量表示单位时间内通过某个网络接口（或信道）的数据量，往往小于网络的带宽，单位为 bps。在分组交换网络中，源主机到目的主机的吞吐量在理想情况下约等于瓶颈链路的带宽。

4. 时延

时延是数据从发送端到接收端所需要的时间。计算机网络的时延主要包括处理时延、发送时延和传播时延三部分，如图 1-8 所示。

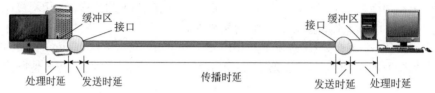

图 1-8　计算机网络的时延

（1）处理时延

处理时延主要指数据排队和处理花费的时间。计算机网络中的数据以并行方式进行传输，信号以串行方式进行传输，因此需要将并行的数据发往串行信道上，进行排队处理。此外，数据分组在每个网络节点都需要提取首部并分析，分析首部中的控制部分和数据部分也会产生时延。

（2）发送时延

发送时延是指网络中各主机和通信设备通过接口将数据发送到链路上所需要的时间总和。

（3）传播时延

传播时延是指电磁信号在信道中传播所需时间的总和。电磁信号的理想传播速度为光速（3.0×10^8 m/s），在传输介质中的传播速度比光速略低一些，例如在铜线中的传播速度为 2.3×10^8 m/s，在光纤中的传播速度为 2.0×10^8 m/s。

处理时延在特定的网络中受计算机和通信设备的性能影响，无法人为改变；发送时延与接口带宽成反比，随着带宽的增加，发送时延随之减少；在特定的计算机网络中，无法改变网络的传播时延。因此，一般只能通过增加接口（信道）的带宽来减少网络时延。

5. 时延带宽积

如果将物理链路看成一个传输数据的管道，时延带宽积表示一段链路可以容纳的数据位数，其计算公式为：时延带宽积=传播时延×带宽。

6. 利用率

利用率是指信道利用率的加权平均值，时延 P 与网络空闲时的时延 P_0 和利用率 U 之间的关系为：$P=P_0/(1-U)$。U 的值在 0 到 1 之间，当 U 大于 1/2 时，时延会急剧增大；U 接近于 1 时，时延趋于无穷大。

因此，网络的利用率应控制在 1/2 之内，如果超过 1/2，就要准备扩容，增加信道带宽。

笔记：在计算机网络的总时延中，处理时延和传播时延在网络搭建完成后一般不能改变，只能通过提高网络接口的发送速率或增加带宽来缩短发送时延，从而减少总时延。

本章习题

1-1 互联网最早起源于（ ）。

A. ARPAnet   B. 以太网   C. NSFnet   D. 环状网

1-2 计算机互联的主要目的是（ ）。

A. 制定网络协议   B. 将计算机技术与通信技术相结合

C. 集中计算   D. 资源共享

1-3 在相隔 400km 的两地间通过电缆以 4800bps 的速率传输 3000 比特的数据，从开始发送到接收完成需要的时间是（ ）。

A. 480ms   B. 607ms   C. 612ms   D. 627ms

第2章 数据通信与通信网技术

随着网络的普及，通信系统已成为现代文明的标志之一，是现代社会必不可少的组成元素，对人们的日常生活和社会活动起到了重要作用。通信系统正变得越来越复杂，学习数据通信与通信网技术的基本概念，是掌握计算机网络技术的基础。

2.1 数据通信的基本概念

数据通信是指在计算机之间、计算机与终端之间以及终端与终端之间传输表示字符、数字、语音、图像等的二进制代码序列的过程。数据通信系统是由计算机、远程终端、数据电路以及有关通信设备组成的一个完整系统。任何一个远程信息处理系统或计算机网络都必须实现数据通信与信息处理功能，前者为后者提供信息传输服务，后者则在前者提供的服务基础上实现系统应用。

2.1.1 数据、信息与信号

数据通信的目的是传递信息，计算机产生的信息一般是数字、文字、语音、图形或图像等的组合。为了传输这些信息，首先要将数字、文字、语音、图形或图像等用二进制代码来表示。因此，在数据通信技术中，数据（Data）、信息（Information）与信号（Signal）是十分重要的概念。

1. 数据

对于数据通信来说，被传输的二进制代码称为数据，数据是信息的载体。数据涉及对事物的表示形式，是通信双方交换的具体内容。数据通信的任务就是传输二进制代码序列，而不需要解释代码所表示的内容。

数据分为模拟数据和数字数据。模拟数据的取值是连续的（现实生活中的数据大多是连续的，例如人的语音强度、电压高低等），而数字数据只在有限的离散点上取值（如计算机输出的二进制数只有 0 和 1 两种状态）。

模拟数据经过处理很容易变成数字数据，这就是人们要从模拟电视系统发展到数字电视系统的原因。数字数据比较容易存储、处理和传输，但存在系统庞大、设备复杂等缺点，因此在某些需要简化设备的情况下会采用模拟数据传输。

2. 信息

信息是数据的内涵，信息需要通过数据表示出来，是对数据所表示内容的解释。信息的载体可以是数字、文字、语音、图形或图像等。

信息作为一种社会资源，古来有之，现代社会中的信息更是多而复杂。计算机具有快速、高效、智能化、存储记忆和自动处理等一系列的特点，在信息化社会中，信息的采集、加工、处理、存储、检索、识别、控制和分析都离不开计算机。

3. 信号

信号是数据在传输过程中的电磁波表示形式。在数据通信中，信息被转换为适合在通信信道上传输的电编码、电磁编码或光编码，这种在信道上传输的编码叫作信号。按照在传输介质上传输的信号类型，可以将信号分为模拟信号和数字信号。

模拟信号（Analog Signal）是指幅度随时间连续变化的信号。普通电视里的图像和语音信号是模拟信号。普通电话线上传输的电信号是随着通话者的声音变化而变化的，这种信号也是模拟信号。模拟信号在时间上和幅度上均是连续变化的，在一定的范围内可能取任意值，如图 2-1 所示。

数字信号（Digital Signal）是指在时间上不连续、离散的信号，一般由脉冲电压 0 和 1 两种状态组成。数字脉冲在短时间内维持一个固定的值，然后快速变换为另一个值。数字信号的每个脉冲被称作一个二进制数或位，有 0 和 1 两种可能的值，连续 8 位组成一个字节，如图 2-2 所示。

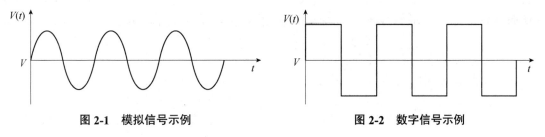

图 2-1　模拟信号示例　　　　　　　图 2-2　数字信号示例

> 笔记：数据承载信息，信息是有意义的数据；信号承载数据，数据编码成信号，信号解码成数据。

2.1.2　数据通信系统的组成

通信系统中产生和发送信息的一端叫作信源，接收信息的一端叫作信宿，信源和信宿之间的通信线路称为信道。信息进入信道时要转换为适合信道传输的形式，在进入信宿时又要转换为适合信宿接收的形式。信道的物理性质不同，对传输速率和传输质量的影响也不同。信息在传输过程中受到的外界干扰叫作噪声，不同的物理信道受各种干扰的影响不同。通信系统的基本模型包括信源、发送器、信道、接收器和信宿，如图 2-3 所示，把除去两端设备的部分叫作信息传输系统。

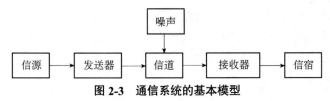

图 2-3　通信系统的基本模型

1. 信源和信宿

信源是信息的发送端，是发出信息的人或设备；信宿是信息的接收端，是接收信息的人或设备。大部分信源和信宿都是计算机或其他数据终端设备。

2. 信道

信道是通信双方以传输介质为基础的传输信息的通道，它建立在通信线路及其附属设备（如收发设备）上。该定义似乎与传输介质一样，但实际上两者并不完全相同，传输介质的线路上往往包含多个信道。

信道本身也可以是模拟或数字形式的，用于传输模拟信号的信道叫作模拟信道，用于传输数字信号的信道叫作数字信道。模拟信道只能传输模拟信号，数字信道只能传输数字信号。数字信号要想通过模拟信道进行传输，必须先将数字信号转换成模拟信号。

3. 发送器和接收器

发送器的作用是将信源发出的信息转换成适合在信道上传输的信号。对应不同的信源和信道，发送器有不同的组成和转换功能。发送器可以是编码器或调制器，接收器相对应的就是译码器或解调器。

编码器的功能是把信源或其他设备输入的二进制代码序列作相应的转换，使之成为其他形式的数字信号或模拟信号。编码的目的有两个，一是将信源输出的信息进行转换，便于在信道上进行有效传输，此为信源编码；二是在信源输出的信息或经过信源编码后的信息中加入一些冗余码，以便接收器能够正确识别信号，降低信号在传输过程中出现差错的概率，此为信道编码。译码器在接收端完成编码的反过程。

调制器把信源或编码器输出的脉冲数字信号转换（调制）成模拟信号，以便在模拟信道上进行远距离传输。解调器的作用是把接收端接收的模拟信号还原为脉冲数字信号。

网络中绝大多数信息都是双向传输的，所以在大多数情况下，信源也作信宿，信宿也作信源；编码器也具有译码功能，译码器也能编码，因此合并通称为编码译码器；同样，调制器也能解调，解调器也可调制，因此合并通称为调制解调器。

4. 噪声

一个通信系统不可避免地存在着噪声干扰，这些干扰分布在数据传输过程的各个部分。为分析或研究问题方便，通常把它们等效为一个作用于信道上的噪声。

2.1.3 通信信道的分类

信道是数据信号传输的必经之路，一般由传输线路和传输设备组成。

1. 物理信道和逻辑信道

物理信道是指用来传输信号或数据的物理通路，由传输介质及有关通信设备组成。在信号的发送器和接收器之间不仅存在一条物理传输介质，还在节点内部实现了其他"连接"，通常把这些"连接"称为逻辑信道。同一条物理信道上可以提供多条逻辑信道，一条逻辑信道上只允许一路信号通过。

2. 有线信道和无线信道

根据传输介质是否有形，可以将物理信道分为有线信道和无线信道。有线信道包括电话线、双绞线、同轴电缆、光纤等有形传输介质。无线信道包括无线电、微波、卫星通信信道、激光、红外线等无形传输介质。

3. 模拟信道和数字信道

按照信道中传输的数据信号类型，可以将物理信道分为模拟信道和数字信道。模拟信道中传输的是模拟信号，而在数字信道中传输的是二进制数字脉冲信号。如果要在模拟信道中传输二进制数字脉冲信号，就需要在信道两边分别安装调制解调器，对数字脉冲信号和模拟信号进行调制和解调。

4. 专用信道和公共交换信道

根据信道的使用方式，可以将物理信道分为专用信道和公共交换信道。专用信道又称专线，是一种连接用户之间设备的固定线路，可以是自行架设的专门线路，也可以是向电信部门租用的专线。专用信道一般用在距离较短或数据传输量较大的场合。

公共交换信道是一种通过公共交换机转接，为大量用户提供服务的信道。顾名思义，采用公共交换信道时，用户之间的通信通过公共交换机之间的线路转接。

> 笔记：信道传输信号，数字信道只能传输数字信号，模拟信道只能传输模拟信号。
> 　　　数字信号调制成模拟信号，模拟信号解调为数字信号。

2.1.4　通信信道的特性

1. 信道带宽

模拟信道的带宽如图 2-4 所示，信道的带宽 $W=f_2-f_1$，其中 f_1 是信道能通过的最低频率，f_2 是信道能通过的最高频率，两者都是由信道的物理特性决定的。信道一旦建立，其带宽就决定了。信道要有足够的带宽，才使信号传输的失真更小。

信道的带宽决定了信道能不失真地传输脉冲序列的最高速率。一个数字脉冲称为一个码元，码元速率表示单位时间内通过信号波形的个数，即单位时间内通过信道传输的码元个数。码元速率的单位为波特（Baud），所以码元速率也叫波特率。早在 1924 年，贝尔实验室的研究员哈里·奈奎斯特（Harry Nyquist）就推导出了有限带宽无噪声信道的极限波特率，称为奈奎斯特定理。奈奎斯特定理指出，若信道带宽为 W，则极限波特率 B 为 $2W$。奈奎斯特定理确定的信道容量也叫作奈奎斯特极限，是由信道的物理特性决定的。

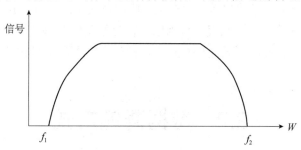

图 2-4　模拟信道的带宽

【例 2-1】假设信道带宽为 3400Hz，采用 PCM 编码方式，采样周期为 125μs，将每个样本量化为 256 个等级，求信道的最大数据传输速率。

【解】由于将每个样本量化为 256 个等级，且 $2^8=256$，即每个样本用 8 位二进制数字表示。采样周期为 125μs，相当于每秒采样 8000 次，即 $f_s=8000$Hz。

由奈奎斯特定理可知，信道带宽 $W=3400$Hz，则最大波特率 $B=2W=2×3400=6800$Baud。由于 $f_s=8000$Hz$\geqslant B$，因此信道的最大数据传输速率 $R=8×8000=64000$bps$=64$kbps。

码元携带的信息量由码元取的离散值个数决定，若码元取 2 个离散值，则 1 个码元携带 1 位比特；若码元取 4 个离散值，则 1 个码元携带 2 位比特。总之，一个码元携带的信息量 n（位数）与码元的离散值个数 N 的关系为：$n=\log_2 N$（$N=2^n$）。

单位时间内在信道上传输的信息量（位数）称为数据传输速率，数据传输速率 R 与码元的离散值个数 N 和波特率 B 的关系为：$R=B\log_2 N=2W\log_2 N$。信道的数据传输速率和波特率是两个不同的概念，仅当码元取两个离散值时两者的数值才相等。普通电话线路的带宽为 3000Hz，最高波特率为 6000Baud，而最高数据传输速率可随调制方式的不同而取不同的值。

以上都是在无噪声的理想情况下的极限值，实际信道会受到各种噪声的干扰，因而远远达不到由奈奎斯特定理计算出的数据传输速率。香农（Shannon）的研究表明，有噪声信道的极限数据传输速率为：$C=W\log_2(1+S/N)$，这个公式叫作香农定理。其中，W 为信道带宽，S 为信号的平均功率，N 为噪声的平均功率，S/N 叫作信噪比。在实际使用中 S/N 的数值太大，故常用分贝数（单位为 dB）代替，分贝数与信噪比的关系为：1dB$=10\log_{10}(1+S/N)$。

【例 2-2】信道带宽为 3000Hz，信噪比为 30dB，求信道的最大数据传输速率。

【解】信噪比为 30dB，则 $30=10\log_{10}(S/N)$，即 $S/N=1000$。

根据香农定理，信道的最大数据传输速率为：

$$C=W\log_2(1+S/N)=3000×\log_2(1+1000)≈30000\text{bps}=30\text{kbps}$$

2. 误码率

在有噪声的信道中，数据传输速率增加意味着出现差错的概率增加。通常用误码率来表示传输二进制数字脉冲信号时出现差错的概率。

在计算机网络中，误码率是出错位数与传输总位数的比值，一般要求低于 10^{-6}，即平均每传输 1 兆位才允许错 1 位。误码率低于一定的数值时，可以用差错控制的办法进行检错和纠错。

3. 信道延迟

信号在信道中传播，从信源到达信宿需要一定的时间，这个时间与信源和信宿之间的距离有关，也与具体信道中信号的传播速度有关。信道延迟 T 的计算公式为：$T=S/C$，其中 S 为信源和信宿之间通信线路的最大长度，C 为信号在信道中的传播速度。电信号的传输速度一般接近光速，但随传输介质的不同而略有差别，例如电缆中的信号传播速度为光速的 77%。

2.2　数据通信方式

在数据通信系统中，数据的传输方式不是唯一的，不同的传输方式使用的范围不同。

2.2.1　串行传输和并行传输

数据传输方式有串行传输和并行传输两种。并行传输一般 1 次传输 1 个字节，即 8 位数据同时进行传输。实际上，只要同时传输 2 位或 2 位以上数据，就称为并行传输。串行传输 1 次只传输 1 位数据，如果有 8 位数据要发送，则至少传输 8 次。

并行传输的传输速率高，适用于近距离、要求快速传输数据的情况。在传输距离较远时，一般不采用并行传输方式，因为各数据线容易受电磁干扰而导致数据传输错误，而且随着线路增长，错误也会增加。虽然串行传输的传输速率低，但可以降低通信线路的投资费用，是普遍采用的方式。

计算机内部一般采用并行传输方式，所以当数据通信系统采用串行传输时，信源要通过并/串转换装置将并行数据转换为串行数据，再送到信道上传输，信宿要通过串/并转换装置将串行数据还原为并行数据。在网络中，数据的并/串转换是由网卡来完成的。

1. 串行传输的特点

目前大多数数据传输系统，特别是长距离的传输系统，一般采用串行传输，如图 2-5(a)所示。串行传输有以下特点。

（1）所需要的线路少，一般只需要 1 条信道，线路利用率高，投资小。

（2）由于计算机内部操作多采用并行传输方式，因此在信源和信宿要进行并/串和串/并转换。

（3）数据传输速率较低。

2. 并行传输的特点

并行传输常用于要求传输速率高的近距离数据传输，如图 2-5(b)所示。并行传输有以下特点。

（1）终端装置与线路之间不需要对传输代码作转换，能简化终端装置的结构。

（2）需要多条信道，成本较高。

（3）数据传输速率高。

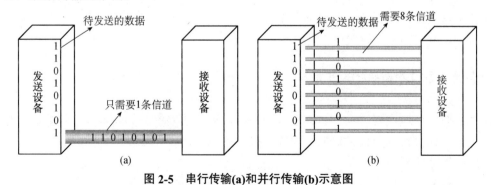

图 2-5　串行传输(a)和并行传输(b)示意图

2.2.2　单工、半双工和全双工通信模式

串行传输有三种不同的模式，即单工通信、半双工通信和全双工通信。

1. 单工通信模式

单工通信是指信息仅能以固定的方向进行传输,如图 2-6(a)所示。信源只能发送信息,不能接收信息。同样,信宿只能接收信息,不能发送信息。

(a) 单工通信示意图　　(b) 半双工通信示意图　　(c) 全双工通信示意图

图 2-6　串行传输的三种模式

单工通信在日常生活中很常见,例如电视机、收音机等只能接收发送设备发出的电磁波信息,不能发送信息。

2. 半双工通信模式

半双工通信是指在数据传输过程中允许信号向任何一个方向传输,但不能同时进行,必须交替进行。在某一时刻,只允许数据在某一方向上传输,一个设备发送数据,另一个设备只能接收数据,不能双向同时传输数据。若想改为反方向传输,还需要利用开关进行切换。如图 2-6(b)所示,通信双方均有发送设备和接收设备,通过开关在发送设备与接收设备之间切换交替连接线路。例如,无线电对讲机的一方讲话时另一方只能接听,等对方讲完并切换传输模式后才可以向对方讲话。在计算机网络中,利用同轴电缆联网的通信方式就属于半双工通信模式。

3. 全双工通信模式

全双工通信能在两个方向上同时进行数据的发送和接收,但是必须使用两条通信信道。全双工通信相当于两个相反方向的单工通信,因此可以提高总的数据流量。如图 2-6(c)所示,全双工通信要求发送设备和接收设备都具有独立的发送和接收能力。

全双工通信的两条不同方向的传输通道是个逻辑概念,可以由实际的两条物理线路来实现,也可以在一条线路上通过多路复用技术来实现。在计算机网络中,通过双绞线联网时,既可以采用半双工通信模式,也可以采用全双工通信模式。

在局域网中,如果传输介质采用同轴电缆,则只能采用半双工通信模式进行数据传输。如果传输介质采用双绞线,则可以采用全双工通信模式进行数据传输。如果采用全双工通信模式,必须把网卡的工作模式也设置为全双工模式。

2.2.3　数据的同步技术

接收端要正确地接收信号,必须要有一定的传输方法来保证,同步技术就是从可靠性角度来考虑数字信息传输的。目前采用的同步技术有两种,一种是同步传输,另一种是异步传输,下面简单介绍它们的原理。

1. 同步传输

同步传输是以固定的时钟节拍发送数字信号的一种方法。在同步传输的数字信息流中,各码元的宽度相同且字符之间无间隙。为使接收端能从连续不断的数据流中正确区分出每个比特,需要首先建立收发双方的同步时钟。实际上,在同步传输中,不管是否传输信息,收发两端的时钟都必须在每个比特上保持一致。因此，同步传输常被称为比特同步，如图 2-7 所示。

图 2-7　同步传输

在同步传输中，每个数据串的头部和尾部都要附加一个特殊的字符序列，用于标记开始和结束，分为面向字符和面向位流两种，前者在数据头部用一个或多个"SYN"标记，在数据尾部用"ETX"标记；后者在头部和尾部用一个特殊的比特序列标记，例如"01111110"。当数据串中出现连续的 1 时，在每连续五个 1 后插入一个 0，接收端则将每连续五个 1 后的 0 去掉，恢复为原来的数据串，这种方法称为"0 比特填充法"。

同步传输的接收端接收的每一位数据或每一组字符都要和发送端保持同步，在时间轴上，每个数据码字占据等长的固定时间间隔，码字之间一般不得留有空隙，前后码字接连传输，中间没有间断时间。收发双方不仅保持着码元同步关系，而且保持着码字同步关系。如果在某一时间内无数据可发，可使用某种无意义码字或位同步序列进行填充，以便保持始终不变的数据串格式和同步关系。否则，在下一串数据发送之前，必须发送同步序列，以完成数据的同步传输过程。

实现同步传输的收发两端时钟同步方法有外同步法和自同步法两种。外同步法是指在传输线路中增加一根时钟信号线，在发送数据信号前，先向接收端发送一串同步时钟脉冲，接收端则按照这个频率来调制接收时钟，并把接收时钟的重复频率锁定在同步频率上，该方法适用于近距离传输。自同步法的基本原理是让接收端的调制解调器从接收的数据信息波形中直接提取同步信号，并用锁相技术获得与发送端相同的接收时钟，该方法常用于远距离传输。

2. 异步传输

异步传输又称起止式同步，是以字符为单位进行同步的，且每一字符的起始时刻是任意的。为了给接收端提供开始和结尾的信息，在每个字符前设置"起"信号，在结尾处设置"止"信号，如图 2-8 所示。

在异步传输中，字符可以被单独发送或连续发送，字符与字符的间隔期间可以连续发送 1 状态。在不传输时，不要求收发时钟同步，仅在传输字符时才要求在字符的每一位上均同步。如果发送端有信息要发送，则从不传输信息的平时态转到起始态。接收端检测出这种极性改变时，就启动接收时钟以实现收发时钟的同步。同理，接收端一旦收到终止信号，就将定时器复位以准备接收下一个字符。

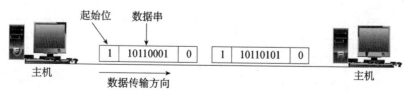

图 2-8　异步传输

异步传输的优点是每一个字符本身就包括了本字符的同步信息，不需要在线路两端设置专门的同步设备；其缺点是每发一个字符就要添加一对起止信号，造成了线路的附加开销，降低了有效性。异步传输常用于小于或等于 1200bps 的低速数据传输，目前仍被广泛使用。

【例 2-3】在异步传输中，每个字符包含 1 位起始位、7 位数据位、1 位奇偶校验位和 1 位终止位，每秒传输 200 个字符，采用相对相移键控法（DPSK）调制，求波特率和有效数据传输速率。

【解】依题意，该异步传输系统的传输速率 $C=200 \times (1+7+1+1)=2000$bps，波特率 $B=C/2=2000/2=1000$Baud，其有效数据传输速率 $C_{有效}=C \times 7/(1+7+1+1)=1400$bps。

2.2.4 数据传输类型

各种传输介质能传输的信号类型不同，有些传输介质可以传输数字信号，有些则可以传输模拟信号，数据传输也相应地分为基带传输和频带传输两类。

1. 基带传输

在通信系统中，由信息源发出的未经转换器转换的、表示二进制数 0 和 1 的原始脉冲信号称为基带信号，基带信号是数字信号。如果将基带信号直接通过有线线路进行传输，则称为基带传输，一般用于近距离的数据传输。

基带传输通常需要对原始数据进行转换和处理，使之真正适合在相应系统中传输。处理过程是首先在发送端将数据进行编码，然后进行传输；数据到达接收端再进行解码，还原为原始数据。

2. 频带传输

频带传输是一种利用调制器对传输信号进行频率变换的传输方式，一般用于远距离的数据传输。调制信号是为了更好地适应信号传输信道的频率特性，也能克服同频带过宽的缺点，提高线路的利用率。调制后的信号在接收端需解调还原，所以收发两端需要专门的信号频率转换设备。

2.2.5 扩频通信

扩展频谱通信简称扩频通信，是指将信号散布到更宽的带宽上以减少阻塞和干扰。扩频通信方式主要有直接序列扩频（Direct Sequence Spread Spectrum，DSSS）和跳频扩频（Frequency Hopping Spread Spectrum，FHSS），这两种扩频技术主要应用在无线局域网中。

如图 2-9 所示，输入的数据首先进入信道编码器，产生一个接近其中央频谱的较窄带宽的模拟信号，再用一个伪随机码序列对这个信号进行调制。调制的结果是大大拓宽了信号的带宽，即扩展了频谱。在接收端，使用同样的伪随机码序列来恢复原来的信号，最后再进入信道解码器来恢复数据。

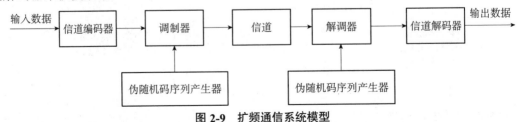

图 2-9 扩频通信系统模型

1. 直接序列扩频

直接序列扩频就是用高码率的扩频码序列在发送端直接扩展信号的频谱，在接收端用相同的扩频序列对扩展的信号频谱进行解调，还原出原始的数据。直接序列扩频将信号扩展成很宽的频带，功率频谱密度比噪声还要低，这使信号能隐蔽在噪声之中，不容易被检测出来。

2. 跳频扩频

跳频扩频是将整个频谱分割为更小的子信道，发送端和接收端在每个子信道上工作一段时间，然后转移到另一个子信道。发送端将第一组数据放置在一个频率上，将第二组数据放置在另一个频率上，以此类推。在这种扩频方式中，信号按照看似随机的无线电频谱发送，每一个分组都采用不同的频率传输，但实际上接收端和发送端是同步地跳动，因而可以正确地接收信息。监听的入侵者只能收到一些无法理解的信号，干扰信号也只能破坏一部分传输的数据。

2.3　数据的编码技术

二进制数字信息在传输过程中可以采用不同的代码，各种代码的抗噪声特性和同步能力各不相同，实现费用也不一样。常见的编码技术有不归零编码、归零编码、曼彻斯特编码等。

1. 不归零编码

（1）单极性不归零编码

单极性不归零编码波形图如图 2-10(a)所示，该码在每一码元时间间隔内，用高电平和低电平（常为零电平）分别表示二进制数据的 1 和 0。这种信号在一个码元周期 T 内电平保持不变，电脉冲之间无间隔，极性单一，有直流分量。解调时，通常将每一个码元的中心时间作为采样定时信号，判决门限设为半幅度电平，即 $0.5E$。若接收信号的值在 $0.5E$ 与 E 之间，则判为 1；若在 0 与 $0.5E$ 之间，则判为 0。单极性不归零编码适用于近距离信号传输。

（2）双极性不归零编码

双极性不归零编码波形图如图 2-10(b)所示，该码在每一码元时间间隔内，用正电平和负电平分别表示二进制数据的 1 和 0，正电平的幅值和负电平的幅值相等。与单极性不归零编码一样，在一个码元周期 T 内电平保持不变，电脉冲之间无间隔。这种信号不存在零电平，当 1、0 等概率出现时，无直流成分。解调时，这种信号的判决门限定为零电平，接收信号的值如果在零电平以上，判为 1；若接收信号的值在零电平以下，则判为 0。双极性不归零编码的抗干扰能力较强，适用于有线信号传输。

以上两种不归零编码信号属于全宽码，即每一位码占用全部的码元宽度，如果重复发送 1，就要连续发送正电平；如果重复发送 0，就要连续发送零电平或负电平。上一位码元和下一位码元之间没有间隙，不易互相识别，并且无法提取位同步，需要有某种方法来使发送端和接收端进行定时或同步。此外，如果传输中 1 或 0 占优势的话，则将有累积的直流分量。

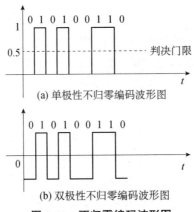

(a) 单极性不归零编码波形图

(b) 双极性不归零编码波形图

图 2-10　不归零编码波形图

2. 归零编码

（1）单极性归零编码

单极性归零编码的电脉冲宽度比码元周期 T 窄，当发送 1 时，只在码元周期 T 内持续一段时间的高电平后降为零电平，其余时间则为零电平，所以称这种码为归零编码，如图 2-11(a) 所示。单极性归零编码的脉冲窄，有利于减小码元间波形的干扰；码元间隔明显，有利于同步时钟提取。但这种信号脉冲窄，码元能量小，输出信噪比低。

（2）双极性归零编码

双极性归零编码是指在每一码元周期 T 内，当发送 1 时，发出正的窄脉冲；当发送 0 时，发出负的窄脉冲，如图 2-11(b) 所示。相邻脉冲之间留有零电平的间隔，间隔时间可以大于每一个窄脉冲的宽度。解调时，通常将采样定时信号对准窄脉冲的中心位置。双极性归零编码的特点与单极性归零编码基本相同。

（3）交替双极性归零编码

交替双极性归零编码是双极性归零编码的另一种形式，其编码规则是：在发送 1 时发出一窄脉冲，且脉冲的极性总是交替的，而发送 0 时不发脉冲，其波形如图 2-12 所示。这种交替的双极性编码也可用全宽码，采样定时信号仍对准每一脉冲的中心位置。

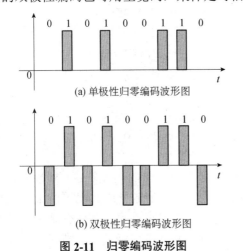

(a) 单极性归零编码波形图

(b) 双极性归零编码波形图

图 2-11　归零编码波形图

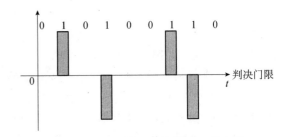

图 2-12　交替双极性归零编码波形图

3. 曼彻斯特编码

（1）曼彻斯特编码

曼彻斯特编码（Manchester Encoding）又称双相码，波形如图 2-13 所示，当发送 0 时，在码元的中间时刻电平从低向高跃变；当发送 1 时，在码元的中间时刻电平从高向低跃变。曼彻斯特编码的特点是不管信号的特性如何，在每一位码元的中间都有一个跃变，位中间的跃变既作为时钟，又作为数据，因此也称为自同步编码。

曼彻斯特编码在一个码元周期 T 内，正负电平各占一半，因而无直流分量。这种编码过程简单，但占用的带宽较宽，编码效率为 50%。

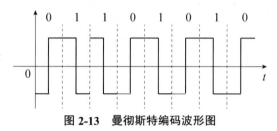

图 2-13　曼彻斯特编码波形图

（2）差分曼彻斯特编码

差分曼彻斯特编码是曼彻斯特编码的改进形式，如图 2-14 所示，在每一码元周期内，无论发送 1 还是 0，在每一位的中间都有一个电平的跃变。发送 1 时，在码元周期开始时刻不跃变（即与前一码元周期相位相反）；发送 0 时，在码元周期开始时刻就跃变（即与前一码元周期相位相同）。

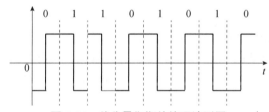

图 2-14　差分曼彻斯特编码波形图

以上各种编码各有优缺点，选择应用时应注意：第一，脉冲宽度越大，发送信号的能量就越大，这对于提高接收端的信噪比有利；第二，脉冲时间宽度与传输频带宽度成反比，归零编码在频谱中包含了码元的速率，即在发送信号的频谱中包含有码元的定时信息；第三，双极性编码与单极性编码相比，直流分量和低频成分减少了，如果数据序列中 1 的位数和 0 的位数相等，则双极性编码就没有直流分量输出，交替双极性编码也没有直流分量输出，这一点对于在实践中的传输是有利的；第四，曼彻斯特编码和差分曼彻斯特编码在每个码元中间均有跃变，也没有直流分量，利用这些跃变可以自动计时，因而便于同步（即自同步）。在这些编码中，曼彻斯特编码和差分曼彻斯特编码的应用较为普遍，成为局域网的标准编码。

4. 4B/5B 编码

为了提高编码效率，降低电路成本，可以采用 4B/5B 编码。这种编码方法将欲发送的数据流每 4 比特作为一个组，按照 4B/5B 编码规则（如表 2-1 所示）将其转换成相应的 5 比特码。5 比特码共有 32 种组合，但只采用其中的 16 种对应 4 比特码的 16 种，其他的 16 种未用或用作控制码，以表示帧的开始和结束、光纤线路的状态（静止、空闲、暂停）等。这种编码方法用 5 位数字表示 4 位数字，故编码效率为 4/5=80%。

表 2-1　4B/5B 编码规则

十六进制数	4 位二进制数	4B/5B 编码	十六进制数	4 位二进制数	4B/5B 编码
0	0000	11110	8	1000	10010
1	0001	01001	9	1001	10011
2	0010	10100	A	1010	10110
3	0011	10101	B	1011	10111
4	0100	01010	C	1100	11010
5	0101	01011	D	1101	11011
6	0110	01110	E	1110	11100
7	0111	01111	F	1111	11101

2.4　数据的调制技术

1．模拟信号的模拟调制

模拟信号经过模拟通信系统传输时可不进行转换，但是，由于考虑到无线传输和频分多路传输的需要，模拟数据可在高频正弦波下进行模拟调制。模拟调制有幅度调制（AM）、频率调制（FM）和相位调制（PM）三种调制技术，最常用的是幅度调制和频率调制。

（1）幅度调制

幅度调制是载波的幅度会随着原始模拟数据的幅度作线性变化的过程，如图 2-15 所示。载波的幅度会在整个调制过程中变动，而频率是相同的。接收端接收到幅度调制的信号后，通过解调可恢复成原始的模拟信号。

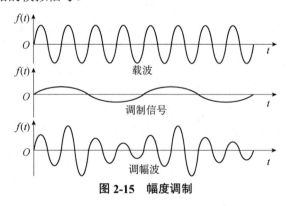

图 2-15　幅度调制

（2）频率调制

频率调制是高频载波的频率会随着原始模拟信号的幅度变化而变化的过程。因此，载波频率会在整个调制过程中波动，而幅度不变，如图 2-16 所示。接收端接收到频率调制的信号后，通过解调可恢复成原始的模拟信号。

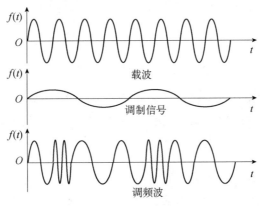

图 2-16　频率调制

2. 数字信号的模拟调制

使用模拟通信系统传输数字信号时，需要借助调制解调装置，把数字信号（基带脉冲）调制成模拟信号，使其变为适合在模拟通信线路中传输的信号。经过调制的信号叫作已调信号，已调信号通过线路传输到接收端，在接收端经解调恢复为原始数字信号。

对应于载波信号的幅度、频率和相位这三个特征，数字信号的模拟调制有三种基本调制技术，分别是幅移键控法（Amplitude Shift Keying，ASK）、频移键控法（Frequency Shift Keying，FSK）和相移键控法（Phase Shift Keying，PSK），下面分别介绍这三种调制技术。

（1）幅移键控法

幅移键控又叫振幅键控，即用数字的基带信号控制正弦载波信号的振幅。幅移键控法通常用两个不同的幅度来表示两个二进制值，当传输的基带信号为 1 时，幅移键控信号的振幅保持某个电平不变，即有载波信号发射；当传输的基带信号为 0 时，幅移键控信号的振幅为零，即没有载波信号发射。如果基带信号是单极性不归零编码序列，则幅移键控信号波形图如图 2-17 所示。

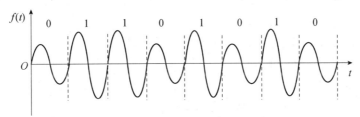

图 2-17　单极性不归零编码序列的幅移键控信号波形图

幅移键控法实际上相当于用一个数字基带信号控制的开关来开启和关闭正弦载波信号，容易受增益变化的影响，是一种效率相当低的调制技术。利用音频通信线路传输幅移键控信号时，通常允许的极限传输速率为 1200bps。

（2）频移键控法

频移键控也叫频率键控，即用基带信号控制正弦载波信号的频率，如图 2-18 所示。频移键控法通常用载波频率附近的两个不同频率来表示两个二进制值。

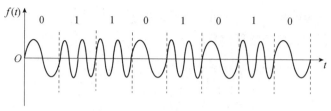

图 2-18　频移键控信号波形图

频移键控法相对幅移键控法来说，不容易受干扰信号的影响。利用音频通信线路传输频移键控信号时，通常传输速率可达 1200bps，这种方式一般也用于高频（3MHz～30MHz）的无线电传输。

（3）相移键控法

相移键控也叫相位键控，即用数字基带信号控制正弦载波信号的相位。相移键控法又可以分为绝对相移键控法和相对相移键控法。相移键控法也可以使用多于两相的位移，例如四相系统能把每个信号编码为两位二进制值。

绝对相移键控法就是利用正弦载波的不同相位直接表示数字信息。例如，用载波信号相位差为 π 的两个不同相位来表示两个二进制值，当传输的基带信号为 1 时，绝对相移键控信号和载波信号的相位差为 0；当传输的基带信号为 0 时，绝对相移键控信号和载波信号的相位差为 π。如果基带信号是单极性不归零编码序列，则绝对相移键控信号波形图如图 2-19 所示。

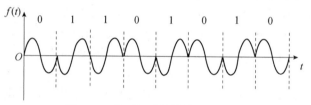

图 2-19　绝对相移键控信号波形图

相对相移键控是利用前后码元信号相位的相对变化来传输数字信息的。例如，用载波信号的相位差为 π 的两个不同相位来表示前后码元信号是否变化，当传输的基带信号为 1 时，后一个码元信号和前一个码元信号的相位差为 π；当传输的基带信号为 0 时，后一个码元信号和前一个码元信号的相位差为 0。

相移键控法有较强的抗干扰能力，而且比频移键控法更有效，在音频通信线路上，相移键控信号的传输速率可达 9600bps。

各种编码技术可以组合起来使用，常见的组合是相移键控法和幅移键控法，组合后在两个振幅上均可以分别出现部分相移或整体相移。

2.5　脉冲编码调制

把模拟信号转换成数字信号要使用编码解码器，它把模拟信号转换成数字信号，经传输到达接收端再解码还原为模拟信号。用编码器把模拟信号转换为数字信号的过程叫模拟信号的数字化，常用的数字化技术是脉冲编码调制技术（Pulse Code Modulation，PCM），原理如下所述。

1．采样

每隔一定的时间间隔，取模拟信号的当前幅值作为样本，该样本代表了模拟信号在某一时刻的瞬间值，一系列连续的样本可用来代表模拟信号幅值随时间变化的情况。以什么样的频率采样，才能得到近似于原信号的样本空间呢？奈奎斯特采样定理告诉我们：如果采样频率大于模拟信号最高频率的 2 倍，则可以用得到的样本空间恢复原来的模拟信号，即

$$f = 1/T > 2f_{max}$$

其中，f 为采样频率，T 为采样周期，f_{max} 为信号的最高频率。

2．量化

采样后得到的样本是连续值，这些样本必须量化为离散值，离散值的个数决定了量化的精度。

3．编码

把量化后的样本值变成二进制编码，可以得到相应的二进制编码序列。每个二进制编码都可用一个脉冲序列来表示，这 5 位一组的脉冲序列就代表了经 PCM 编码的模拟信号，编码调制过程如图 2-20 所示。

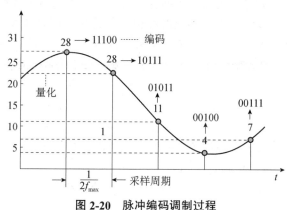

图 2-20　脉冲编码调制过程

2.6　传输介质

传输介质是构成信道的主要部分，是数据信号在异地之间传输的真实媒介。传输介质是网络中连接收发双方的物理通路，也是通信中实际传输信息的载体。传输介质的特性直接影响通信的质量，可以从物理特性、传输特性、连通性、地理范围、抗干扰性五个方面了解传输介质的特性，下面简要介绍几种最常用的传输介质。

2.6.1　有线传输介质

1．双绞线

双绞线是在短距离范围内（如局域网）最常用的传输介质。双绞线是将两根相互绝缘的

导线按一定规格相互缠绕，在外层套上一层保护套或屏蔽套。双绞线分为非屏蔽双绞线和屏蔽双绞线，通常情况下，使用非屏蔽双绞线，如图 2-21(a)所示。屏蔽双绞线的外面加了一层屏蔽层，如图 2-21(b)所示。在通过强电磁场区域时，通常要使用屏蔽双绞线来减少或避免电磁场的干扰。

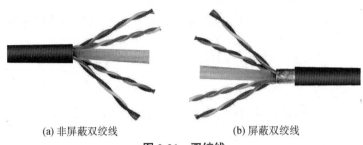

(a) 非屏蔽双绞线　　　　　　　　(b) 屏蔽双绞线

图 2-21　双绞线

双绞线具有以下特性。

（1）物理特性。双绞线由按规则螺旋排列的 2 根、4 根或 8 根绝缘导线组成，一对导线可以作为一条通信线路，螺旋排列的是为了使各导线对之间的电磁干扰最小。

（2）传输特性。在局域网中常用的双绞线根据传输特性可以分为五类。在典型的以太网中，常用的三类线、四类线与五类线都是非屏蔽双绞线，其中，三类线的带宽为 10MHz，适用于语音及 10Mbps 以下的数据传输；四类线的带宽为 20MHz，适用于基于令牌的局域网；五类线的带宽为 100MHz，适用于语音及 100Mbps 的高速数据传输，甚至可以支持 155Mbps 的 ATM 数据传输。

（3）连通性。双绞线既可用于点到点连接，也可用于多点连接。

（4）地理范围。双绞线用作远程中继线时，最大距离可达 15km；用于 10Mbps 的局域网时，与集线器的距离最大为 100m。

（5）抗干扰性。双绞线的抗干扰性取决于一束导线中相邻导线对的扭曲长度及适当的屏蔽装置。

2. 同轴电缆

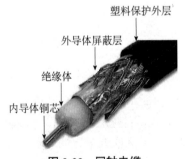

图 2-22　同轴电缆

同轴电缆由内导体铜芯（单股实心线或多股胶合线）、绝缘体、外导体屏蔽层及塑料保护外层等构成，如图 2-22 所示。同轴电缆一个重要的性能指标是阻抗，其单位为欧姆（Ω）。若两端电缆阻抗不匹配，电流传输时会在接头处产生反射，形成很强的噪声，所以必须使用阻抗相同的电缆互相连接。另外，在网络两端也必须加上匹配的终端电阻吸收电信号，否则由于电缆与空气阻抗不同也会产生反射，干扰网络的正常使用。

目前常用于局域网的同轴电缆有两种，一种是专门用在符合 IEEE 802.3 标准以太网环境中的阻抗为 50Ω 的电缆，只用于传输数字信号，称为基带同轴电缆；另一种用于传输模拟信号，阻抗为 75Ω，称为频带（宽带）同轴电缆。

同轴电缆具有以下特性。

（1）物理特性。单根同轴电缆的直径为 1.02cm～2.54cm，可在较宽频范围内工作。

（2）传输特性。基带同轴电缆仅用于传输数字信号，阻抗为 50Ω，并使用曼彻斯特编码，传输速率最高可达 10Mbps。频带同轴电缆可用于模拟信号和数字信号传输，阻抗为 75Ω，对于模拟信号，带宽可达 300MHz～450MHz。在有线电视电缆上，每个电视通道分配 6MHz 带宽，而广播通道的带宽要窄得多，因此在同轴电缆上使用频分多路复用技术可以支持大量的视频、音频通信。

（3）连通性。同轴电缆可用于多点连接或点到点连接。

（4）地理范围。基带同轴电缆的最大距离限制在几千米，频带同轴电缆的最大距离可达几十千米。

（5）抗干扰性。同轴电缆的抗干扰能力比双绞线强。

3. 光缆

随着光电子技术的发展和成熟，利用光纤（全称光导纤维）来传输信号的光纤通信已经成为一个重要的通信技术领域。光纤主要由纤芯和包层构成双层同心圆柱体，纤芯通常由石英玻璃拉成的细丝组成。光纤的核心就在于其中间的玻璃纤维，它是光波的通道。光纤使用光的全反射原理将携带数据的光信号从光纤的一端不断全反射到另外一端。

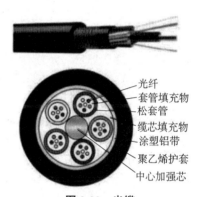

光纤
套管填充物
松套管
缆芯填充物
涂塑铝带
聚乙烯护套
中心加强芯

图 2-23　光缆

光缆是由光纤组成的，结构图如图 2-23 所示。光缆和同轴电缆相似，只是没有网状屏蔽层。光缆分为单模光缆和多模光缆两类（模是指以一定的角度进入光缆的一束光）。单模光缆的发光源为半导体激光器，适用于远距离传输。多模光缆的发光源为光电二极管，适用于楼宇之间或室内等短距离传输。

光缆的数据传输速率高，传输距离远（无中继传输距离达几十至几百千米），在计算机网络布线中得到了广泛应用，光缆具有以下特性。

（1）物理特性。光缆在计算机网络中均采用两根光纤（一来一去）组成传输系统，按波长范围可分为 0.85μm 波长区（0.8μm～0.9μm）、1.3μm 波长区（1.25μm～1.35μm）和 1.55μm 波长区（1.53μm～1.58μm），其中 0.85μm 波长区为多模通信方式，1.55μm 波长区为单模通信方式，1.3μm 波长区有多模通信和单模通信两种方式。

（2）传输特性。光缆通过内部的全反射来传输一束经过编码的光信号，内部的全反射可以在任何折射指数高于包层的透明介质中进行。目前，一条光纤线路上一般传输一个载波，随着技术的进一步发展，会出现实用的多路复用光纤。

（3）连通性。光缆采用点到点连接方式。

（4）地理范围。光缆可以在 6km～8km 的距离内不用中继器传输，因此适合于在几个建筑物之间通过点到点的链路连接局域网。

（5）抗干扰性。光缆不受噪声或电磁影响，适宜在长距离内保持高数据传输速率，而且能够提供良好的安全性。

2.6.2 无线传输介质

有线传输不仅需要铺设传输线路，连接到网络上的设备也不能随意移动。反之，若采用无线传输介质，则不需要铺设传输线路，且允许终端在一定范围内移动，非常适合那些难于铺设传输线路的边远山区和沿海岛屿，也为大量的便携式计算机入网提供了条件。目前最常用的无线传输介质有无线电广播、微波通信、卫星通信、红外线通信和激光通信等，每种方式使用某一特定的频带，不同的无线通信方式不会相互干扰。

1. 无线电广播

提到无线电广播，最先想到的就是调频广播和调幅广播，无线电传输包括短波、民用波段、甚高频和超高频的传输。

无线电广播是全方向的，也就是说不需要将接收信号的天线放在某个特定的地方或特定的方向。例如，无论汽车在哪里行驶，只要它的收音机能够接收到当地广播电台的信号就能够收到电台的广播。

调幅广播比调频广播使用的频率低，意味着信号更易受到大气的干扰。如果在雷雨天收听调幅广播，每次闪电时都会收听到"噼啪"声，但调频广播就不会受到雷电的干扰。调幅广播比调频广播传输的距离远，这在夜晚（太阳的干扰减弱时）更明显。

短波和民用波段无线电广播都使用很低的频率，短波无线电广播必须得到批准，而且限制在某一特定的频带，任何拥有相应设备的人都可以收听到这些广播。

电视台使用无线电广播的频率比广播电台高，广播电台只传输声音，而电视台用较高的频率传输图像和声音的混合信号。甚高频电视传输使用 2～12 频道传输信号，超高频电视传输使用的是大于 13 的频道。电视频道不同就是传输信号的频率不同，电视机在每个频道上以不同的频率接收不同的信号。

2. 微波通信与卫星通信

微波是指频率为 300MHz～300GHz 的电波，主要使用的频率范围是 2GHz～40GHz。微波通信是把微波作为载波信号，用被传输的模拟信号或数字信号来调制它，进行无线通信。微波通信既可传输模拟信号，又可传输数字信号。微波段的频率很高，频段范围也很宽，故微波信道的容量很大，可同时传输大量信息。

微波能穿透电离层而不反射到地面，故只能使微波沿地球表面由源地址向目的地址直线传输。然而，地球表面是曲面，因此微波的传输距离受到限制，一般只有 50km 左右。若采用 100m 高的天线塔，微波的传输距离能达到 100km。这样可把微波通信分为地面微波接力通信和卫星通信。

地面微波接力通信是指在一条无线通信信道的两个终端之间建立若干个微波中继站，中继站把前一站送来的信号放大后，再发送到下一站，这就是所谓的接力。相邻的微波中继站之间不能有障碍物，而且微波传输受恶劣天气的影响，保密性比电缆传输差。

卫星通信是将微波中继站放在人造卫星上，形成卫星通信系统。人造卫星本质上是一种特殊的微波中继站，它接收从地面发送来的信号，加以放大后再发送回地面，这样，只要用三个相差 120° 的卫星便可覆盖整个地球。卫星上可安装多个转发器，它们以一种频率段（5.925GHz～6.425GHz）接收从地面发送来的信号，再以另一种频率段（3.7GHz～4.2GHz）

向地面发送回信号，频带宽度是 500MHz，每一路卫星信道的容量相当于 100000 条音频线路。

卫星通信和地面微波接力通信相似，频带宽、容量大、信号所受的干扰小、通信稳定。卫星通信的最大特点是通信距离远，而且通信费用与通信距离无关，当通信距离很远时，租用一条卫星信道远比租用一条地面信道便宜。卫星通信的传播时延较大，无论两个地面站相距多远，从一个地面站经卫星到另一个地面站的传播时延在 250μs～300μs 之间，比地面微波接力通信和同轴电缆的传播时延大。

3．红外线通信

红外线通信是指利用红外线来传输信号，在发送端设有红外线发送器，接收端设有红外线接收器，发送器和接收器可以任意安装在室内或室外，但它们之间不能有障碍物。红外线信道有一定的带宽，当传输速率为 100kbps 时，通信距离大于 16km；传输速率为 1.5Mbps 时，通信距离为 1.6km。红外线通信具有很强的方向性，很难窃听、插入和干扰，但传输距离有限，易受环境（如雨、雾和障碍物）的干扰。

4．激光通信

激光通信是指利用激光束来传输信号，将激光束调制成光脉冲，以便传输数据，因此激光通信与红外线通信一样不能传输模拟信号。激光通信必须配置一对激光收发器，而且它们之间不能有障碍物。激光通信具有高度方向性，因而很难窃听、插入和干扰，但同样易受环境的影响，传播距离不会很远。激光通信与红外线通信的不同之处在于激光硬件会发出少量的射线而污染环境。

2.6.3　几种传输介质的安全性比较

数据通信的安全性是一个重要的问题，不同的传输介质具有不同的安全性。

双绞线和同轴电缆用的都是铜导线，传输的是电信号，因而容易被窃听。数据沿导线传输时，用另外的铜导线搭接在双绞线或同轴电缆上即可窃取数据，因此铜导线必须安装在无法被窃取的地方。

从光缆上窃取数据很困难，因为光线在光缆中必须没有中断才能正常传输数据。如果光缆断开或被窃听，就能立刻查出。

无线传输是不安全的，任何人使用接收天线都能接收数据，无线电广播和微波通信都存在这个问题。提高无线电广播数据安全性的唯一方法是给数据加密，类似于给电视信号编码，例如，有线电视机不用解码器就不能收看被编码的电视频道。

2.7　信道复用技术

为了提高传输介质的利用率，降低成本，提高有效性，人们提出了信道的复用问题。所谓信道复用，是指在数据传输系统中，允许两个或两个以上的数据源共享一条公共传输信道，就像每个数据源都有它自己的信道一样。所以，信道复用技术是一种将若干个彼此无关的信号合并为一个能在一条公共信道上传输的复合信号的方法。

信道复用技术的实质就是共享物理信道，从而更加有效地利用通信线路。其工作原理是首先将一个区域内的多个用户信息通过多路复用器汇集到一起，然后将汇集起来的信息通过一条物理通信线路传输到接收端的多路分用器，最后接收端的多路分用器再将信息群分离成单个的信息，并将其一一发送给多个用户，这样就可以利用一对多路复用器/分用器和一条物理通信线路来代替多套发送、接收设备和多条通信线路。

信道复用技术也叫作多路复用技术，其工作原理如图 2-24 所示。常用的多路复用技术有频分多路复用技术、时分多路复用技术、波分多路复用技术、码分多路复用技术和空分多路复用技术等。

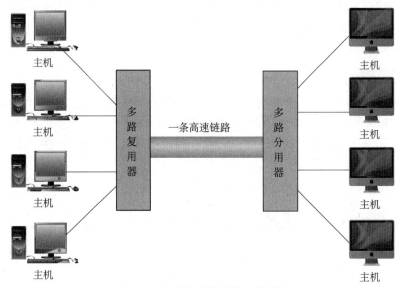

图 2-24　多路复用技术的工作原理

2.7.1　频分多路复用技术

频分多路复用技术是按照频率区分信号的方法，将信道分割为若干个有较小频带的子信道，每个子信道供一个用户使用，这样在信道中就可以同时传输多个不同频率的信号。被分割的各子信道的中心频率不重合，且各子信道之间留有一定的空闲频带（也叫保护频带），以保证数据在各子信道上的可靠传输。

频分多路复用技术实现的条件是信道的带宽远远大于每个子信道的带宽，例如每个子信道的信号频率在几十、几百或几千赫兹，而共享信道的频率在几百兆赫或更高，如图 2-25 所示。

频分多路复用技术适用于模拟信号，用在电话系统中时传输的每一路语音信号的频带一般在 300Hz～3000Hz。通常双绞线和电缆的可用带宽是 100kHz，因此在同一对双绞线上可采用频分多路复用技术传输多达 24 路语音信号。

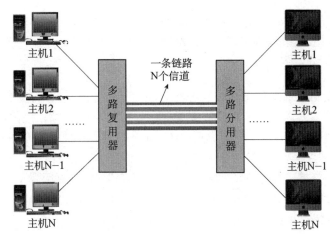

图 2-25　频分多路复用技术

2.7.2　时分多路复用技术

时分多路复用技术是指将传输时间划分为许多个短暂且互不重叠的时隙，将若干个时隙组成时分复用帧，每个时分复用帧中某一固定序号的时隙构成一个子信道，每个子信道所占用的带宽相同。

时分多路复用技术利用每个信号在时间上交义的特点，在一个传输线路上传输多个数字信号，这种交叉可以是位一级的，也可以是由字节组成的块或更大量的信息。时分多路复用技术不局限于传输数字信号，也可以同时交叉传输模拟信号。另外，对于模拟信号，也可以将时分多路复用技术和频分多路复用技术结合使用。

时分多路复用技术又分为同步时分多路复用技术和异步时分多路复用技术。

1. 同步时分多路复用技术

同步时分多路复用技术采用固定时间片分配的方式，将传输信号的时间按特定长度连续划分成特定时间段（一个周期），再将每一时间段划分成等长度的多个时隙，每个时隙以固定的方式分配给各路数字信号，各路数字信号在每一时间段都顺序分配到一个时隙。一个周期的数据帧是指所有输入设备某个时隙发送数据的总和，如图 2-26 所示，第一周期 4 个终端分别占用一个时隙发送"A""B""C""D"，则"ABCD"就是一帧。

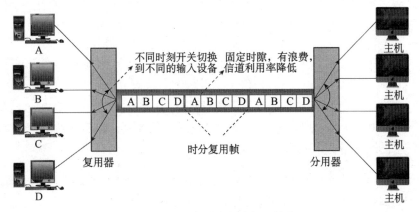

图 2-26　同步时分多路复用技术

由于时隙预先分配且固定不变，无论时隙拥有者是否传输数据都占有一定时隙，这就造成了时隙浪费，信道利用率很低。异步时分多路复用技术弥补了同步时分多路复用技术的缺点。

2. 异步时分多路复用技术

异步时分多路复用技术能动态地按需分配时隙，只有当某一路用户有数据要发送时才把时隙分配给这路数字信号，当用户暂停发送数据时，则不分配时隙，空闲时隙可用于其他用户的数据传输。如图 2-27 所示，一个传输周期为 4 个时隙，一帧有 4 个数据。复用器轮流扫描每一个输入端，先扫描第 1 个终端，将其数据"A"添加到数据帧中，然后扫描第 2 个终端、第 3 个终端和第 4 个终端，并分别添加数据"B"和"D"；随后复用器重新扫描第 1 个终端、第 2 个终端和第 3 个终端，并将数据"C"添加到数据帧中，此时形成第一个完整的数据帧；接着复用器会反复地进行上续工作。

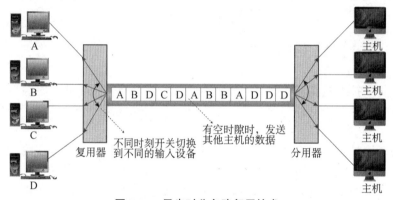

图 2-27　异步时分多路复用技术

在扫描的过程中，若某个终端没有数据，则接着扫描下一个终端。因此，在所有的数据帧中，除最后一个外，其他数据帧均不会出现空闲时隙，这就提高了信道的利用率，也提高了传输速率。

另外，在异步时分多路复用技术中，每个用户可以通过多占用时隙来获得更高的传输速率，而且传输速率可以高于平均速率，最高速率可达到线路的总传输能力，即该用户占用所有的时隙。

【例 2-4】 10 个 9.6kbps 的信道按时分多路复用技术在一条线路上传输，如果忽略控制开销，在同步时分多路复用的情况下，复用信道的带宽应该是多少？在异步时分多路复用的情况下，假定某个子信道只有 30% 的时间繁忙，复用线路的控制开销为 10%，那么复用信道的带宽应该是多少？

【解】 在同步时分多路复用中，复用信道的带宽等于各个子信道带宽之和，因而带宽 W=9.6×10=96kbps。

在异步时分多路复用的情况下，每个子信道只有 30% 的时间繁忙，所以复用信道的数据传输速率 C=9.6×10×30%=28.8kbps。又由于复用线路的控制开销为 10%，即只有 90% 的利用率，所以复用信道的带宽 W=28.8kbps/90%=32kbps。

> 笔记：10 路信号复用一个信道，要保证每个信道按 100Mbps 的速率发送数据，频分多路复用信道只需 100Mbps 的传输速率，而时分多路复用信道则需 1000Mbps 的传输速率。

2.7.3　波分多路复用技术

波分多路复用技术是频率分割技术在光纤介质中的应用，主要用于全光纤网组成的通信系统中，是指在一根光纤上同时传输多个波长不同的光载波。通过波分多路复用技术，可使原来在一根光纤上只能传输一个光载波的单一光信道变为可传输多个不同波长光载波的光信道，使得光纤的传输能力成倍增加，也可以利用不同波长沿不同方向传输来实现单根光纤的双向传输。

波分多路复用技术将是今后计算机网络系统主要的信道多路复用技术之一，具有以下几个优点。

（1）在新建光纤线路或不改建原有光纤的基础上，使光纤的传输容量扩大几十倍甚至上百倍，这在目前线路投资占很大比重的情况下具有重要意义。

（2）目前使用的波分多路复用器主要是无源的光器件，它结构简单、体积小、可靠性高、易于光纤耦合、成本低、无中继传输距离长。

（3）在波分多路复用技术中，各波长的工作系统是彼此独立的，各系统中所用的调制方式、信号传输速率等都可以不一样，甚至模拟信号和数字信号都可以在同一根光纤中用不同的波长来传输。

（4）波分多路复用器采用掺铒光纤放大器，既可进行合波，又可分波，具有方向的可逆性，因此可以在同一光纤上实现双向传输。

2.7.4　码分多路复用技术

码分多路复用技术是一种用于移动通信系统的新技术，笔记本电脑等移动性计算机的联网通信广泛使用码分多路复用技术。

码分多路复用技术的基础是微波扩频通信，利用扩频通信中不同码型的扩频码之间的相关性，为每个用户分配一个扩频编码，以区别不同的用户信号。发送端可用不同的扩频编码，分别向不同的接收端发送数据；同样，接收端对不同的扩频编码进行解码，就可得到不同发送端送来的数据，实现了多址通信。

码分多路复用技术的特点是频率和时间资源均为共享，在频率和时间资源紧缺的情况下独占优势。

【例 2-5】共有四个站进行码分多路复用通信，四个站的编码序列为：

A　（−1 −1 −1 +1 +1 −1 +1 +1）　　B　（−1 −1 +1 −1 +1 +1 +1 −1）

C　（−1 +1 −1 +1 +1 +1 −1 −1）　　D　（−1 +1 −1 −1 −1 −1 +1 −1）

现收到的编码序列 S 为（−1 +1 −3 +1 −1 −3 +1 +1），则发送数据的是哪个站？发送数据的站发送的 1 还是 0？

【解】A·S={（−1）×（−1）+（−1）×（+1）+（−1）×（−3）+（+1）×（+1）+（+1）×（−1）+（−1）×（−3）+（+1）×（+1）+（+1）×（+1）}/8=（1−1+3+1−1+3+1+1）/8=1，因此 A 站发送了数据，发送的是 1；

同理，B·S=（+1−1−3−1−1−3+1−1）/8=−1，因此 B 站发送了数据，发送的是 0；

C·S=（+1+1+3+1−1−3−1−1）/8=0，因此 C 站没有发送数据；

D·S=（+1+1+3−1+1+3+1−1）/8=1，因此 D 站发送了数据，发送的是 1。

2.7.5　空分多路复用技术

空分多路复用技术也叫空分多址技术，这种技术利用空间分割构成不同的信道。举例来说，在一颗卫星上使用多个天线，各个天线的波束射向地球表面的不同区域，即使地面上不同地区的地球站在同一时间内用相同的频率进行工作，相互之间也不会形成干扰。

空分多路复用技术是一种信道增容的方式，可以实现频率的重复使用，充分利用频率资源，还可以和其他多址方式相互兼容，从而实现组合的多址技术。

2.8　数据交换技术

两台计算机之间数据通信的最简单形式是用某种传输介质直接将两台计算机连接起来，但当通信节点较多且传输距离较远时，在所有节点之间都建立固定的点到点连接是不可能的。通常是建立一个交错的通信网络，将希望通信的设备（如计算机、网络设备等）都连接到通信网络上，然后利用网络上的交换设备进行连接，负责数据转接。

常用的交换技术有电路交换（Circuit Switching）和存储转发交换（Store and Forward Switching）。存储转发交换技术按照转发信息单位的不同，又可分为报文交换和分组交换，其中分组交换又可采用数据报分组交换和虚电路分组交换两种方式。

2.8.1　电路交换技术

电路交换也称为线路交换，是一种直接的交换方式，可以为一对需要进行通信的节点提供一条临时的专用链路，即在接通后提供一条专用的传输通道，该通道既可以是物理链路又可以是逻辑链路（使用频分多路复用技术或时分多路复用技术）。这条通道是对节点和节点间的传输路径经过适当选择和连接而完成的，是一条由多个节点和多条传输路径组成的链路。

从通信资源的分配角度来看，"交换"就是按照某种方式动态地分配传输线路资源。在使用电路交换打电话之前，必须先拨号建立连接，当拨号的信号通过多个交换机到达目的主机所连接的交换机时，呼叫即完成，建立了一条传输通道，此后双方才能进行通话。在通话的全部时间内，通话的两个用户始终占用端到端的固定传输带宽。通话完毕挂机后，挂机信号传输到交换机，交换机才释放所使用的传输通道。

目前，公用电话交换网（Public Switched Telephone Network，PSTN）中广泛使用电路交换技术，如图 2-28 所示，需要三个不同的阶段来完成一次数据传输过程。

1．电路建立阶段

电路建立阶段是通过源主机发出的呼叫请求信号建立链路的过程，这个过程建立了一条专用传输通道。首先，源主机发出呼叫请求信号，与源主机连接的交换节点 A 收到这个呼叫，就根据呼叫请求信号中的相关信息寻找通向目的主机的下一个交换节点 B；然后按照同样的方式，交换节点 B 再寻找下一个节点，最终到达节点 D；节点 D 将呼叫请求信号发给目的主机，若目的主机接受呼叫，则通过已建立的专用链路（物理线路）向源主机发回呼叫应答信号。这样，从源主机到目的主机之间就建立了一条传输通道。

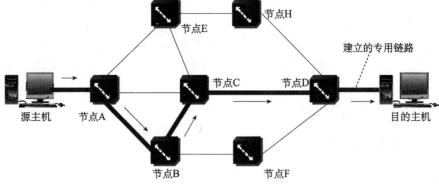

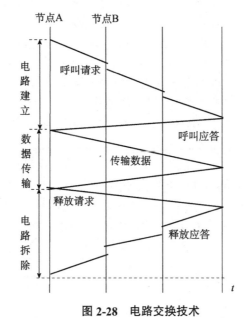

图 2-28 电路交换技术

2．数据传输阶段

当专用链路建立完成后，就可以在这条临时的专用传输通道上传输数据，通常为全双工传输。

3．电路拆除阶段

在完成数据传输后，源主机发出释放请求信号，请求终止通信。若目的主机接受释放请求，则发回释放应答信号。在电路拆除阶段，各节点相应地释放该专用链路占用的节点和信道资源。

电路交换技术具有如下四个特点。

（1）呼叫建立时间长且存在呼损。在电路建立阶段，两节点之间建立一条专用传输通道需要花费一段时间，这段时间称为呼叫建立时间。在电路建立过程中如果由于交换网通信繁忙等原因而使建立失败，则要拆除已建立的部分通道，用户需要挂断重拨，这个过程称为呼损。

（2）提供给用户的是"透明通路"。交换网对用户信息的编码方法、信息格式以及传输控制程序等都不加以限制。对通信双方而言，必须做到双方的收发速度、编码方法、信息格式和传输控制程序等一致时才能完成通信。

（3）传输速率快且效率高。数据以固定的速率传输，除通过传输链路时的传输延迟外，没有其他延迟，且在每个节点上的延迟是可以忽略的，适用于实时大批量连续的数据传输。

（4）信道利用率低。直至专用链路拆除为止，信道是专用的，再加上呼叫建立时间、拆除时间和呼损，其信道的利用率降低。

2.8.2　报文交换技术

对较为连续的数据流（如语音）来说，电路交换技术是一种易于使用的技术。但对于数字数据通信，广泛使用的则是报文交换技术。在报文交换网中，网络节点通常为一台专用计算机，备有足够的缓存，以便在报文进入时进行缓冲存储。报文交换网中的节点接收一个报文之后，报文暂时存放在节点的缓存中，等链路空闲时，再根据报文中所指的目的地址转发到下一个合适的节点，如此反复，直到报文到达目的主机为止。

如图 2-29 所示，报文 P 从节点 A 出发，不需要像电路交换技术一样建立专用传输通道。如果节点 A 到节点 B 之间的链路空闲，就完整发送报文 P，同理，报文 P 从节点 B 到节点 C，最后到节点 D。

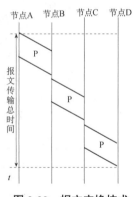

图 2-29　报文交换技术

在报文交换技术中，每一个报文由报头和数据组成，报头中有源地址和目的地址。节点根据报头中的目的地址为报文进行路径选择，并对收发的报文进行相应处理，例如差错控制、流量控制等，所以报文交换是在两个节点间的链路上逐段传输的，不需要在两个主机间建立多个节点组成的专用传输通道。与电路交换技术相比，报文交换技术不要求交换网为通信双方预先建立通道，因此不存在电路建立和电路拆除阶段，从而减少了开销。

报文交换技术具有如下特点。

（1）节点间可根据电路情况选择不同的传输速率，能高效地传输数据，但要求节点具备足够的报文数据存储空间。数据传输的可靠性高，每个节点在存储和转发时都进行差错控制，即检错和纠错。

（2）每个节点都要把报文完整地接收、存储、检错、纠错、转发，这就产生了节点延迟。报文交换技术对报文长度没有限制，报文可以很长，这样就有可能使报文长时间占用某两节点之间的链路，不利于实时交互通信。

2.8.3　分组交换技术

分组交换技术属于"存储转发"交换方式，它不像报文交换技术那样以整个报文为单位进行交换和传输，而是以更短的、标准的"分组"为单位进行交换和传输。分组是一组包含数据和呼叫控制信息的二进制数，把它作为一个整体加以转接，这些数据、呼叫控制信息以及可能附加的差错控制信息都按规定的格式排列。

分组交换技术的传输过程如图 2-30 所示，源主机有一份比较长的报文 P 要发送给目的主机，它首先将报文 P 按规定长度划分成 P1 和 P2 分组，每个分组附加上控制信息，然后将这些分组发送到交换网的节点 A，由节点 A 分别将分组 P1 和 P2 进行转发。分组 P1 和 P2 以不同路径转发至节点 B，节点 B 将各分组发送给目的主机，目的主机对分组进行组装，发送到传输层。

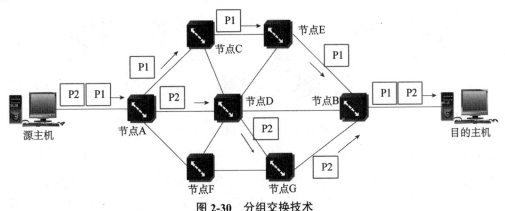

图 2-30　分组交换技术

如图 2-31 所示，分组 P1 和 P2 沿相同路径传输，均以报文交换的方式进行传输。当 P1 从节点 2 发送到节点 3 时，节点 1 到节点 2 之间的链路空闲，分组 P2 就可以从节点 1 发送到节点 2。依次类推，两个分组可以分段占用不同的链路，提高了链路的利用率。

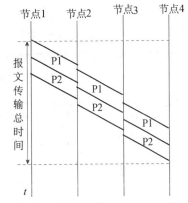

图 2-31　相同路径分组交换示意图

分组交换可采用数据报分组交换技术和虚电路分组交换技术。

1. 数据报分组交换技术

在数据报分组交换中，交换网把进网的任一分组都当作单独的"小报文"来处理，就像报文交换中把一份报文进行单独处理一样，作为基本传输单位的"小报文"被称为分组。

数据报分组交换技术具有如下特点。

（1）同一报文的不同分组可以有不同的传输路径。

（2）同一报文的不同分组到达目的节点时可能出现乱序、重复或丢失现象。

（3）每一分组在传输过程中都必须带有源主机地址和目的主机地址。

（4）有别于报文交换，分组交换不是将整个报文一次性转发的。

综上所述，使用数据报分组交换技术时，传输延迟较大，每个分组中都要带有源主机地址和目的主机地址，增大了存储和传输开销。基于数据报分组交换技术精炼短小的特点，特别适用于突发性通信，但不适用于长报文和会话式通信。

2. 虚电路分组交换技术

虚电路就是两个用户的终端设备在开始传输数据之前需要建立的一个逻辑连接，而不是建立一条专用的链路，用户需要在发送和接收数据时清除这个逻辑连接。

在虚电路分组交换中，所有分组都必须沿着事先建立的虚电路传输，各分组在节点到节点之间传输时，使用分组交换方式在同一链路的不同信道上进行传输，如图 2-32 所示。

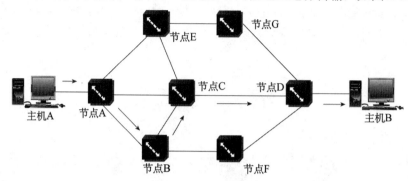

图 2-32　虚电路分组交换技术

虚电路分组交换技术具有如下特点。

（1）虚电路分组交换在每次报文分组发送之前必须在源主机与目的主机之间建立一条逻辑连接，包括虚电路建立、数据传输和虚电路拆除三个阶段。与电路交换相比，虚电路并不意味着通信节点间存在像电路交换那样的专用链路，而是选定了特定路径进行传输，报文分组途经的所有节点都对这些分组进行存储和转发。

（2）一次通信的所有报文分组都从逻辑连接的虚电路上通过，因此，报文分组不必带地址等辅助信息，只需要携带虚电路标识信息。

（3）报文分组通过每个虚电路上的节点时，节点不需要选择从源主机到目的主机的路径，但在节点到下一个节点之间需要选择通道。

（4）通信子网中的每个节点可以和任何节点建立多条虚电路连接。

由于虚电路分组交换技术具有分组交换技术与电路交换技术的优点，因此在计算机网络中得到了广泛的应用。

> 笔记：分组交换就是小的报文交换；虚电路交换在逻辑上是电路交换，实际上是分组交换。

本章习题

2-1　假设信道采用 2DPSK 方式调制，波特率为 300 Baud，则最大数据传输速率为（　　　）bps。

A. 300　　　　　　　　B. 600　　　　　　　　C. 900　　　　　　　　D. 1200

2-2　假设模拟信号的最高频率为 6MHz，采样频率必须大于（　　　）时，才能使得到的样本信号不失真。

A. 6MHz　　　　　　　B. 12MHz　　　　　　　C. 18MHz　　　　　　　D. 20MHz

2-3　在异步通信中，每个字符包含 1 位起始位、7 位数据位、1 位奇偶校验位和 2 位终止位，每秒钟传输 100 个字符，则有效数据传输速率为（　　　）。

A. 500bps　　　　　　B. 700bps　　　　　　C. 770bps　　　　　　D. 1100bps

2-4　近年来，EPON 技术被广泛地应用于校园一卡通、视频监控系统等场合。EPON 所采用的拓扑结构、传输模式分别是（　　）。

A. 总线型、单模光纤单向传输　　　　B. 星型、多模光纤单向传输

C. 环型、多模光纤双向传输　　　　　D. 树型、单模光纤双向传输

2-5　下面关于曼彻斯特编码的叙述中，错误的是（　　）。

A. 曼彻斯特编码是一种双相码　　　　B. 曼彻斯特编码提供了比特同步信息

C. 曼彻斯特编码的效率为 50%　　　　D. 曼彻斯特编码应用在高速以太网中

2-6　以下关于光纤通信的叙述中，正确的是（　　）。

A. 多模光纤传输距离远，单模光纤传输距离近

B. 多模光纤的价格便宜，单模光纤的价格较贵

C. 多模光纤的包层外径较粗，单模光纤的包层外径较细

D. 多模光纤的纤芯较细，单模光纤的纤芯较粗

2-7　T1 载波把 24 条信道按（①）方式复用在一条 1.544Mbps 的高速信道上，每条语音信道的有效数据传输速率是（②）。

① A. 波分多路　　　B. 时分多路　　　C. 空分多路　　　D. 频分多路

② A. 56kbps　　　　B. 64kbps　　　　C. 128kbps　　　D. 256kbps

2-8　从表面上看，频分多路复用技术比时分多路复用技术能更好地利用信道的传输能力，但现在计算机网络更多地使用时分多路复用技术，主要原因是（　　）。

A. 能更充分地利用带宽　　　　　　　B. 能增大系统通信容量

C. 传播延迟更小　　　　　　　　　　D. 数字信号是有限个离散值

2-9　某业务应用通过一个网络间歇式传输数据，每次传输的数据量较多，网络所处的环境干扰信号比较强，则该网络最可能选择的数据交换方式是（　　）。

A. 电路交换　　　B. 分组交换　　　　C. 报文交换　　　　D. 信元交换

2-10　在无噪声情况下，若某通信链路的带宽为 6kHz，采用 4 个相位，每个相位具有 4 种振幅的正交幅度调制技术，求该通信链路的最大数据传输速率。

2-11　若要在一条 50kHz 的信道上传输 1.544Mbps 的载波，求信噪比至少要多大？

第 3 章　计算机网络体系结构

　　互联网在全球取得的巨大成功使得计算机网络已经成为一个海量的、多样化的复杂系统。计算机网络的实现需要解决很多复杂的技术问题，各种机构越来越认识到网络技术能大大提高生产效率并节约成本，纷纷接入了互联网，扩大了网络规模，同时促进了网络技术快速发展。

　　随着局域网和广域网规模不断扩大，不同设备之间进行互联成为头等大事。为了解决网络之间不能兼容和不能通信的问题，国际标准化组织（International Organization for Standardization，ISO）提出了网络模型的方案。

　　ISO 在 1979 年开始创建一个有助于开发和理解计算机的通信模型，即开放式系统互联通信参考模型（OSI 参考模型）。在 20 世纪 80 年代初期，ISO 开始致力于制定一套普遍适用的规范集合，以使全球范围的计算机平台可进行开放式的通信。1984 年，OSI 模型正式发布，该模型将网络结构划分为七层，每一层均有自己的一套功能集，并与紧邻的上层和下层交互作用，在顶层与底层之间的每一层均能确保数据以一种可读、无错、排序正确的格式被传输。

3.1　概述

　　计算机网络是一个复杂的计算机及通信系统的集合，在发展过程中逐步形成了一些公认的建立网络体系通用的蓝图，称为网络体系结构（Network Architecture），用以指导网络的设计和实现。

3.1.1　网络体系结构

　　计算机网络从概念上可分为两个层次，即提供信息传输服务的通信子网层和提供资源共享服务的资源子网层。

　　从两个子网层的关系看，通信子网层为资源子网层提供信息传输服务，而资源子网层利用这种服务实现计算机间的资源共享。信息的类型、作用、使用场合和方式不同，对通信子网层的服务要求也大不相同，必须采用不同的技术手段来满足这些不同的要求。

　　计算机网络体系结构的概念和内容都比较抽象，为了便于理解，先以在两个城市（广州和大连）之间邮寄信件的工作过程为例进行说明。

　　邮政系统分为用户子系统、邮政子系统和运输子系统，如图 3-1 所示。用户子系统由寄信人与收信人组成，寄信人在写信时要采用双方都理解的语言、文体、格式等，这样收信人收到信件后才能看懂内容。写好信件后，寄信人要将其投递给当地邮局等待寄发。邮政子系统由寄信人和收信人所在地的邮局组成，寄信人所在地的邮局对信件进行分拣和分类，打包后在包裹上按规定填写收信人所在地的邮局地址等信息，并将打包好的包裹交付运输部门等待运输。运输子系统由邮局所在地的运输部门组成，运输部门负责按照包裹上的信息和部门规定的运输线路进行运输，直至包裹送到收信人所在地的运输部门。信件到达目的地后进行相反的过程，运输部门将包裹送往邮局，邮局将包裹进行拆包，将信件送给收信人，收信人拆信封并阅读信件的内容。

图 3-1　邮政系统分层模型

由邮寄信件的工作过程可以看出，各种约定都是为了将信件从寄信人送给收信人，可以将这些约定分为对等机构间的约定和不同机构间的约定。虽然两个用户、两个邮局、两个运输部门分处两地，但它们分别对应于对等机构（属相同层次），同属一个子系统；而同处一地的不同机构（属不同层次）则不在一个子系统，它们之间的关系是服务与被服务的关系。显然，这两种约定是不同的，前者是对等层次间的约定，后者是不同层次间的约定。此外，同处一地的不同层次间（垂直）的关系是直接的，处于两地的对等层次之间（水平）的关系是间接的。

计算机网络中的通信过程类似于信件的邮寄过程。网络体系结构是计算机网络的分层、各层协议、功能和层间接口的集合。不同的计算机网络具有不同的体系结构，其层次数量、各层的名称、内容和功能以及相邻层之间的接口都不一样。在计算机网络中，每一层都是为了向它的相邻上层提供一定的服务而设置的，而且每一层都会对上层屏蔽实现协议的具体细节。即使连接到网络中的主机和终端的型号及性能各不相同，只要它们遵守相同的协议，就可以实现互联和互操作。

需要强调的是，网络体系结构只精确定义了计算机网络中的逻辑构成及所完成的功能，实际上是一组设计原则，包括功能组织、数据结构和过程说明，以及用户应用网络的设计和实现基础。因此，网络体系结构与网络的实现不是一回事，前者是抽象的，仅规定网络设计者"做什么"，而不是"怎样做"；而后者是具体的，需要硬件和软件来完成。

3.1.2　计算机网络协议

计算机网络协议是计算机网络上所有设备之间通信规则的集合，这些设备包括网络服务器、计算机、交换机、路由器、防火墙等。从本质上讲，协议是运行在各个网络设备上的程序或协议组件，用于定义通信时必须采用的数据格式及其含义，以便实现网络模型中各层的功能。常用的计算机网络协议有 NetBEUI 协议、NWLink IPX/SPX 协议以及 TCP/IP 协议等。

在计算机网络中，协议有以下三个要素。

（1）语法。语法是以二进制形式表示的命令和相应的结构，例如数据与控制信息的格式、数据编码等。

（2）语义。语义是由发出的命令请求、完成的动作和返回的响应组成的集合，主要控制信息的内容和需要做出的动作及响应。

（3）时序。时序是时间实现顺序的详细说明，即确定通信状态的变化和过程。

协议通常有两种不同的形式，一种使用便于人阅读和理解的文字描述，另一种使用让计算机能够理解的程序代码。两种不同形式的协议都必须能够对网络上的信息交换过程做出精确解释。

3.1.3　网络分层

为了便于对协议进行描述、设计和实现，采用网络分层体系结构，如图 3-2 所示。网络分层就是把一个复杂的系统问题分解成多个层次分明的局部问题，并规定每一层次必须完成的功能，类似于信件邮寄过程。

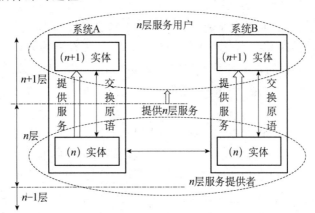

图 3-2　网络分层体系结构

1. 网络分层的概念

（1）实体和系统。实体可以是一个用户应用程序，例如文件传输系统、数据库管理系统、电子邮件系统等，也可以是一张网卡；系统可以是一台计算机或一台网络设备等。一般来说，实体能够发送或接收信息，而系统可以包容一个或多个实体，位于不同系统的同一层次的实体称为对等实体。

（2）接口和服务。接口是相邻两层之间的边界，下层通过接口为上层提供服务，上层通过接口使用下层提供的服务。上层是服务的使用者，下层是服务的提供者。相邻层通过它们之间的接口交换信息，上层并不需要知道下层是如何实现的，仅需要知道下层通过层间的接口所提供的服务，这样就保持了两层之间的独立性。

（3）协议栈。协议是位于同一层次的对等实体之间的概念，而协议栈是指特定系统中所有层次的协议的集合。

（4）服务原语。服务通常是由一系列的服务原语来描述的，原语就是不可再细分的意思。在接口的服务访问点上，服务使用者看到的只是几个简单的原语。

（5）协议数据单元。协议数据单元是对等实体之间通过协议传输的数据单元，一般由两部分组成，即本层的控制信息和上层的协议数据单元。

2. 网络分层的特点

网络分层主要有以下五方面优点。

（1）各层之间相互独立。某一层并不需要知道它的下一层是如何实现的，而仅仅需要知道下一层通过层间接口（即界面）提供的服务。

（2）灵活性好。当任何一层发生变化时，只要层间接口保持不变，该层以上或以下的各层均不受影响。

（3）结构可分割。各层都可以采用最合适的技术实现。

（4）易于实现和维护。整个系统被分解为若干个相对独立的子系统，这使得实现和调试一个庞大且复杂的系统变得容易。

（5）能促进标准化工作。每一层的功能及其提供的服务都有精确说明。

网络分层当然也有一些缺点，例如，有些功能会在不同的层次中重复出现，产生了额外开销。

3.1.4　网络服务

网络服务是指下层为上层提供通信能力或操作而屏蔽细节的过程。各层之间存在单向依赖关系，每一层总是向它的上层提供服务，而每一层的服务又都借助于其下层及以下各层的服务能力。

1. 服务原语

层间的服务在形式上是由一种原语（或操作）来描述的，例如库函数或系统调用等。在同一系统中，上层实体向下层实体请求服务时，要进行信息交互，交互的信息即为服务原语。服务原语通知服务提供者采取某些行动或报告某个对等实体的活动，供用户和其他实体访问该服务。服务原语可分为以下四类。

（1）请求（Request）。用户能从服务提供者那里请求一定的服务，例如建立连接、传输数据、释放连接、报告状态等。

（2）指示（Indication）。服务提供者能向用户提示某种状态，例如连接指示、输入数据指示、释放连接指示等。

（3）响应（Response）。用户能响应先前的指示，例如接受连接或释放连接等。

（4）证实（Confirm）。服务提供者能报告先前请求是否成功。

网络中每个层次通过服务访问点向相邻上层提供服务，而上层则通过原语调用相邻下层的服务。另外，上层协议通过不同的服务访问点对下层协议进行调用，这与过程调用中不同的过程调用要使用不同的过程调用名一样。接口是相邻层之间所有的调用、服务访问点以及服务的集合。

2. 服务形式

相邻的下层向上层提供两种不同类型的服务，分别是面向连接的服务和无连接的服务。

（1）面向连接的服务

利用建立的连接进行数据传输的方式就是面向连接的服务，其思想来源于电话传输系统，即在开始通信之前，两台计算机必须通过通信网络建立连接，然后才能开始传输数据。因此，面向连接的服务过程可分为三部分：建立连接、传输数据和释放连接。面向连接的服务只有在建立连接时发送的分组中才包含相应的目的地址，连接建立之后，所有传输的分组中将不再包含目的地址，而仅包含比目的地址更短的连接标识，从而减少了数据分组传输的负载。

面向连接的服务适用于数据量大、实时性要求高的数据传输应用场合。面向连接的服务又可分为永久性连接服务和非永久性连接服务，建立永久性连接类似于建立专用的电话线路，可免除每次通信时建立连接和释放连接的过程。

（2）无连接的服务

无连接的服务过程类似于信件邮寄过程。通信前，两个对等层实体之间不需要建立连接，通信链路资源完全在数据传输过程中动态地进行分配。此外，在通信过程中，双方并不需要同时处于工作状态，如同在信件邮寄过程中收信人没必要当时就位于目的地一样。因此，无连接的服务信道利用率高，特别适合短报文的传输。

与面向连接的服务不同的是，无连接的服务在通信前未建立连接，传输的每个数据分组中必须包括目的地址；同时，由于无连接的服务不需要接收端的回答和确认，可能会出现分组的丢失、重复或失序等现象。

无连接的服务可分为数据报、确认交付和请求回答三种类型。数据报是一种不可靠的服务，接收端不需要做任何响应。确认交付是一种可靠的服务，它要求每个报文的传输过程都发送一个确认报文给发送端，该确认报文来自于接收端的服务提供者而不是用户，这就意味着只能保证报文已经发送到目的地址，而不能保证目的地址的用户已收到该报文。请求回答也是一种可靠的服务，它要求接收端的用户每收到一个报文就向发送端的用户发送一个回答报文。

在网络体系结构中，常提到“服务”“功能”“协议”这几个术语，它们有着完全不同的概念。“服务”是对上一层而言的，属于外观的表象；“功能”则是本层内部的活动，是为了实现对外服务而从事的活动；“协议”则相当于一种工具，层次内部的功能和对外的服务都是在本层“协议”的支持下完成的。

> 笔记：协议是水平的，服务是垂直的；协议是实现对等层功能的集合；某一层协议的实现要依赖下一层的服务，实现本层的协议是为了向上一层提供服务。

3.2 OSI 参考模型

开放式系统互联通信参考模型（Open System Interconnection Reference Model）简称 OSI 参考模型，由国际标准化组织在 20 世纪 80 年代初提出，定义了网络互联的基本参考模型。

IBM 公司最先提出了计算机网络体系结构的概念，这是世界上第一个按照分层方法制定的网络设计标准；之后，DEC 公司于 1975 年提出了数字网络体系结构（Digital Network Architecture，DNA），其他计算机厂商也分别提出了各自的计算机网络体系结构。这些体系结构都采用了分层次模型，各有特点以适应各公司的生产和商业目的，也因此造成了系统不兼容的问题，不同厂商生产的计算机系统和网络设备不能互联成网。为了在更大范围内共享资源并进行通信，人们迫切需要一个共同的标准。在这种情况下，国际标准化组织提出了 OSI 参考模型，它的最大特点是开放性。只要遵循这个参考模型，不同厂商的网络产品就可以实现互联和互操作。

OSI 参考模型定义了开放系统的层次结构和各层所提供的服务，它的成功之处在于清晰地分开了服务、接口和协议这三个容易混淆的概念。通过区分这些抽象概念，OSI 参考模型将功能定义与实现细节分开来，概括性高，具有普遍的适应能力。

3.2.1　OSI 参考模型的结构

OSI 参考模型是分层体系结构的一个实例，每一层是一个模块，用于执行某种主要功能，并具有自己的一套通信指令格式。

OSI 参考模型共有七个层次，如图 3-3 所示，相同层之间通信的协议称为对等协议。从下到上的七个层次分别是物理层、数据链路层、网络层、传输层、会话层、表示层和应用层，该模型有以下几个特点。

（1）每个层次的对等实体之间都通过各自的协议通信。

（2）各个计算机系统都有相同的层次结构。

（3）不同系统的对等层次有相同的功能。

（4）同一系统的各层次之间通过接口联系。

（5）相邻的两层之间，下层为上层提供服务，上层使用下层提供的服务。

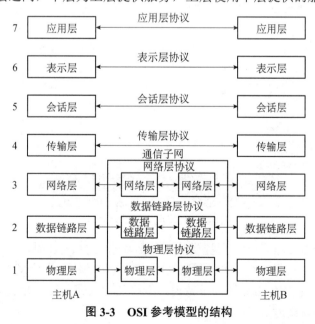

图 3-3　OSI 参考模型的结构

OSI 参考模型的基本思想如图 3-4 所示，划分层次的主要原则有以下几点。

（1）同一个网络中的节点具有相同的层次。

（2）不同节点的对等层具有相同的功能。

（3）同一节点的相邻层之间通过接口进行通信。

（4）每一层可以使用下层提供的服务，并向上层提供服务。

（5）不同节点的对等层通过协议来实现对等层之间的通信。

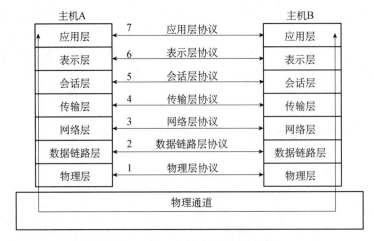

图 3-4　OSI 参考模型的基本思想

3.2.2　数据的封装与解封装

在 OSI 参考模型中，对等层之间经常需要交换信息单元，这种信息单元叫作协议数据单元（Protocol Data Unit，PDU）。对等层之间的通信并不是直接通信，而是需要借助下层提供的服务来完成，所以通常说对等层之间的通信是虚通信，如图 3-5 所示。

图 3-5　对等层之间的虚通信

事实上，某一层需要使用下一层提供的服务传输自己的 PDU 时，下一层总是将上一层的 PDU 变为自己 PDU 的数据部分，然后利用其下一层提供的服务将信息传递出去。如图 3-6 所示，节点 A 将其应用层的信息逐层向下传递，最终变为能够在传输介质上传输的数据，并通过传输介质将编码传输到节点 B。

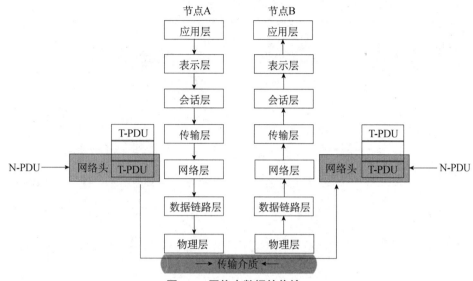

图 3-6　网络中数据的传输

在网络中，对等层可以相互理解和解析对方信息的具体意义，例如，节点 B 的网络层收到节点 A 的网络层的 PDU 时，可以理解该 PDU 的信息并知道如何处理该信息。如果不是对等层，双方的信息就不可能也没有必要相互理解。

1. 数据封装

为了实现对等层之间的通信，在数据通过网络从一个节点传输到另一个节点前，必须在数据的首部和尾部加入特定的协议头和协议尾，这种增加数据首部和尾部的过程称为数据打包或数据封装。

如图 3-7 所示，节点 A 的网络层需要将数据传输到节点 B 的网络层，这时 A 的网络层就需要使用其下层提供的服务。A 的网络层首先将自己的 PDU （NH+L4 DATA）交给数据链路层；数据链路层在收到该 PDU 之后，将它变为自己 PDU 的数据部分，在其首部和尾部加入特定的协议头 DH 和协议尾 DT，封装为自己的 PDU（DH+L3 DATA+DT），然后再传给物理层。最终，网络层的信息变为能够在传输介质上传输的数据，并通过传输介质将编码传输到节点 B。

2. 数据解封装

数据到达接收节点的对等层后，接收端将反向识别、提取和去除发送节点对等层所增加的数据首部和尾部，这个过程叫作数据拆包或数据解封装。如图 3-7 所示，节点 B 的数据链路层在将数据传给网络层之前，首先将自己的 PDU（DH+L3 DATA+DT）去除协议头 DH 和协议尾 DT，还原为本层 PDU 的数据部分（NH+L4 DATA），然后将其传给网络层。

尽管发送的数据在 OSI 参考模型中经过复杂的处理过程才能送到另一接收节点，但对于相互通信的计算机来说，OSI 参考模型中数据流的复杂处理过程是透明的。发送的数据好像是"直接"传输给接收节点，这是开放系统在网络通信过程中最主要的特点。

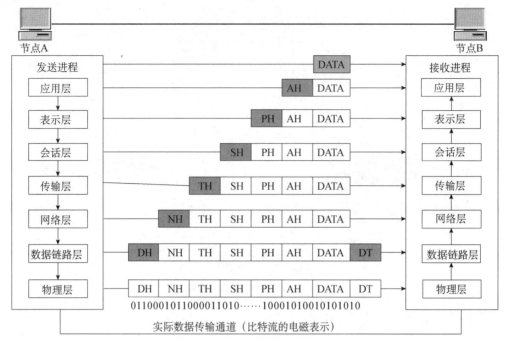

图 3-7　数据的封装与解封装

笔记：数据在网络中的传输，实际上就是不断封装和解封装的过程。

3.3　OSI 各层的主要功能

3.3.1　物理层

1. 物理层的基本概念

物理层（Physical Layer）是 OSI 参考模型的底层，是整个开放系统的基础。物理层保证在通信信道上传输 0 和 1 二进制比特流，用以建立、维持和释放数据链路。

物理层向数据链路层提供的服务包括物理连接、物理服务数据单元和顺序化等。物理连接是指向数据链路层提供物理连接，通过传输介质一位一位地将数据传输到数据链路层。物理服务数据单元是指在物理介质上传输非结构化的比特流。顺序化是指 0、1 信号一定要按照原顺序传输给对方的物理层。

物理层协议用来控制传输介质，规定传输介质本身及与其相连接口的机械、电气、功能和规程特性。信号可以通过有线传输介质（双绞线、同轴电缆、光纤等）传输，也可以通过无线传输介质（无线电广播、微波通信等）传输，它们并不包括在 OSI 参考模型的七个层次之内，其位置处在物理层的下面。接口和传输介质必须保证发送信号和接收信号的一致性，即发送的信号是 1 时，接收的信号也必须是 1，反之亦然。

在几种常用的物理层协议中，将具有一定数据处理、发送和接收能力的设备称为数据终端设备（Data Terminal Equipment，DTE），把 DTE 和传输介质之间的设备称为数据电路终接设备（Data Circuit-Terminating Equipment，DCE）。DCE 在 DTE 和传输介质之间提供信号转换和编码功能，并负责建立、维护和释放物理连接。DTE 可以是一台计算机，也可以是一台输入/输出设备。

在物理层的通信过程中，DCE 一方面要将 DTE 传输的数据逐位发往传输介质，同时需要将从传输介质接收到的比特流传输给 DTE。DTE 与 DCE 之间既有数据信息的传输，也有控制信息的传输，这就需要制定 DTE 与 DCE 的接口标准，也就是物理接口标准。

物理接口标准定义了物理层与传输介质之间的边界与接口，有以下四个特性。

（1）机械特性：定义接口的尺寸、引线数目、排列顺序、固定装置和锁定装置等。

（2）电气特性：定义接口的各条引线上出现的电压范围。

（3）功能特性：定义接口的各条引线上出现某一电压表示的意义。

（4）规程特性：定义不同功能的各种可能事件的出现顺序。

2. 物理层的标准举例

不同的物理接口标准在以上四个特性上都不尽相同，实际网络中广泛使用的物理接口标准有 RS-232-D、RS-449 等。下面以 RS-232-D 为例说明物理层的标准。

（1）机械特性。RS-232-D 规定使用有 25 根插针的标准连接器（DB-25），其结构如图 3-8 所示，这一点与 ISO 2110 标准是一致的。RS-232-D 对 DB-25 连接器的机械尺寸及每根针的排列位置均做了明确规定。

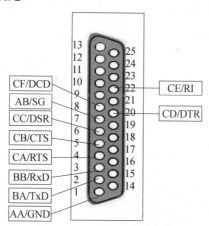

图 3-8 DB-25 连接器的结构

（2）电气特性。RS-232-D 采用负逻辑，即逻辑 0 用 5V～15V 表示，逻辑 1 用−5V～−15V 表示。由于 RS-232-D 电平与 TTL 电平是不一致的，目前采用专用的电平转换器实现 TTL 电平与 RS-232-D 电平的转换。RS-232-D 的发送器和接收器均采用非平衡电路，这就决定了 DTE 与 DCE 之间的 RS-232-D 连接电缆的长度、数据传输速率与抗干扰能力。

（3）功能特性。RS-232-D 定义了 DB-25 连接器中插针的功能，其中最常用的 9 根插针的功能如表 3-1 所示。

表 3-1 DB-25 中常用插针的功能

针号	功能
2	发送数据（TxD）
3	接收数据（RxD）
4	请求发送（RTS）
5	允许发送（CTS）
6	数据准备就绪（DSR）
7	信号地（SG）
8	载波检测（DCD）
20	数据终端就绪（DTR）
22	振铃指示（RI）

表 3-1 中插针的连线可以根据传递信号的功能分为以下三类。

① 数据线：TxD、RxD。

② 控制线：RTS、CTS、DSR、DCD、DTR、RI。

③ 地线：SG。

标准的 DTE 与 DCE 按 RS-232-D 接口标准的全连接方式如图 3-9 所示。还有一种情况是 DTE 与 DTE 直接连接，一台 DTE 的发送数据 TxD 输出端与另一台 DTE 的接收数据 RxD 输入端直接连接，其他控制信号线的连接方式如图 3-10 所示。

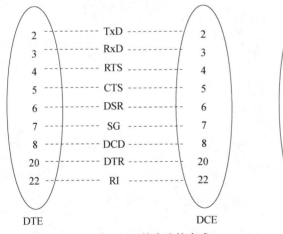

图 3-9 DTE 与 DCE 的全连接方式

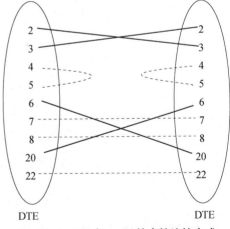

图 3-10 DTE 与 DTE 的直接连接方式

（4）规程特性。RS-232-D 的规程特性比较复杂，它规定了 DTE 与 DCE 之间控制信号与数据信号的发送时序、应答关系和操作规程。

两台计算机通过调制解调器进行通信，如果它们采用 RS-232-D 协议，那么 RS-232-D 的规程特性规定了作为 DTE 的计算机与作为 DCE 的调制解调器按物理连接建立阶段、数据传输阶段、物理连接释放阶段进行工作。

3. 物理层的实现

中继器（Repeater）是连接网络线路的一种装置，主要完成物理层的功能，负责在两个节点的物理层上按位传输数据，完成信号的复制、调整和放大，以此来延长网络的传输距离。信号在传输过程中存在损耗，在线路上传输的信号功率会逐渐衰减，衰减到一定的程度时将造成信号失真，导致比特差错。中继器就是为了解决信号失真问题而设计的，它主要完成物理线路的连接过程，使信号与原信号保持相同。

3.3.2　数据链路层

1. 数据链路层的基本概念

数据链路层（Data Link Layer）的主要功能是在物理层提供的服务基础上，在相邻节点之间提供简单的通信链路，传输以"帧"为单位的数据，同时还负责数据链路的流量控制和差错控制等。

在物理介质上传输的数据难免受到各种不可靠因素的影响而产生差错，数据链路层的功能是建立、维护和释放网络实体之间的数据链路，使之对网络层呈现为一条无差错通道。数据链路层将本质上不可靠的传输介质变成可靠的传输通道提供给网络层。

在 OSI 参考模型中，数据链路层主要完成以下功能。

（1）建立、维护与释放链路。

（2）在相邻节点之间传输帧。

（3）差错检测与控制。

（4）控制数据流量。

（5）在多点连接或多条数据链路连接的情况下，提供数据链路端口标志的识别功能，支持网络层实体建立网络连接。

（6）控制接收帧的顺序。

2. 成帧

在发送端，数据链路层将上层的协议数据单元进行封装，加上本层的控制信息（寻址和差错控制等）形成数据链路层的协议数据单元（即帧）。

接收端的物理层收到比特流并将其上交给数据链路层后，数据链路层要从这个比特流中分离出哪些位是控制信息，哪些位是数据部分（网络层 PDU），即要将下层上交的比特流恢复成帧。

数据链路层要准确识别出哪些位是数据部分，就必须判断帧的开始和结束。解决成帧问题有以下三种方法。

（1）字符填充法

字符填充法把每一帧看成一个字符集，如图 3-11 所示，每个字符上方的数字表示该字符所占的位数。帧的开始和结束用特定的 SYN（同步序列编码）字符表示，数据部分包括特殊的填充字符 STX（正文开始符）和 ETX（正文结束符），还包括一个用于检验传输差错的字符，标记为 CRC（循环冗余校验）。

图 3-11　字符填充法

（2）字符计数法

字符计数法是指用一个长度字符给出帧的长度（以比特或字节为单位），通过查看帧首部中相应的长度字符来确定这一分组的长度。

字符计数法的问题是难以进行错误恢复，而且出现错误后需要再次同步。

（3）比特填充法

理论上，可以使用一个单独的比特串表示帧的开始和结束，但必须以某种方式防止比特串出现在数据部分中。例如，发送端在原始帧数据部分的每五个连续 1 之后填充一个 0，用这样的比特串表示帧的开始和结束。

3. 差错校验

在传输过程中有时会由于电磁干扰或热噪声发生差错，需要各种机制来检测这些差错，以便纠错。

检错只是问题的一部分，另一部分是一旦发现差错就立即纠错。当接收端检测到差错时，可以采取两种基本方法，一种方法是通知发送端数据出错，以便发送端重新发送该数据；另一种方法是采用一些差错校验算法，允许接收端在数据出错后重新构造正确的数据，这些算法依赖于纠错码。

任何差错校验算法的基本思想都是在帧中加入冗余信息来确定是否存在差错。所谓冗余信息，不是向数据部分中加入的新数据，而是用某种定义明确的算法直接从原始数据中导出的数据。发送端将冗余算法应用在数据上产生冗余比特，然后将该数据和冗余比特都传输出去。当接收端对收到的数据应用同一算法时，应该产生与发送端相同的结果，否则说明数据或冗余比特出错。

（1）奇偶校验算法

奇偶校验算法是指根据被传输的一组二进制代码中 1 的个数是奇数或偶数来进行校验，1 的个数是奇数的称为奇校验，反之称为偶校验。

在奇校验系统中，如果发送的数据为"1101100"，其中 1 的个数为偶数，就在尾部附加一个 1，发送的数据变为"11011001"。接收端如果收到数据"11011001"，计算出 1 的个数为奇数，则去掉尾部的 1，还原为原始数据"1101100"交给上层；如果收到的数据中 1 的个数为偶数，则说明数据出错，会要求发送端重新发送。

（2）校验和算法

校验和算法是指将传输的所有字符（16 位二进制）加起来得到一个校验和，然后传输这个校验和。接收端对收到的数据执行同样的计算，把得到的结果与收到的校验和进行比较，如果校验和不匹配，则说明产生了差错。

【例 3-1】 IP 协议使用校验和算法对数据包的首部（20 字节）进行差错校验，其中预留 16 个比特（第 6 行）的位置给校验和，用 16 个 0 表示，进行校验和运算。

```
0101010001111010
1010100001111010
1110001010101011
1110101010101110
1001011101010110
0000000000000000                               预留校验和存放位置
1111110111010101
1000000101011101
1101111000011010
1000101010101010
-----------------
0101001101101011                               校验和
```

发送端发送数据时，用校验和替换预留校验和存放位置处的 16 个 0，发送原始数据和附加的校验和。接收端对收到的数据进行校验和运算。

```
0101010001111010
1010100001111010
1110001010101011
1110101010101110
1001011101010110
0101001101101011                               附加的校验和
1111110111010101
1000000101011101
1101111000011010
1000101010101010
-----------------
0000000000000000                               校验和
```

如果接收端的运算结果为 16 个 0，则说明收到的数据是正确的，否则是错误的。

（3）循环冗余校验

设计差错校验算法的主要目的是用最少的冗余比特使检错的可能性最大，循环冗余校验使用一些数学算法来达到这一目的，一个 32 比特的 CRC 算法对数据中的一般比特差错具有很强的检测能力。

将数据用一个 n 次多项式表示，用数据中的每一比特值作为多项式中每一项的系数，最高位代表最高次项。例如一个 8 比特的数据"10011010"对应的多项式为：

$$C(x)=1\times x^7+0\times x^6+0\times x^5+1\times x^4+1\times x^3+0\times x^2+1\times x^1+0\times x^0$$
$$=x^7+x^4+x^3+x^1$$

当发送端要传输一个 k 比特长的数据时，实际发送的是 k 比特的数据加上 r 比特的冗余码 R，这个包括冗余比特的完整数据称为 $P(x)$，如图 3-12 所示。如果在一条线路上传输 $P(x)$，并且在传输过程中没有发生差错，那么接收端应该恰好能用 $C(x)$ 整除 $P(x)$；另一方面，如果在传输过程中 $P(x)$ 中出现了某个差错，那么收到的多项式将不能被 $C(x)$ 整除。

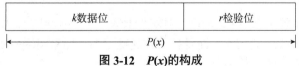

图 3-12 $P(x)$的构成

现在广泛使用的 $C(x)$ 有以下几种：

$$CRC\text{-}16=x^{16}+x^{15}+x^2+1$$
$$CRC\text{-}CCITT=x^{16}+x^{12}+x^5+1$$

$$CRC\text{-}32 = x^{32} + x^{26} + x^{23} + x^{22} + x^{16} + x^{12} + x^{11} + x^{10} + x^8 + x^7 + x^5 + x^4 + x^2 + x + 1$$

下面通过一个实际例子说明 CRC 的计算过程。

【例 3-2】发送端要发送的数据为 110101，k=6。选择 $C(x)$ 为 1001，最高次幂是 3，所以 R 的位数 r=3。经过如图 3-13(a)所示的模 2 除法运算，得到 R=011，这样得到要发送的完整数据 $P(x)$=110101011。

接收端对收到的 $P(x)$ 进行同样的运算，如图 3-13(b)所示，得到的余数为 0，表示传输的数据无差错。

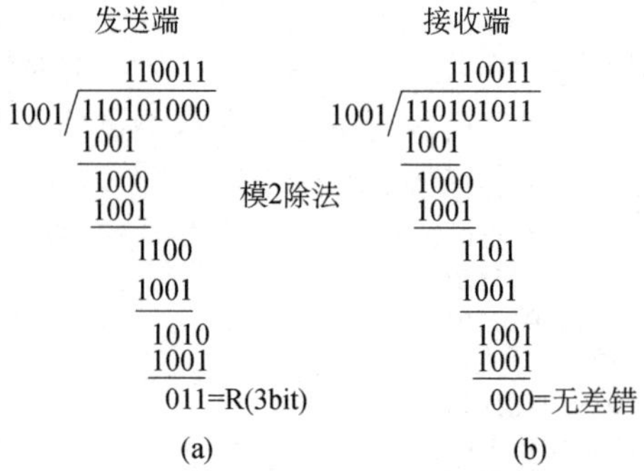

图 3-13　循环冗余校验的运算过程

4. 可靠传输

实际上，如果不引进额外的开销，目前的校验码并不足以处理多比特差错和突发性差错，这就导致差错帧必须丢弃。

一个能可靠传输帧的数据链路层协议必须能以某种方式恢复这些丢弃（丢失）的帧，通常使用确认应答机制和超时重传机制的组合来完成该工作。当数据传输到接收端主机时，接收端主机会返回一个已收到数据的通知，这个通知叫作确认应答。如果发送端在合理的一段时间内未收到确认应答，则重发原始数据。

使用确认应答机制和超时重传机制实现可靠传输的策略有时称为自动重传请求（ARQ）。下面介绍四种不同的 ARQ 协议。

（1）停止等待协议

假设发送端发送一个帧，并且接收端已发送确认应答，但确认应答丢失或迟到了，这时发送端会重发这一帧，但接收端却认为这是下一帧，这就会引起重复传输的问题。为了解决这个问题，停止等待协议的首部通常包含 1 比特的序号，即序号为 0 或 1，并且每一帧交替使用序号。当发送端重发 0 号帧时，接收端可确定它是上一个 0 号帧的重复帧，因此可以忽略它。

（2）连续 ARQ 协议

停止等待协议是最简单的 ARQ 协议，但效率很低。连续 ARQ 协议的要点是发送完一个数据帧后，不是停下来等待确认应答，而是接着发送数据帧。如果出现差错帧，发送端就从差错帧开始重新发送后面所有的数据帧。

（3）选择性重传 ARQ 协议

选择性重传 ARQ 协议是在连续 ARQ 协议的基础上，在接收端设置一个缓存，保存收到的数据帧。如果出现差错帧，只需要重传出现错误的数据帧即可。

（4）滑动窗口协议

如图 3-14 所示，发送端窗口大小 SWS 表示发送端能够发送但未确认的帧数的上限；LAR 表示最近收到的确认帧序号；LFS 表示最近发送的帧序号，这三个变量的关系为：LFS-LAR≤SWS。

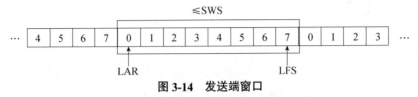

图 3-14　发送端窗口

当一个确认帧到达时，LAR 向右移动，从而允许发送端发送另一数据帧。同时，发送端为发送的每个帧设置一个定时器，如果定时器在确认应答到达之前超时，则重发此帧。

与发送端一样，接收端窗口也维护三个变量，如图 3-15 所示。RWS 表示接收端所能接收的无序帧数目的上限；LFR 表示收到的帧序号；LAF 表示最大的可接收序号，这三个变量的关系为：LAF-LFR≤RWS。

图 3-15　接收端窗口

当一个序号为 FNum 的数据帧到达时，如果 FNum≤LFR 或 FNum>LAF，则该帧不在接收端窗口内，于是被丢弃；如果 LFR<FNum≤LAF，则该帧在接收端窗口内，于是被接收。

滑动窗口协议有三个不同的功能，分别是：在不可靠的链路上可靠传输数据帧；保持帧的传输顺序；流量控制。

在滑动窗口协议中，当发送端窗口和接收端窗口的大小都等于 1 时，就等同于停止等待协议；如果发送端窗口大于 1，接收端窗口等于 1，就等同于连续 ARQ 协议；如果发送端窗口和接收端窗口都大于 1，就等同于选择性重传 ARQ 协议。

5. 数据链路层的协议举例

数据链路层的协议是数据链路层功能的集合，下面以 HDLC 协议为例说明其功能。

HDLC 协议是面向比特的数据链路层控制协议的典型代表，该协议的特点是：不依赖任何一种字符编码集；数据帧可透明传输，易于硬件实现；全双工通信，有较高的数据链路传输效率；所有帧均采用 CRC 校验，对信息帧进行顺序编号，可防止漏收或重复接收，传输可靠性高；传输控制功能与处理功能分离，具有较大的灵活性。

HDLC 帧结构如图 3-16 所示，在帧的首部和尾部分别放入一个 8 比特的标志字段 F，作为帧的边界。

图 3-16　HDLC 帧结构

在 HDLC 帧结构中，地址字段 A 写入下一个节点的物理地址，长度为 8 比特；控制字段 C 的长度为 8 比特，是最复杂的字段，很多重要功能根据控制字段来实现；帧校验序列 FCS 采用 16 个比特的 CRC 校验码。

3.3.3　网络层

1. 网络层的基本概念

网络层（Network Layer）通过网络连接交换传输层实体发出的数据，使高层的设计不依赖于数据传输技术和中继器，同时也使数据传输和高层隔离。概括地说，网络层具备以下功能。

（1）逻辑地址寻址

数据链路层的物理地址只解决了同一个网络内部的寻址问题，数据从一个网络跨越到另外一个网络就需要使用网络层的逻辑地址寻址功能。

（2）路由选择

从源节点到目的节点存在多条路径时，存在选择最佳路由的问题。路由选择是指根据一定的原则和算法在传输通路中选出一条通向目的节点的最佳路由。

（3）流量控制

网络层也存在流量控制问题，只不过数据链路层中的流量控制是在两个相邻节点之间进行的，而网络层中的流量控制是在从主机到目的主机的过程中进行的。

（4）拥塞控制

在通信子网内，出现过量的数据包而引起网络性能下降的现象称为拥塞。拥塞控制主要解决的问题是如何获取网络中发生拥塞的信息，从而利用这些信息进行控制，避免数据包丢失以及网络死锁现象。

2. 路由算法

路由算法大致可分为静态路由算法和动态路由算法两类。

（1）静态路由算法

静态路由算法又称为非自适应性算法，是指按某种固定规则进行路由选择，其特点是算法简单、容易实现，但效率和性能较差。

（2）动态路由算法

动态路由算法又称为自适应性算法，是一种依靠网络的当前状态信息来决定路由的策略。这种策略能较好地适应网络流量和拓扑结构的变化，有利于改善网络的性能，但算法复杂，实现开销较大。

3. 网络层的实现

在互联网中，两台主机之间传输数据的通路有很多条，中途要经过多个节点，这些中间节点通常称为路由器（Router）的设备担当，其作用就是选择一条合适的传输路径。

路由器工作在网络层，主要功能是为经过路由器的每个数据包寻找一条最佳传输路径，并将该数据包有效地传输到目的节点。

> 笔记：数据链路层通过物理地址寻址下一个节点；网络层通过逻辑地址寻址目的主机。

3.3.4　传输层

传输层（Transport Layer）的任务是向用户提供可靠的、透明的、端到端的数据传输，以及进行差错控制和流量控制。

传输层是 OSI 参考模型中关键的一层，也是第一个事实上的端到端层次。传输层是发送端到接收端从低到高对数据传输进行控制的最后一层，把实际使用的通信子网与高层应用分开，提供可靠、无误且经济有效的数据传输。当网络层的服务质量不能满足要求时，传输层会将服务水平提高，以满足高层的要求；当网络层的服务质量较好时，传输层只承担很少的任务。

传输层的主要功能有：分割与重组数据；按端口号寻址；连接管理；差错控制和流量控制等。

> 笔记：数据链路层对链路两端进行差错校验；传输层对应用程序到应用程序进行差错校验。

3.3.5　会话层

会话层（Session Layer）提供两个互相通信的应用进程之间的会话机制，即建立、组织和协调双方的交互过程，并使会话获得同步。

会话层的一类服务是管理会话，除了单程（只有一方）会话，还可以允许双程同时会话和双程交替会话；另一类服务是控制两个表示层实体间的数据交换过程，例如分界和同步等。

会话层的具体功能有以下几个。

（1）会话管理。会话层允许用户在两个实体设备之间建立、维持和终止会话，并支持它们之间的数据交换过程。例如，会话层提供单程会话或双程同时会话，并管理会话中的发送顺序以及会话所占用时间的长短。

（2）会话流量控制。会话层提供会话流量控制和交替会话的功能。

（3）寻址。会话层使用远程地址建立会话连接。

（4）出错控制。从逻辑上看，会话层主要负责数据交换过程的建立、维持和终止，但实际的工作却是接收来自传输层的数据，并负责纠正错误。

3.3.6　表示层

表示层（Presentation Layer）对来自应用层的命令和数据进行解释，赋予各种语法相应的含义，并按照一定的格式传输给会话层。表示层的主要功能是处理用户信息的表示问题，例如数据格式转换、数据编码、压缩与解压缩、加密与解密等，具体功能如下。

（1）数据格式转换。表示层能协商和建立数据交换的格式，解决各应用程序之间在数据格式表示上的差异。

（2）数据编码。表示层能进行字符集和数字的转换。

（3）压缩与解压缩。为了减少数据的传输量，表示层还负责数据压缩与解压缩。

（4）加密与解密。表示层的数据加密与解密功能可以提高网络的安全性。

3.3.7 应用层

应用层是 OSI 参考模型的顶层，是计算机网络与最终用户间的接口，包含了系统管理员管理网络服务所涉及的所有问题和基本功能。应用层在下面六层提供的数据传输和数据表示等各种服务的基础上，为网络用户或应用程序提供完成特定网络服务功能所需的各种应用协议。应用层的主要功能如下。

（1）用户接口。应用层是用户与网络，以及客户程序与网络间的直接接口，使用户能够与网络进行交互式联系。

（2）实现各种服务。应用层具有的各种应用程序能够完成和实现用户请求的各种服务。

3.4 TCP/IP 体系结构

随着互联网在全球范围的不断普及，遵循 TCP/IP 协议的网络越来越多，大有与 OSI 参考模型平分天下之势，下面简单介绍 TCP/IP 协议的体系结构。

与 OSI 参考模型不同，TCP/IP 体系结构从推出之时就重点考虑异种网络互联的问题。TCP/IP 体系结构不要求所有网络都遵循一种标准，而是在承认有不同标准的情况下，解决这些差异。因此，网络互联是 TCP/IP 协议的核心。

3.4.1 TCP/IP 协议简介

"TCP/IP"是"Transmission Control Protocol/Internet Protocol（传输控制协议/互联协议）"的缩写。世界上第一个分组交换网（或第一个实用计算机网络）是美国国防部的 ARPAnet。最初 ARPAnet 使用的是租用线路，当卫星通信系统与通信网发展起来之后，ARPAnet 最初开发的网络协议用在通信可靠性较差的通信子网中出现了不少问题，这就导致了新的网络协议 TCP/IP 协议的出现。虽然 TCP/IP 协议不是标准协议，但它们是目前最流行的商业化协议，并被公认为当前的工业标准或"事实上的标准"。

TCP/IP 协议之所以能够迅速发展起来，不仅因为它是美国国防部指定使用的协议，更重要的是它恰恰适应了世界范围内数据通信的需要。TCP/IP 协议具有以下四个特点。

（1）TCP/IP 协议是开放的协议标准，可以免费使用。

（2）TCP/IP 协议独立于特定的网络硬件，可以运行在局域网、广域网中，更适用于互联网中。

（3）统一的网络地址分配方案使 TCP/IP 设备在网中具有唯一的地址。

（4）TCP/IP 协议的标准化高层协议可以提供多种可靠的用户服务。

3.4.2 TCP/IP 体系结构

TCP/IP 协议从更实用的角度出发，形成了具有高效率的四层体系结构，即网络接口层、网际层、传输层和应用层。TCP/IP 体系结构与 OSI 参考模型的层次对应关系如图 3-17 所示。

1. 网络接口层

网络接口层（Network Interface Layer）是模型的底层，是实际的网络硬件接口，对应于 OSI 参考模型的物理层和数据链路层。实际上，TCP/IP 体系结构并没有定义具体的网络接口协议，而是灵活适应各种网络类型，例如 LAN、MAN 和 WAN 等。

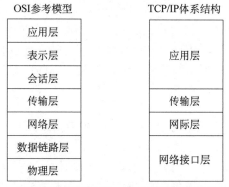

图 3-17　TCP/IP 体系结构与 OSI 参考模型的层次对应关系

2. 网际层

网际层（Internet Layer）与 OSI 参考模型的网络层对应，是整个 TCP/IP 体系结构的关键部分。网际层的主要功能如下。

（1）处理来自传输层的报文段发送请求。网际层在收到报文段发送请求之后，将报文段装入 IP 数据报中并填充报头，选择好发送路径，然后将数据报发送到相应的节点。

（2）处理接收的数据报。网际层在接收到其他主机发送的 IP 数据报之后，检查目的地址，如果需要转发，则通过发送路径转发出去；如果目的地址为本节点的 IP 地址，则除去报头，将报文段发送给传输层处理。

（3）互联的路径选择、流量控制与拥塞控制等。

3. 传输层

传输层（Transport Layer）是 TCP/IP 体系结构的第三层，与 OSI 参考模型的传输层对应，主要负责应用程序与应用程序之间的端对端通信。传输层的主要功能是在源主机与目的主机的对等实体间建立用于会话的端对端连接。传输层主要有两个协议，即传输控制协议（TCP）和用户数据报协议（UDP）。

4. 应用层

应用层（Application Layer）是 TCP/IP 体系结构的顶层，包括了所有高层协议，并且总是不断有新的协议加入。

3.4.3　比较 OSI 与 TCP/IP

虽然 OSI 参考模型和 TCP/IP 体系结构都采用了层次结构的概念，但是它们的差别很大，不论在层次划分还是协议的使用上都有明显不同，有各自的优缺点。

1. 共同点

作为计算机通信的国际性标准，OSI 参考模型原则上是国际通用的，TCP/IP 体系结构是当前工业界普遍使用的，它们有着许多共同点，可以概括为以下几个方面。

（1）两者都采用了协议分层方法，将庞大且复杂的问题划分为若干个容易处理且范围较小的问题。

（2）两者各层次的功能大体上相似，都存在网络层、传输层和应用层。网络层实现主机到主机的通信，并完成路由选择、流量控制和拥塞控制；传输层实现端到端的通信，将高层的用户应用与低层的通信子网隔离开来，并保证数据传输的可靠性。

（3）两者都可以实现异种网络的互联，实现世界上不同厂商生产的计算机之间的通信。

2. 不同点

TCP/IP 体系结构与 OSI 参考模型的不同主要表现在以下几个方面。

（1）TCP/IP 体系结构虽然也采用分层结构，但其层次之间的调用关系不像 OSI 参考模型那样严格。在 OSI 参考模型中，两个 n 层实体之间的通信必须经过 $(n-1)$ 层；而 TCP/IP 体系结构可以越级调用更低层提供的服务，这样做可以减少一些不必要的开销，提高数据传输的效率。

（2）TCP/IP 体系结构从一开始就考虑到了异种网络的互联问题，并将互联网协议作为 TCP/IP 体系结构的重要组成部分；而 OSI 参考模型只考虑到用一种统一标准的公用数据网将各种不同的系统互联在一起，未考虑到异种网络的存在，这是 OSI 参考模型的一大缺点。

（3）TCP/IP 体系结构从一开始就向用户同时提供可靠服务和不可靠服务，而 OSI 参考模型在开始时只考虑到向用户提供可靠服务。相对来说，TCP/IP 体系结构更侧重于提高网络传输的效率，而 OSI 参考模型更侧重于网络传输的可靠性。

3.5 TCP/IP 协议栈

TCP/IP 实际上是一组协议，每个协议实现一种特定的功能，如图 3-18 所示。下面介绍主要协议的功能和协议格式。

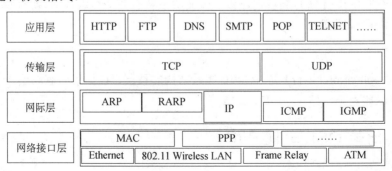

图 3-18 TCP/IP 协议栈

3.5.1　MAC 协议

MAC 帧最常用的是 Ethernet V2 格式，如图 3-19 所示，由五个字段组成。前两个字段分别是 6 字节长的目的 MAC 地址字段和源 MAC 地址字段。第三个字段是 2 字节长的类型字段，用来标识上一层使用的协议，以便把收到的 MAC 帧交给上一层的协议。第四个字段是数据部分字段，长度为 46~1500 字节。最后一个字段是 4 字节长的帧校验序列，使用 CRC-32 循环冗余校验。

图 3-19　MAC 帧格式

3.5.2　PPP 协议

HDLC 协议在历史上起到过很大的作用，但现在使用的数据链路层协议是点到点协议（PPP 协议），PPP 协议为在点对点连接上传输多协议数据包提供了一个标准方法。PPP 协议最初是为两个对等节点之间的 IP 流量传输提供的一种封装协议，在 TCP/IP 协议栈中它是一种用来同步调制连接的数据链路层协议，替代了原来非标准的 SLIP 协议。

用户接入互联网一般有两种方法，一种是使用电话线拨号接入，另一种是使用专线接入。两种方法都要使用数据链路层的协议，拨号接入互联网通常使用 PPP 协议。

PPP 帧格式如图 3-20 所示，标志字段 F 为 0x7E（01111110）；地址字段 A 固定设置为 0xFF（11111111），表示所有节点都接收这个帧；控制字段 C 固定设置为 0x03。协议字段为 0x0021 时，表示信息字段就是 IP 数据包；当协议字段为 0xC021 时，表示信息字段是 PPP 链路控制数据；当协议字段为 0x8021 时，表示信息字段是网络控制数据。

图 3-20　PPP 帧格式

3.5.3　ARP 协议

1. 基本功能

ARP 协议的基本功能是根据目的主机的 IP 地址获得 MAC 地址。地址解析（Address Resolution）就是主机在发送数据前将目的主机的 IP 地址转换成对应 MAC 地址的过程。

当源主机和目的主机不在同一个局域网中时，即便知道目的主机的 MAC 地址，两者也不能直接通信，必须经过路由器通信。源主机通过 ARP 协议获得的不是目的主机的 MAC 地址，而是某个可以通往局域网外的路由器端口的 MAC 地址。源主机发往目的主机的所有帧都将发往该路由器，并通过它向外发送，这种情况称为 ARP 代理。

2. 工作原理

每台安装有 TCP/IP 协议的计算机都有一个 ARP 缓存表，表中的 IP 地址与 MAC 地址是一一对应的。ARP 缓存表采用老化机制（即设置了生存时间 TTL），在一段时间内（一般为

15～20 分钟）如果表中的某一行没有被使用，就会被删除，这样可以大大减少 ARP 缓存表的长度，加快查询速度。

以主机 A（IP 地址：192.168.1.5；MAC 地址：00-AA-00-02-11-03）向主机 B（IP 地址：192.168.1.1；MAC 地址：00-AA-00-77-02-21）发送数据为例，当发送数据时，主机 A 会在自己的 ARP 缓存表中寻找是否有目的 IP 地址，如果找到了，也就知道了目的 MAC 地址，直接把目的 MAC 地址写入并发送即可。如果主机 A 在 ARP 缓存表中没有找到目的 IP 地址，就会在网络上发送一个广播帧，表示向同一网络内的所有主机发出这样的询问："我是 192.168.1.5，我的 MAC 地址是 00-AA-00-02-11-03，请问 IP 地址为 192.168.1.1 的主机的 MAC 地址是什么？"，网络上的其他主机并不响应 ARP 请求，只有主机 B 接收到这个帧时，才向主机 A 做出响应："IP 地址为 192.168.1.1 的主机的 MAC 地址是 00-AA-00-77-02-21"。这样，主机 A 就知道了主机 B 的 MAC 地址，可以向主机 B 发送信息。在这个过程中，主机 A 和主机 B 都更新了自己的 ARP 缓存表，下次再发送信息时，直接从各自的 ARP 缓存表中查找就可以了。

3. ARP 数据包格式

ARP 协议通常应用于局域网中，以太网中的 ARP 数据包格式如图 3-21 所示。

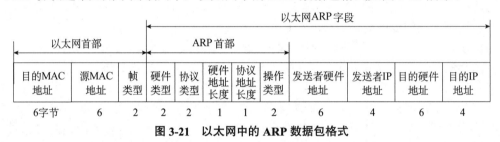

图 3-21　以太网中的 ARP 数据包格式

ARP 数据包中字段的含义如下。

（1）硬件类型：表明 ARP 实现在何种类型的网络上。

（2）协议类型：表示解析协议（上层协议），一般是 0x0800，即 IP。

（3）硬件地址长度：MAC 地址的长度。

（4）协议地址长度：IP 地址的长度。

（5）操作类型：表示 ARP 数据帧的类型，0 表示 ARP 请求数据帧，1 表示 ARP 应答数据帧。

（6）发送者硬件地址：发送端的 MAC 地址。

（7）发送者 IP 地址：发送端的 IP 地址。

（8）目的硬件地址：接收端的 MAC 地址（等待接收端填充）。

（9）目的 IP 地址：接收端的 IP 地址。

3.5.4　ICMP 协议

Internet 控制报文协议（Internet Control Message Protocol，ICMP）是 TCP/IP 体系结构中网际层的重要协议，用于在主机与主机、主机与路由器之间传递控制消息。控制消息包括网络的连通性、主机是否可达、路由器是否可用等，这些控制消息不传递用户数据，但对传递用户数据起到了很重要的作用。

ICMP 协议是一种面向无连接的协议，报文格式如图 3-22 所示。类型字段表示 ICMP 报文的类型；代码字段表示报文的少量参数，当参数较多时写入 32 位的参数字段，ICMP 报文携带的信息包含在可变长度的信息字段中；校验和字段是 ICMP 数据的校验和。

图 3-22　ICMP 报文格式

在网络中经常会使用到 ICMP 协议，主要有如下几种含义。

（1）目标不可达（类型 3）。如果路由器判断出不能把 IP 数据包送达目的主机，则向源主机发回一个目标不可达报文。

（2）超时（类型 11）。如果路由器发现 IP 数据包的生存期超时，或者目的主机在规定的时间内无法完成重装配，则向源主机发回一个超时报文。

（3）原点抑制（类型 4）。如果路由器或目的主机的缓冲区已用完或快用完，则必须丢弃数据包，每丢弃一个数据包就向源主机发回一个原点抑制报文，使源主机减小发送速率。

（4）参数问题（类型 12）。如果路由器或主机判断报文中的字段出错，则返回参数问题报文，报文头中包含一个指向出错字段的指针。

（5）路由重定向（类型 5）。路由器向直接相连的主机发出路由重定向报文，告诉主机一个更短的路径。

（6）回送（请求或响应，类型 8 或类型 0）。回送报文用于测试两个节点之间的通信线路是否畅通，ping 命令工具就是这样工作的。

（7）时间戳（请求或响应，类型 13 或类型 14）。时间戳报文用于测试两个节点间的通信延迟时间。

（8）地址掩码（请求或响应，类型 17 或类型 18）。主机可以利用地址掩码报文获得它所在的 LAN 的子网掩码。

3.5.5　TCP 协议

TCP 协议是 TCP/IP 协议栈中主要的传输层协议，工作在传输层。TCP 协议是一种面向连接的、可靠的、基于字节流的传输层通信协议。

1. TCP 协议的功能

应用层向传输层发送数据流，传输层把数据流分割并封装成适当长度的报文段传输给网际层，由网际层传输给接收端实体的传输层。TCP 协议为了保证不丢失数据，给每个字节一个序号，保证传输到接收端实体的报文段能被按序接收。接收端实体对成功收到的字节发回一个相应的确认应答，如果发送端实体在合理的往返时延内未收到确认应答，则认为数据丢失，将会重传。TCP 协议用一个校验和函数来检验数据是否有差错，在发送和接收时都要计算校验和。

2. TCP 协议的特点

（1）端到端服务

TCP 协议又被称为端到端协议，作用范围为一台计算机（终端）上的应用进程到另一台远程计算机（终端）上的应用进程。TCP 协议提供的连接是由软件实现的，因此又称为虚连接。底层的互联网系统并不提供硬件或软件支持，只通过两台计算机交换消息来实现连接。

（2）可靠传输和自动重传

为了实现可靠传输，TCP 协议采用了多种技术，其中最重要的技术叫自动重传。源主机在传输数据前需要先和目的主机建立连接，然后在此连接上按顺序传输被编号的报文段。发送端发送报文段时会启动一个定时器，如果在定时器超时后未收到确认应答，则发送端重传报文段，从而保证报文段传输的可靠性。

（3）流量控制

TCP 协议使用一种窗口机制来控制数据流。建立连接时，连接的每一端都分配一个缓冲区来保存输入的数据，并将缓冲区的大小发送给另一端。当数据到达时，接收端发送确认应答，其中包含了剩余的缓冲区大小。剩余的缓冲区大小被称为窗口，指出窗口大小的通知为窗口通知，接收端发送的每一个确认应答中都包含一个窗口通知。如果发送端的发送速率比接收端的接收速率快，则接收到的数据最终将充满接收端的缓冲区，这时接收端会发送一个零窗口通知。当发送端收到一个零窗口通知时，必须停止发送，直到接收端重新发送一个正窗口通知。

3. 端口号

传输层使用端口号作为应用进程的标识，端口号为 16 位二进制数字，可以使用 0～65535 之间的任何数值。发送数据时，操作系统动态地为客户端的应用进程分配端口号。在服务器端，每种服务具有确定的端口号，例如，HTTP 的默认服务端口号为 80，FTP 的默认服务端口号为 21 等。端口号只具有本地意义，服务器上使用的端口号可分为以下两类。

（1）熟知端口号。熟知端口号的数值范围是 0～1023，紧密绑定于一些服务，通常这些端口的通信明确表明了某种服务的协议。常用的熟知端口号如表 3-2 所示。

（2）注册端口号。注册端口号的数值范围是 1024～65535，有许多服务绑定于这些端口。

表 3-2　常用的熟知端口号

应用进程	FTP	Telnet	SMTP	DNS	TFTP
熟知端口号	21	23	25	53	69
应用进程	HTTP	POP3	SNMP	SNMP Trap	HTTPS
熟知端口号	80	110	161	162	443

客户端使用的端口号数值为 49152～65535，这类端口号仅在应用进程运行时才动态分配，是留给应用进程临时使用的。当服务器进程收到应用进程的报文时，就知道了所使用的端口号，因而可以把报文发送给应用进程。通信结束后，已使用过的端口号就不复存在，可以供其他应用进程使用。

4. TCP 报文段首部格式

TCP 报文段首部格式如图 3-23 所示，各字段的含义如下。

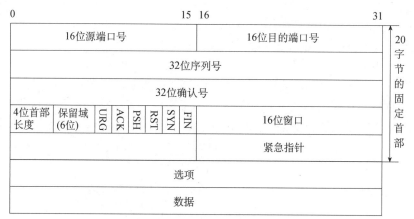

图 3-23 TCP 报文段首部格式

（1）源端口号：发送端应用进程的端口号。

（2）目的端口号：接收端应用进程的端口号。

（3）序列号：携带报文段的序号，接收端利用这一序列号来重新按顺序排列各个报文段并利用序列号计算确认号。

（4）确认号：对接收数据的一种确认，发送端根据收到的报文段序列号进行确认，一般在收到的报文段序列号基础上加 1，表示上一个报文段已经收到，期待接收序列号加 1 的报文段。

（5）首部长度：TCP 报文段首部的长度，以 4 比特为单位进行计算。如果没有任何选项字段，首部长度为 5，表示 TCP 报文段首部长度为 5 个 4 比特，即 20 比特。

（6）保留域：紧接在首部长度字段后的 6 个比特，应该把它设置为 0。

（7）标识位：保留域字段后的 6 个比特，有特定的含义。

　　URG：和紧急指针配合使用，用于发送紧急报文段。

　　ACK：用于说明确认号是否有效。

　　PSH：用于指示发送端和接收端立刻发送或接收。

　　RST：由于不可恢复的错误重置连接。

　　SYN：用于连接建立指示。

　　FIN：用于连接释放指示。

（8）窗口：基于可滑动窗口的流量控制，指示发送端从确认号开始可以发送窗口大小字节的数据流。

（9）校验和：为增加可靠性，对 TCP 报文段进行校验和计算，并由接收端进行校验。

（10）紧急指针：紧急指针是一个偏移量，与序列号字段中的值相加表示紧急报文段最后一个字节的序列号。

（11）选项：包括窗口扩大因子、时间戳等选项。

（12）数据：表示上层协议数据单元，即要传输的用户数据。

5. 连接管理

TCP 是面向连接的控制协议，即在传输数据前要先建立逻辑连接，在传输结束时要释放连接。这种建立、维护和释放连接的过程，就是连接管理。TCP 连接的建立和释放都是通过三次握手来实现的。

（1）建立连接

建立连接时三次握手的过程如图 3-24 所示。

① 源主机发送一个同步标志位 SYN=1 的报文段。

② 目的主机发回确认号字段，其中 SYN=1，ACK=1，同时在确认号字段表明目的主机期待接收源主机下一个报文段的序列号，此段中还包括目的主机的初始序列号。

③ 源主机回送一个报文段，此报文段同样携带递增的发送序列号和确认序列号。

至此，TCP 建立连接的三次握手完成，源主机和目的主机可以开始互相收发数据。

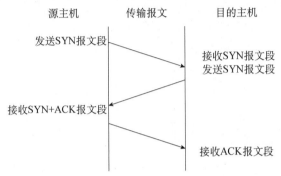

图 3-24　建立连接时三次握手的过程

（2）释放连接

释放连接时三次握手的过程如图 3-25 所示。

① 源主机发送一个结束标志位 FIN=1 的报文段，表示源主机只能接收数据，不再发送数据。

② 目的主机返回确认应答报文段，但目的主机可以继续发送数据。目的主机将数据发送完成后，返回 FIN=1 的报文段，表示目的主机也没有数据需要发送。

③ 源主机返回确认应答报文段，最终释放整个连接。

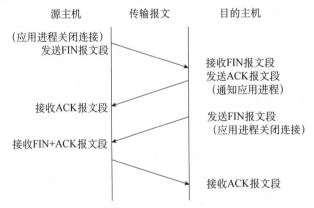

图 3-25　释放连接时三次握手的过程

3.5.6　UDP 协议

UDP（用户数据报协议）与 TCP 一样，是 TCP/IP 体系结构中传输层的主要协议，完成传输层所指定的功能。UDP 协议提供面向事务的简单信息传输服务，提供的是无连接通信，不对传输报文段进行可靠性保证。

1. UDP 协议的特点

（1）UDP 协议提供面向无连接的服务，即发送报文之前不需要建立连接，减少了开销和发送报文之前的时延。

（2）UDP 协议不保证可靠传输，主机不需要维持复杂的连接状态信息。

（3）UDP 协议是面向报文的，发送端对应用层传输来的数据，既不合并，也不拆分，添加首部形成报文后传输给网际层。UDP 协议一次完成一个完整报文的传输，因此应用层必须选择合适大小的数据，如果数据太长，网际层要将报文进行分组，降低传输效率；如果数据太短，UDP 首部和 IP 首部占协议数据单元的比例过大，也会降低传输效率。

（4）UDP 协议没有拥塞控制，这对实时应用很重要。很多实时应用（现场直播、视频会议等）要求源主机以固定的速率发送数据，并允许在网络发生拥塞时丢失一些数据，不允许数据有过大的网络延时。

（5）UDP 协议的首部开销小，只有 8 个字节。

2. UDP 报文首部格式

UDP 报文首部格式由首部字段和数据字段组成。UDP 的首部字段很简单，只有 8 个字节，如图 3-26 所示，由 4 个字段组成，各字段的意义如下。

（1）源端口：发送数据的应用进程的端口号。

（2）目的端口：接收数据的应用进程的端口号。

（3）长度：报文首部的长度，最小值为 8。

（4）校验和：检测 UDP 在传输中是否有错，有错就丢弃。

16位源端口	16位目的端口
16位长度	16位校验和
数据（如果有）	

图 3-26　UDP 报文首部格式

3.5.7　HTTP 协议

HTTP 是超文本传输协议，是客户端浏览器或其他程序与 Web 服务器之间的应用层通信协议。在 Web 服务器上存放的通常是超文本信息，客户端需要通过 HTTP 传输所要访问的超文本信息。HTTP 包含命令和传输信息，不仅可用于 Web 访问，也可以用于其他互联网/内联网应用系统之间的通信，从而实现各类超媒体访问的集成。

1. 统一资源定位符

在浏览器的地址栏里输入的网页地址叫作统一资源定位符（Uniform Resource Locator，URL）。就像每家每户都有一个门牌号码一样，每个网页也都有一个地址。当用户在浏览器的地址栏中输入 URL 或单击一个超链接时，就确定了要浏览网页的地址。浏览器通过超文本传输协议将 Web 服务器上站点的网页代码提取出来，并解释成直观的网页。因此，在认识 HTTP 之前，有必要先弄清楚 URL 的组成。

例如，URL "http://www.abc.com:80/china/index.html" 各部分的含义如下。

（1）"http://" 指使用什么协议来获取万维网文档，有时可省略。

（2）"www.abc.com" 是发布网站的服务器的域名。

（3）":80" 指应用层协议对应的端口号，有时可省略。

（4）"/china/" 指服务器存放要访问的网页的路径信息。

（5）"index.html" 指要访问网页的文件名。

2．HTTP 的工作过程

在浏览器的地址栏中输入 "http://www.abc.com:80/china/index.html"，按下键盘的回车键后浏览器显示网页的过程如下。

（1）浏览器分析要访问的页面的 URL。

（2）浏览器向 DNS 服务器请求解析 "www.abc.com" 域名对应的 IP 地址。

（3）DNS 服务器解析后返回 IP 地址。

（4）浏览器与服务器之间建立 TCP 连接。

（5）浏览器发出取文件命令 "GET/china/index.html"。

（6）服务器给出响应，把文件 "index.html" 发送给浏览器。

（7）释放 TCP 连接。

（8）浏览器显示 "index.html" 的内容。

3．HTTP 报文首部格式

HTTP 有以下两种报文。

（1）请求报文。请求报文首部格式包括 URL、版本、请求修饰符、客户机信息等内容，如图 3-27(a)所示。

（2）响应报文。服务器接到请求后，给予相应的响应信息，格式为一个状态行，包括版本、状态码、服务器信息、实体信息等内容，如图 3-27(b)所示。

方法	URL	版本	回车符
首部字段名	请求修饰符、客户机信息等内容		回车符

(a) 请求报文首部格式

版本	状态码	回车符
首部字段名	服务器信息、实体信息等内容	回车符

(b) 响应报文首部格式

图 3-27　HTTP 报文首部格式

本章习题

3-1　下面关于 RS-232-C 标准的描述中，正确的是（　　）。

A. 可以实现长距离远程通信

B. 可以使用 9 针或 25 针 D 型连接器

C. 必须采用 24 根线的电缆进行连接

D. 通常用于连接并行打印机

3-2　ARP 协议的作用是（①），它的协议数据单元封装在（②）中传输。ARP 请求是采用（③）方式发送的。

① A. 由 MAC 地址求 IP 地址　　　　　B. 由 IP 地址求 MAC 地址
　 C. 由 IP 地址查域名　　　　　　　　D. 由域名查 IP 地址
② A. IP 分组　　　B. 以太网帧　　　C. TCP 报文段　　　D. UDP 报文
③ A. 单播　　　B. 顺序号　　　C. 广播　　　D. 点播

3-3　ICMP 属于 TCP/IP 网络中的（①）协议，ICMP 报文封装在（②）包中传递。

① A. 数据链路层　　　　　　　B. 网际层
　 C. 传输层　　　　　　　　　D. 会话层
② A. IP　　　B. TCP　　　C. UDP　　　D. PPP

3-4　TCP 使用（①）次握手机制建立连接，当请求方发出 SYN 连接请求后，等待对方回答（②），这样可以防止建立错误的连接。

① A. 1　　　B. 2　　　C. 3　　　D. 4
② A. SYN，ACK　　　　　　　B. FIN，ACK
　 C. PSH，ACK　　　　　　　D. RST，ACK

3-5　下面哪个字段的信息出现在 TCP 首部而不出现在 UDP 首部？

A. 目标端口号　　　B. 序列号　　　C. 源端口号　　　D. 校验和

3-6　FTP 客户上传文件时，通过服务器的 20 号端口建立的连接是（①），FTP 客户端应用进程的端口号可以为（②）。

① A. 建立在 TCP 之上的控制连接　　　B. 建立在 TCP 之上的数据连接
　 C. 建立在 UDP 之上的控制连接　　　D. 建立在 UDP 之上的数据连接
② A. 20　　　B. 21　　　C. 80　　　D. 4155

3-7　当 TCP 实体要建立连接时，其首部的（　　）为 1。

A. SYN　　　B. FIN　　　C. RST　　　D. URG

3-8　UDP 在网际层之上提供（　　）能力。

A. 连接管理　　　B. 差错校验和重传　　　C. 流量控制　　　D. 端口寻址

3-9　数据链路协议 HDLC 是一种（　　）。

A. 面向比特的同步链路控制协议　　　B. 面向字节计数的同步链路控制协议
C. 面向字符的同步链路控制协议　　　D. 异步链路控制协议

第4章　以太网交换技术

早在 1973 年，Robert Metcalfe 便发明了以太网的实验室原型系统，运行速率是 3Mbps。1982 年，以太网协议被电气与电子工程师协会（IEEE）采纳成为标准。经过多年的发展，以太网技术作为局域网数据链路层的标准战胜了其他各类局域网技术，速率达到 10Gbps，市场占有率超过 90%，成为局域网的事实标准。

4.1　数据链路层服务

数据链路层是 OSI 参考模型中的第二层，向网络层提供服务。数据链路层的基本功能是向网络层提供透明的和可靠的数据传输服务，透明性是指该层传输的数据的内容、格式及编码没有限制，也没有必要解释信息结构的意义；可靠传输能避免丢失信息、干扰信息及顺序不正确等。

1. 数据链路层的术语

数据链路层的主要术语有：主机和路由器——节点(Node)；连接相邻节点的通信信道——链路（Link）；有线链路（Wired Link）；无线链路（Wireless Link）；局域网（LAN）；数据分组——帧（Frame）。

2. 数据链路层的功能

数据链路层最基本的功能是将源主机网络层传输来的数据可靠传输到相邻节点的网络层。为达到这一目的，数据链路层必须具备以下功能。

（1）链路管理。当网络中的两个节点进行通信时，数据的发送方必须确认接收方是否已处在准备接收的状态，为此通信双方必须先建立一条数据链路。在传输数据时要维持数据链路，而在通信完毕时要释放数据链路。数据链路的建立、维持和释放就叫作链路管理。

（2）帧同步。在数据链路层，数据的传输单位是帧。帧同步是指接收方能从收到的比特流中准确地区分出一帧的开始和结束。

（3）流量控制。发送方发送数据的速率必须使接收方来得及接收，当接收方来不及接收时，就必须及时控制发送方发送数据的速率。

（4）差错控制。数据链路层的差错控制主要有两种方法，分别是检错编码和纠错编码。

3. 差错控制的基本方式

理想的传输信道是不产生差错并提供按序交付服务的物理或逻辑信道。然而，大部分传输信道都可能会出现数据帧出错、数据帧丢失、确认帧丢失等情况，如图 4-1 所示。需要特别注意的是，这里所说的传输信道可以是网络层提供的主机到主机的逻辑通信服务，可以是传输层提供的进程到进程的端到端逻辑通信服务，也可以是提供信号传输的物理链路服务等。因此，本节讨论的可靠数据传输基本原理、停止等待协议以及滑动窗口协议等，不仅适用于指导设计数据链路层协议，也适用于指导设计其他层的可靠传输协议，例如传输层协议等。

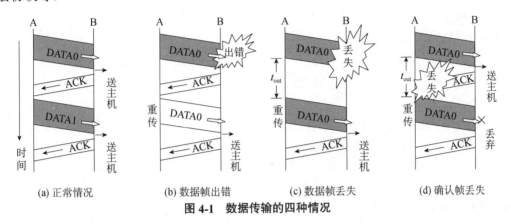

(a) 正常情况　　(b) 数据帧出错　　(c) 数据帧丢失　　(d) 确认帧丢失

图 4-1　数据传输的四种情况

不可靠传输信道在传输数据的过程中，可能发生比特差错；其次，可能发生乱序，即先发的数据包后到达，后发的数据包先到达；也可能发生数据丢失，即部分数据会在中途丢失，不能到达目的主机。实现可靠数据传输的措施主要包括以下几种。

（1）差错校验。差错校验是指利用差错编码实现数据包传输过程中的比特差错检测或纠正。差错编码就是在数据上附加冗余信息（通常在数据后），这些冗余信息建立了数据（位）之间的某种逻辑关联。数据发送端对需要检测差错的数据进行差错编码，然后将编码后的数据发送给接收端，接收端依据相同的差错编码规则检验数据传输过程中是否发生比特差错。

（2）确认。基于差错编码的差错检测结果，如果接收端接收到的数据未发生差错，并且是期望接收的数据，则接收端向发送端发送 ACK 数据包，称为肯定确认（Positive Acknowledgment），表示已正确接收数据；否则发送 NAK 数据包，称为否定确认（Negative Acknowledgment），表示没有正确接收数据。

（3）重传。发送端如果收到接收端返回的 ACK 数据包，则可以确认接收端已正确接收数据，可以继续发送新的数据；如果收到 NAK 数据包，表明接收端没有正确接收数据，则将出错的数据重新向接收端发送，纠正出错的数据传输。

（4）序号。由于底层信道不可靠，可能出现数据乱序到达的情况，因此对数据包进行编号，这样即便数据包不是按序到达的，接收端也可以根据数据包的序号向上层按序提交数据。另外，在数据包中引入序号还可以避免重传引起的重复提交问题。

（5）计时器。发送端根据在规定时间内是否收到确认来判断该报文段是否丢失或传输出错。

不同网络对数据传输速率、实时性、可靠性、信道特性等的需求不尽相同，通常对于差错的处理可以选择不同的差错控制方式。典型的差错控制方式包括检错重发、前向纠错、反馈校验和检错丢弃。

（1）检错重发

检错重发是一种典型的差错控制方式，在计算机网络中应用广泛。在检错重发方式中，发送端对数据进行差错编码，编码后的数据通过信道传输，接收端利用差错编码检测数据是否出错。对于出错的数据，接收端请求发送端重发数据加以纠正，直到接收端接收到正确数据。

（2）前向纠错

前向纠错是接收端进行差错纠正的一种差错控制方式，这类编码不仅可以检测数据传输过程中是否发生了错误，而且还可以定位错误的位置并直接加以纠正。前向纠错方式比较适用于单工通信或者对实时性要求比较高的应用。

（3）反馈校验

接收端将收到的数据原封不动发回发送端，发送端通过比对接收端反馈的数据与发送的数据可以确认接收端是否正确无误接收了已发送的数据。如果发送端发现数据有不同，则认为接收端没有正确接收到发送的数据，则立即重发数据，直到接收端反馈的数据与已发数据一致为止。反馈校验方式的优点是原理简单、易于实现、不需要差错编码；缺点是需要相同传输能力的反向信道、传输效率低、实时性差。

（4）检错丢弃

不同网络应用对可靠性的要求不同，某些应用（例如实时多媒体播报应用）可以采用一种简单的差错控制方式，即不纠正出错的数据，而是直接丢弃错误数据，这种差错控制方式就是检错丢弃。显然，这种差错控制方式通常适用于容许一定比例差错存在的系统。

4. 流量控制

流量控制实际上是对发送端数据流量的控制，使其发送速率不超过接收端的接收速率。同时，流量控制也能使发送端知道在什么情况下可以接着发送下一帧，在什么情况下必须暂停发送，等待收到某种反馈信息后再继续发送。

（1）停止等待协议

停止等待协议是指发送端每发送一帧后就要停下来等待接收端的确认返回，仅当接收端确认正确接收后再继续发送下一帧，如图 4-2 所示。

（2）滑动窗口协议

滑动窗口协议中发送端窗口的序号代表已发送但尚未收到确认的数据包，发送端窗口可持续地维持一系列未经确认的数据包。发送端窗口内的数据包可能在传输过程中丢失或损坏，所以发送过程必须把发送端窗口中的所有数据包保存起来以备重传。

发送端窗口一旦达到最大值，发送过程就必须停止接收新的数据包，直到有空闲缓存区。当序号等于接收端窗口下限的数据包到达时，把它提交给应用进程并向发送端发送确认，接收端窗口向前移动一位。发送端窗口和接收端窗口的上下限无须相同，大小也无须相同，但接收端窗口大小要保持固定，发送端窗口大小可随着数据包而改变。

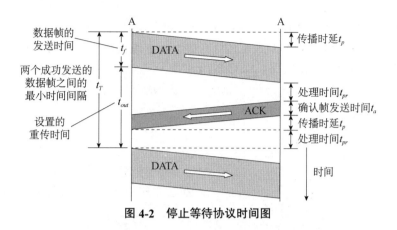

图 4-2 停止等待协议时间图

4.2 以太网的原理

4.2.1 以太网的层次结构

1. IEEE 802 标准

IEEE 802 委员会于 1984 年公布了 5 项标准（IEEE 802.1～IEEE 802.5），随着局域网技术的迅速发展，新的局域网标准不断被推出。IEEE 802 委员会为局域网制定的一系列标准统称为 IEEE 802 标准，其结构如图 4-3 所示。

图 4-3 IEEE 802 标准

2. 以太网的数据链路层

局域网的数据链路层和 OSI 参考模型相比，只包含了物理层和数据链路层的功能。为使局域网中的数据链路层不至于太复杂，将局域网的数据链路层划分为两个子层，即介质访问控制层（Medium Access Control，MAC）和逻辑链路控制层（Logical Link Control，LLC），而网络的服务访问点 SAP 则在 LLC 层与高层的交界面上，如图 4-4 所示。

LLC 层负责识别协议类型并对数据进行封装以便通过网络进行传输。为了区别网络层的数据类型，实现多种协议复用链路，LLC 层用 SAP 标志上层协议。

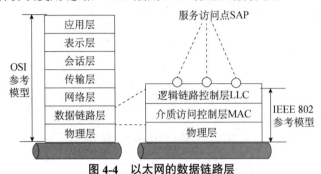

图 4-4　以太网的数据链路层

MAC 层提供物理链路的访问、链路级的站点标志、链路级的数据传输等功能，用 MAC 地址来标志唯一的站点。MAC 地址有 48 比特，通常转换成 12 比特的十六进制数，这个数分成三组，每组有四个数字，中间用"."分开，如图 4-5 所示。为了确保 MAC 地址全球唯一，由 IEEE 对这些地址进行管理，每个地址由两部分组成，分别是供应商代码和序列号。供应商代码代表 NIC 制造商的名称，占用 MAC 的前 6 位十六进制数字，即 24 比特二进制数字。序列号由设备供应商管理，占用剩余的 6 位地址，即最后的 24 比特二进制数字。

在具体应用中，如果 MAC 地址的 48 比特全是 1，则表明该地址是广播地址；如果第 8 位是 1，则表示该地址是组播地址。

在目的地址中，地址的第 8 位表明帧将要发送给单个站点还是一组站点；在源地址中，第 8 位必须为 0（因为一个帧不会从一组站点发出）。站点地址的确定至关重要，一个帧的目的地址不能是模糊的。

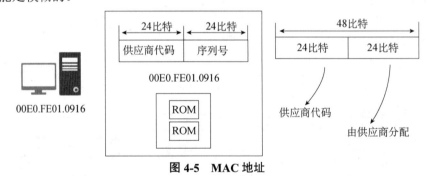

图 4-5　MAC 地址

3. 以太网的物理层

除数据链路层分割为两个子层外，以太网的物理层确定了两个接口即介质相关接口层（MDI）和连接单元接口层（AUI），如图 4-6 所示。MDI 随介质而改变，但不影响 LLC 和 MAC 的工作；AUI 是与粗同轴电缆连接的接口。

图 4-6　以太网的物理层

4.2.2　以太网的帧格式

以太网的帧格式出现过多个版本,目前正在应用的是 DIX 的 Ethernet II 帧格式和 IEEE 的 IEEE 802.3 帧格式。

1. Ethernet II 帧格式

Ethernet II 帧格式由 Ethernet I 帧格式修订而来, 如图 4-7 所示。

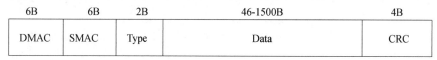

图 4-7　Ethernet II 帧格式

（1）DMAC 是目的地址, 由 DMAC 确定帧的接收端。

（2）SMAC 是源地址, 表示发送帧的工作站。

（3）Type 是类型字段, 用于表示数据字段中包含的高层协议。在以太网中, 多种协议可以在局域网中同时共存, 例如类型字段取值为"0800"代表 IP 协议帧; 类型字段取值为"0806"代表 ARP 协议帧; 类型字段取值为"8035"代表 RARP 协议帧; 类型字段取值为"8137"代表 IPX 和 SPX 协议帧。

（4）Data 字段是帧中封装的具体数据。Data 字段的最小长度必须为 46 字节, 这意味着传输 1 字节的信息也必须使用 46 字节的数据字段。如果填入该字段的信息少于 46 字节, 该字段的其余部分也必须进行填充。

（5）CRC 循环冗余校验字段提供了一种差错检测机制。每一个发送器都计算包括地址字段、类型字段和 Data 字段的 CRC 码, 并将计算出的 CRC 码填入 4 字节长的 CRC 字段中。

2. IEEE 802.3 帧格式

IEEE 802.3 帧格式是将 Ethernet II 帧的 Type 字段用 Length 字段取代, 并占用 Data 字段的 8 字节作为 LLC 和 SNAP 字段, 如图 4-8 所示。

（1）Length 字段定义了 Data 字段包含的字节数, 该字段取值小于或等于 1500 字节。

（2）LLC 由目的服务访问点（DSAP）、源服务访问点（SSAP）和控制（Control）字段组成。

（3）SNAP 由机构代码（Org Code）和类型（Type）字段组成。Type 字段的含义与 Ethernet II 帧格式中的 Type 字段相同。

（4）其他字段与 Ethernet II 帧格式的字段相同。

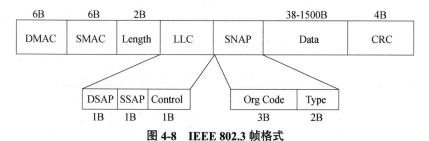

图 4-8　IEEE 802.3 帧格式

4.2.3 以太网的标准

以太网原本仅指使用 CSMA/CD 传输介质的控制方式，实际通信速率为 10Mbps（即表 4-1 中的狭义以太网）。随着时间的推移，同样使用 CSMA/CD 技术，通信速率为 100Mbps 的快速以太网和通信速率为 1Gbps 的千兆以太网逐步登场。从快速以太网开始，还出现了采用了全双工通信方式，而不是 CSMA/CD 技术的以太网。

到了千兆以太网，半双工通信中依然保留了 CSMA/CD 技术规范；到了万兆以太网，就彻底移除了 CSMA/CD 规范，所有通信方式均采用全双工通信模式。

目前，"以太网"这一术语一般用来表示图 4-7 和图 4-8 中使用以太网帧格式进行通信的网络（即表 4-1 中的广义以太网）。

表 4-1　以太网的分类

类型	标准	速率	访问控制方法
狭义以太网	DIX 以太网	10Mbps	使用 CSMA/CD
	IEEE 802.3		
广义以太网	IEEE 802.3u	100Mbps	可以选择使用 CSMA/CD
	IEEE 802.3z	1Gbps	
	IEEE 802.3ae	10Gbps	不使用 CSMA/CD
	IEEE 802.3ba	40/100Gbps	

IEEE 802.3 标准的命名规则如图 4-9 所示。

图 4-9　IEEE 802.3 标准的命名规则

（1）速率的单位为 bps。

（2）调制方式分为 BASE（基带信号）和 BROAD（宽频信号），BASE 调制方式通过 1 根线缆只传输 1 个信号，BROAD 调制方式通过 1 根线缆能够传输多个信号。

（3）传输介质如表 4-2 所示。

（4）编码体系为 X 时，快速以太网中使用 4B/5B 编码方式，千兆以太网中使用 8B/10B 编码方式；编码体系为 R 时，使用 64B/66B 编码方式。

（5）在同轴电缆中，lane 为 4 或 10，表示使用 4 个或者 10 个 lane。在光纤中，lane 为 N（任意数字）时，还可以表示波长数量，波长为 1 时可以省略。

表 4-2　IEEE 802.3 定义的传输介质

条目	传输介质
5	最长为 500 米的粗同轴电缆
2	最长为 185 米的细同轴电缆

条目	传输介质
T	双绞线
F	光纤
K	由铜线组成的背板
B	1 芯单模光纤
S	2 芯多模光纤（100m）
L	2 芯单模或多模光纤（10km）
E	2 芯单模光纤（40km）
Z	2 芯单模光纤（70km）
C	2 芯平衡式屏蔽同轴电缆
P	1 芯单模光纤，单点到多点

4.2.4　共享式以太网

通过同轴电缆连接起来的设备共享信道在每一个时刻只能有一台终端主机发送数据，其他终端处于侦听状态，不能发送数据，这种情况被称为网络中所有设备共享同轴电缆的总线带宽。

集线器（Hub）是一个物理设备，提供网络设备之间的直接连接或多重连接。在 Hub 连接的网络中，每个时刻只能有一个端口在发送数据，它的功能是把从一个端口接收到的比特流从其他所有端口转发出去，如图 4-10 所示。用 Hub 连接的所有站点处于一个冲突域之中，当网络中有两个或多个站点同时进行数据传输时，将会产生冲突。因此，利用 Hub 组成的网络表面上为星型，但实际仍为总线型。

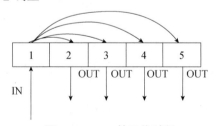

图 4-10　Hub 的工作过程

Hub 与同轴电缆都是典型的共享式以太网使用的设备，工作在 OSI 模型的物理层。Hub 和同轴电缆所连接的设备位于一个冲突域中，域中的设备共享带宽，因此共享式以太网所能连接的设备数量有一定限制，否则将导致冲突不断，网络性能受到严重影响。另外，共享式以太网利用 CSMA/CD 机制来检测及避免冲突，工作过程如下。

（1）发前先听。在发送数据之前进行监听，以确保线路空闲，减少冲突的机会。如果空闲，则立即发送；如果繁忙，则等待。

（2）边发边听。在发送数据的过程中，不断检测是否发生冲突（通过检测线路上的信号是否稳定来判断冲突）。

（3）遇冲退避。如果检测到冲突，立即停止发送，等待一段时间（退避）。

（4）重新尝试。当退避时间结束后，重新开始发送尝试。

4.2.5 交换式以太网

交换式以太网的出现弥补了共享式以太网的缺陷，大大减少了冲突域的范围，显著提升了网络性能，并加强了网络的安全性。

目前，在交换式以太网中经常使用的网络设备是交换机和网桥。网桥可用于连接不同类型传输介质的局域网，主要应用在以太网环境中，又称为透明网桥。"透明"的含义是：连接在网桥上的终端设备并不知道所连接的是共享媒介还是交换设备，即设备对终端用户来说是透明的，透明网桥对其转发的帧结构不做任何改动与处理（VLAN 的 Trunk 线路除外）。本书不严格区分交换机与网桥，从某种意义上说，交换机就是网桥。

交换机与 Hub 一样同为具有多个端口的转发设备，在各个终端主机之间进行数据转发。相对于 Hub 的单一冲突域，交换机通过隔离冲突域，使得终端主机可以独占端口的带宽，并实现全双工通信，所以交换式以太网的交换效率远远高于共享式以太网。

交换机的功能主要是地址学习、转发/过滤和环路避免，通常这三个主要功能是同时起作用的。

交换机内有一张 MAC 地址表，表中维护了交换机端口与该端口下设备 MAC 地址的对应关系，如图 4-11 所示。

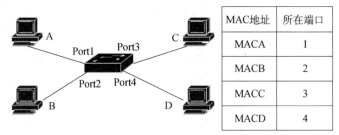

MAC地址	所在端口
MACA	1
MACB	2
MACC	3
MACD	4

图 4-11 MAC 地址表

交换机基于目的 MAC 地址做出转发决定，所以它必须"获取"MAC 地址的位置，才能准确地做出转发的决定。

所有工作站都发送过数据帧后，交换机学习到了所有工作站的 MAC 地址与端口的对应关系并记录到 MAC 地址表中。对于同一个 MAC 地址，如果交换机先后学习到不同的端口，则后学到的端口信息会覆盖先学到的端口信息，因此，不存在同一个 MAC 地址对应两个或更多端口的情况。对于学习到的转发表项，交换机会在一段时间后对表项进行老化，将超过一定生存时间的表项删除掉。当然，如果在老化之前重新收到该表项的对应信息，则重置老化时间。系统支持的默认老化时间为 300s，用户也可以自行设置老化时间。

交换机对数据帧的处理可以划分为三种情况：直接转发、丢弃和洪泛。当收到数据帧的目的 MAC 地址能够在转发表中查到，并且对应的端口与收到的分组的端口不是同一个端口时，则将该数据帧从表项对应的端口转发出去。如果收到数据帧的目的 MAC 地址能够在转发表中查到，并且对应的端口与收到的分组的端口是同一个端口时，则该数据帧被丢弃。当收到数据帧的目的 MAC 地址是单播 MAC 地址，但是在转发表中查找不到，或者收到数据帧的目的 MAC 地址是组播或广播 MAC 地址时，则向输入端口外的其他端口复制并发送数据帧。

交换式以太网主要有以下几个特点。

（1）独占传输通道和带宽。共享式局域网采用串行传输方式，在任何时候只允许一个帧在介质上传输。交换机是一个并行系统，它可以使接入的多个站点之间同时建立多条通信链路（虚连接），让多对站点同时通信，所以交换式以太网大大提高了网络的利用率。

（2）灵活的接口速率。在共享式以太网中，不能在同一个局域网中连接不同速率的站点（例如 10BASE-5 仅能连接 10Mbps 的站点）。而在交换式以太网中，站点独占传输通道和带宽，用户可以按需配置端口速率，用户可以配置 100Mbps、1000Mbps 或者 100Mbps/1000Mbps 自适应的端口，用于连接不同速率的站点，接口速率有很大的灵活性。

（3）高度的可扩充性和网络延展性。大容量交换机有很高的网络扩展能力，而独占带宽的特性使扩展网络没有带宽下降的后顾之忧。因此，交换式以太网可以构建一个大规模的网络，例如企业网、校园网或城域网。

（4）易于管理、便于调整网络负载的分布。交换式以太网可以构造"虚拟局域网"，通过网络管理功能或其他软件可以按业务或其他规则把网络站点分为若干个逻辑工作组，每一个工作组就是一个虚拟局域网（VLAN）。虚拟局域网的构成与站点所在的物理位置无关，这样可以方便地调整网络负载的分布，提高网络带宽利用率。

（5）交换式以太网可以与现有网络兼容，例如交换式以太网与传统的以太网完全兼容，能够实现无缝连接。

4.2.6　无线局域网的体系结构

无线局域网的体系结构如图 4-12 所示，数据链路层分为 LLC 层和 MAC 层。MAC 层又分为 MAC 子层和 MAC 管理子层，MAC 子层负责访问控制和分组拆装，MAC 管理子层负责 ESS 漫游、电源管理和登记过程中的关联管理。物理层分为物理层会聚子层（PLCP）和物理介质相关子层（PMD）。PLCP 主要进行载波监听和物理层分组的建立，PMD 用于传输信号的调制和编码。

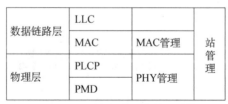

图 4-12　无线局域网的体系结构

1. MAC 子层

（1）CSMA/CA 访问控制

CSMA/CA 协议类似于 IEEE 802.3 的 CSMA/CD 协议，这种访问控制机制叫作载波监听多路访问及冲突避免协议。在无线网中进行冲突检测是有困难的，例如两个站点距离过大导致检测不到冲突，但是位于它们之间的第三个站点可能会检测到冲突，这就是所谓的隐蔽终端问题，采用冲突避免的办法可以解决隐蔽终端的问题。CSMA/CA 协议的工作过程如下。

① 如果一个站点有数据要发送并且监听到信道忙，则产生一个随机数设置自己的后退计算器并坚持监听。

② 站点在监听到信道空闲后等待 IFS 时间，然后开始计数，最先计数完的站点开始发送。

③ 其他站点在听到有新的站点开始发送后暂停计数，在新的站点发送完成后再等待一个 IFS 时间继续计数，直到计数完成开始发送。

两次 IFS 之间的间隔是各个站点竞争发送的时间，这个算法对参与竞争的站点是公平的，基本上是按先来先服务的顺序获得发送的机会。

（2）分布式协调功能

MAC 子层定义了分布式协调功能（Distributed Coordination Function，DCF），在此基础上又定义了点协调功能（Point Coordination Function，PCF），如图 4-13 所示。DCF 是数据传输的基本方式，作用于信道竞争期，PCF 作用于非竞争期。DCF 和 PCF 总是交替出现，先由 DCF 竞争信道使用权，然后进入非竞争期，由 PCF 控制数据传输。

图 4-13　MAC 子层功能模型

为了使各种操作互相配合，IEEE 802.11 标准推荐使用三种帧间隔（IFS），以便提供基于优先级的访问控制。

① DIFS（分布式协调 IFS）：最长的 IFS，优先级最低，用于异步竞争访问的时延。

② PIFS（点协调 IFS）：中等长度的 IFS，优先级居中，在 PCF 操作中使用。

③ SIFS（短 IFS）：最短的 IFS，优先级最高，用于需要立即响应的操作。

2. MAC 管理子层

MAC 管理子层的功能是实现登记的过程、ESS 漫游、安全管理和电源管理等功能。WLAN 是开放系统，各站点共享传输介质，而且通信站具有移动性，因此必须解决信息的同步、漫游、保密和节能等问题。

4.3　以太网的分类

4.3.1　传统以太网

最初的 IEEE 802.3 标准被称为 10BASE-5，传输速率为 10Mbps，使用粗同轴电缆作为传输介质。1988 年，IEEE 802 委员会增加了 10BASE-2（IEEE 802.3a）标准，以更方便的细同轴电缆作为传输介质。1990 年又制定了 10BASE-T（IEEE 802.3i）标准，以成本更为低廉、制造也颇为简单的双绞线作为传输介质，这一标准实施便捷，很快便普及开来。

1993 年，IEEE 802 委员会制定了使用光纤作为传输介质的 10BASE-F（IEEE 802.3j）标准。在这之前,以太网的组建规模最大也不过覆盖方圆数百米,但是通过 10BASE-F 标准,最长传输距离延长至 2km。

10Mbps 以太网也称为传统以太网,传输速率为 10Mbps,是一种共享型的网络,拓扑结构一般为总线型(也可以用集线器构建星型结构的以太网),访问控制方法均为 CSMA/CD。主要的传统以太网标准如表 4-3 所示。

表 4-3   主要的传统以太网标准

条目	制定年代	IEEE 标准	传输速率	编码	传输介质	最大传输距离
10BASE-5	1983 年	IEEE 802.3	10Mbps	曼彻斯特	粗同轴电缆	500m
10BASE-2	1988 年	IEEE 802.3a	10Mbps	曼彻斯特	细同轴电缆	185m
10BASE-T	1990 年	IEEE 802.3i	10Mbps	曼彻斯特	双绞线(UTP)	100m
10BASE-F	1993 年	IEEE 802.3j	10Mbps	曼彻斯特	光缆(MMF)	2km

4.3.2   快速以太网

1995 年,传输速率达到 100Mbps 的快速以太网(Fast Ethernet)完成了标准化进程,以 100BASE-T 的身份加入了以太网家族。在快速以太网进入市场后,支持全双工通信的交换机取代了效率低下的半双工通信的收发集线器,逐步成为主流。

在快速以太网标准中,使用 5 类 UTP 线缆的 100BASE-TX 应用最为普遍,目前几乎所有计算机所携带的网卡都应用了这一标准。

为了和 10BASE-T 兼容,IEEE 802u 标准还定义了相应的自适应技术标准。自适应技术按照一定的顺序通过 UTP 线缆两端的硬件获取信息,包括使用 10BASE-T 还是 100BASE-T、全双工通信还是半双工通信等,以此决定最适合该网络的通信速率。快速以太网协议的结构如图 4-14 所示。

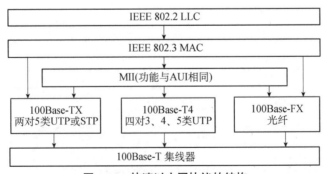

图 4-14   快速以太网协议的结构

100BASE-T 是 100BASE-TX、100BASE-T4、100BASE-T2 的统称,目前 100BASE-T4、100BASE-T2 几乎不再使用,主要使用 100BASE-TX。快速以太网的传输速率为 100Mbps,拓扑结构为星型结构,访问控制方法为交换机的转发表。主要的快速以太网标准如表 4-4 所示。

表 4-4　主要的快速以太网标准

条目	制定年代	IEEE 标准	传输速率	编码	传输介质	最大传输距离
100BASE-T			100Mbps		UTP	100m
100BASE-TX			100Mbps	4B/5B MLT-3	UTP（两对 5 类）	100m
100BASE-T4	1995 年	IEEE 802.3u	100Mbps（仅半双工）	8B/6T PAM-3	UTP（四对 3、4、5 类）	100m
100BASE-FX			100Mbps	4B/5B NRZI	MMF	400m（半双工）2km（全双工）
100BASE-T2	1998 年	IEEE 802.3y	100Mbps	PAM5x5	UTP（两对 3 类）	100m

4.3.3　千兆以太网

到 20 世纪 90 年代后期，人们面对数据仓库、桌面电视会议、3D 图形与高清晰度图像这些方面的应用，要求局域网的带宽更高，千兆以太网（Gigabit Ethernet）正是在这种背景下产生的。

从 1995 年开始，IEEE 802.3 委员会着手制定千兆以太网的标准，在 1998 年 2 月正式批准了千兆以太网的 IEEE 802.3z 标准。IEEE 802.3z 标准在 LLC 子层使用 IEEE 802.2 标准，在 MAC 子层使用 CSMA/CD 方法，在物理层做了一些必要的调整，定义了新的物理层标准 1000Base-T。1000Base-T 标准定义了千兆介质专用接口，将 MAC 子层与物理层分隔开，这样物理层在实现 1000Mbps 速率时所使用的传输介质和信号编码方式的变化不会影响 MAC 子层。1000Base-T 标准的主要目标是制定一个千兆以太网标准，其协议结构如图 4-15 所示。

图 4-15　千兆以太网协议结构

千兆以太网的传输速率比快速以太网快 10 倍，数据传输速率达到 1000Mbps。千兆以太网保留着传统以太网的所有特征，例如相同的数据帧格式、相同的介质访问控制方法、相同的组网方法等，只是将传统以太网中每个比特的发送时间由 100ns 降低到 1ns。

目前，1000BASE-TX 已经不再使用，也存在被称为 1000BASE-LX/LH 的产品（由厂商独自扩展，并非 IEEE 标准），该产品使用了 2 芯光纤，使得最大传输距离能够延伸至 10km～40km。主要的千兆以太网标准如表 4-5 所示。

表 4-5　主要的千兆以太网标准

条目	制定年代	IEEE 标准	传输速率	编码	传输介质	最大传输距离
1000BASE-SX	1998 年	IEEE 802.3z	1Gbps	8B/10B NRZ	MMF（波长 850nm）	500m
1000BASE-LX					MMF（波长 1300nm）	550m
					SMF（波长 1310nm）	5km
1000BASE-ZX					SMF（波长 1550nm）	70km～100km
1000BASE-CX					150Ω 平衡屏蔽双绞线	25m
1000BASE-T	1999 年	IEEE 802.3ab	1Gbps	8B1Q4 4D-PAM5	UTP（四对超 5 类）	100m
1000BASE-TX	2001 年	TIA/EIA-854	1Gbps	8B1Q4 4D-PAM5	UTP（四对 6 类）	100m
1000BASE-BX	2004 年	IEEE 802.3ah	1Gbps	8B/10B NRZ	SMF（下行 1490nm，上行 1310nm）	10km

4.3.4　万兆以太网

IEEE 协会在 2002 年 6 月 12 日，批准了 10Gbps 以太网的正式标准——IEEE 802.3ae，全称是"10Gbps 工作的介质接入控制参数、物理层和管理参数"。

万兆以太网是在以太网技术的基础上发展起来的，能够实现全网技术统一，只能在全双工通信模式下工作，本身没有距离限制。万兆以太网的优点是降低了网络的复杂性，兼容现有的局域网技术并将其扩展到广域网，同时有望降低系统费用，并提供更快、更新的数据业务。不过，因为传输速率大大提高，万兆以太网的适用范围有了很大变化，与原来的以太网技术相比也有很大的差异，主要表现在物理层实现方式、帧格式、MAC 的传输速率及适配策略等方面。

万兆以太网的物理层定义了两部分内容，一部分是与之前以太网兼容的 LAN PHY 内容，另一部分是在 SONET/SDH 标准中与 OC-192 兼容的 WAN PHY 内容。万兆以太网不再仅仅局限于在局域网中使用，城域网以及广域网也逐步开始使用该技术。主要的万兆以太网标准如表 4-6 所示。

表 4-6　主要的万兆以太网标准

条目	制定年代	IEEE 标准	传输速率	编码	传输介质	最大传输距离
10GBASE-SR	2002 年	IEEE 802.3ae	10Gbps	64B/66B	MMF（LAN PHY）850nm	300m
10GBASE-LR	2002 年	IEEE 802.3ae	10Gbps	64B/66B	SMF（LAN PHY）1310nm	10km

条目	制定年代	IEEE 标准	传输速率	编码	传输介质	最大传输距离
10GBASE-ER	2002 年	IEEE 802.3ae	10Gbps	64B/66B	SMF（LAN PHY）1550nm	40km
10GBASE-SW	2002 年	IEEE 802.3ae	10Gbps	64B/66B WIS	MMF（WAN PHY）	300m
10GBASE-LW	2002 年	IEEE 802.3ae	10Gbps	64B/66B WIS	SMF（WAN PHY）	10km
10GBASE-EW	2002 年	IEEE 802.3ae	10Gbps	64B/66B WIS	SMF（WAN PHY）	40km
10GBASE-T	2006 年	IEEE 802.3an	10Gbps	LDPC	UTP/STP（6 类）	100m

4.3.5　40G/100G 以太网

2010 年 6 月，40Gbps 和 100Gbps 的以太网标准完成。同万兆以太网一样，该标准仅支持全双工通信，对以太网的帧格式没有做任何改变。主要的 40G/100G 以太网标准如表 4-7 所示。

表 4-7　主要的 40G/100G 以太网标准

条目	制定年代	IEEE 标准	传输速率	编码	传输介质	最大传输距离
40GBASE-KR4	2010 年	IEEE 802.3ba	40Gbps	64B/66B	背板	1m
40GBASE-CR4	2010 年	IEEE 802.3ba	40Gbps	64B/66B	同轴电缆	10m
40GBASE-SR4	2010 年	IEEE 802.3ba	40Gbps	64B/66B	MMF	100m
40GBASE-LR4	2010 年	IEEE 802.3ba	40Gbps	64B/66B	SMF	10km
100GBASE-CR10	2010 年	IEEE 802.3ba	100Gbps	64B/66B	同轴电缆	10m
100GBASE-SR10	2010 年	IEEE 802.3ba	100Gbps	64B/66B	MMF	100m
100GBASE-LR4	2010 年	IEEE 802.3ba	100Gbps	64B/66B	SMF	10km
100GBASE-ER4	2010 年	IEEE 802.3ba	100Gbps	64B/66B	SMF	40km

4.4　生成树协议 STP

4.4.1　STP 的产生

为了保证整个网络的可靠性和安全性，可以引入冗余链路或备份链路。物理上的备份链路会产生物理环路或多重环路，从而导致广播风暴、重复帧及 MAC 地址表不稳定等问题。

在实际的组网应用中经常会形成复杂的多环路连接，面对复杂的环路，网络设备必须有一种解决办法在有物理环路的情况下阻止二层环路的发生。在这种情况下，可以通过生成树协议来解决环路问题，将某些端口置于阻塞状态，从而防止在冗余结构的网络拓扑中产生回路。

1. 广播风暴的形成

在一个存在物理环路的二层网络中，服务器发送了一个广播数据帧，交换机 A 从上方的端口接收到广播数据帧，对其作洪泛处理并转发至下方的端口，如图 4-16 所示。

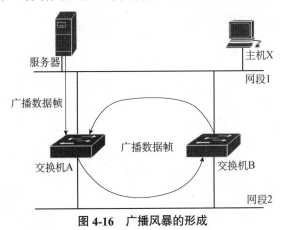

图 4-16　广播风暴的形成

通过下方的连接，交换机 B 在下方的端口收到广播数据帧，对其作洪泛处理并通过上方的端口转发此帧，交换机 A 将在上方端口重新接收到这个广播数据帧。由于交换机执行的是透明桥的功能，在转发数据帧时不作任何处理，所以对于再次到来的广播数据帧，交换机 A 不能识别出此数据帧已经被转发过，仍将对此广播数据帧作洪泛处理。

广播数据帧到达交换机 B 后会做同样的操作，并且此过程不断进行下去，无限循环。以上分析的只是广播数据帧被传播的一个方向，实际环境中会在两个不同的方向上重复这一过程。不断循环转发大量重复的广播数据帧会消耗网络的带宽，极大地消耗系统的处理能力，严重时可能导致死机。

一旦产生广播风暴，系统将无法自动恢复，必须由系统管理员人工干预才能恢复网络状态。某些设备可以在端口上设置广播限制，一旦特定时间内检测到广播数据帧超过了预先设置的阈值即可进行某些操作，例如关闭此端口一段时间以减轻广播风暴对网络带来的损害，但这种方法并不能真正消除二层环路带来的危害。

2. 重复帧的产生

如图 4-17 所示，服务器发送一个单播数据帧，目的主机为主机 X，而此时主机 X 的 MAC 地址对于交换机 A 和交换机 B 都是未知的。单播数据帧通过上方的网段直接到达主机 X，同时到达交换机 A 上方的端口。

当帧的目的 MAC 地址未知时，交换机会作洪泛处理。交换机 A 会将此数据帧从下方的端口转发出来，到达交换机 B 的下方端口。交换机 B 的情况与交换机 A 相同，也会对此数据帧作洪泛处理，从上方的端口将此数据帧转发出来，再次到达主机 X。根据上层协议与应用的不同，同一个单播数据帧被传输多次可能导致应用程序的错误。

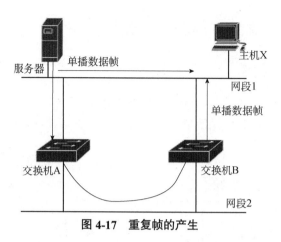

图 4-17　重复帧的产生

3. MAC 地址表不稳定的问题

单播数据帧通过上方的网段到达交换机 A 与交换机 B 的上方端口，并将此数据帧的源 MAC 地址（主机的 MAC 地址）与各自的 Port0 端口相关联并记录到 MAC 地址表中。两个交换机会进行洪泛处理，将此数据帧从下方的 Port1 端口转发出来并到达对方的 Port1 端口。

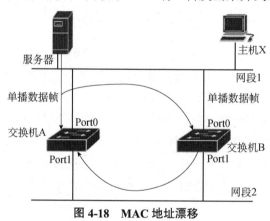

图 4-18　MAC 地址漂移

两个交换机都从下方的 Port1 端口收到一个单播数据帧，其源地址为主机的 MAC 地址。交换机会认为主机连接在 Port1 端口所在的网段，而意识不到此数据帧是经过其他交换机转发的，所以会将主机的 MAC 地址改为 Port1 端口并记录到 MAC 地址表中。交换机学习到错误的信息，会造成交换机 MAC 地址表的不稳定，这种现象也被称为 MAC 地址漂移，如图 4-18 所示。

在此背景下，生成树协议（Spanning Tree Protocol，STP）应运而生，其主要作用是消除、环路和冗余备份。STP 通过阻断冗余链路来消除网络中可能存在的路径回环，并且仅在逻辑上阻断冗余链路，当主链路发生故障后，被阻断的冗余链路将被重新激活从而保证网络通畅。

4.4.2　STP 的基本原理

生成树协议能够自动发现冗余网络拓扑中的环路，保留一条最佳链路作为转发链路，阻塞其他冗余链路，并且能在网络拓扑发生变化的情况下重新计算，保证所有网段可达且无环路。STP 的基本思想十分简单，即如果网络也能够像树一样生长就不会出现环路。STP 的基本工作原理是通过 BPDU（Bridge Protocol Data Unit，网桥协议数据单元）的交互传递计算所需要的条件，随后根据特定的算法，阻塞特定端口，从而得到无环的树形拓扑结构。STP 的工作流程包括选举根网桥（Root Bridge）、选举根端口（Root Port，RP）、选举指定端口（Designated Port，DP）和阻塞预备端口（Alternate Port，AP）等。

1. 选举根网桥

根网桥是生成树网络的核心，选举对象范围为所有网桥。根网桥的选举是通过比较网桥 ID 进行的，ID 值小者优先。网桥 ID 可以理解为网桥的身份标志，长度共 8B，由 16 比特的网桥优先级与 48 比特的网桥 MAC 地址构成，如图 4-19 所示。由于网桥的 MAC 地址具备全局唯一性，所以网桥 ID 也具备全局唯一性。

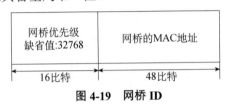

图 4-19　网桥 ID

2. 选举根端口

根端口就是与根网桥最"近"的端口，负责向根网桥方向转发数据。在每一个网段中，有且只有一个根端口。

根端口的选举将会按照以下顺序进行逐一比对，当满足某一规则时判定结束，选举完成。

（1）比较根路径成本，值小者优先。

（2）比较指定网桥（BPDU 的发送网桥，可简单理解为相邻的网桥）的 ID，值小者优先。

（3）比较指定端口（BPDU 的发送端口，可简单理解为相邻的交换机端口）的 ID，值小者优先。

根路径成本为各网桥到达根网桥所要花费的开销，由沿途各路径开销（Path Cost）叠加而来。在计算根路径成本时，仅计算到达 BPDU 端口（可简单理解为到达根网桥的出端口）的开销。

端口 ID 是端口的身份标志，由两个部分构成，长度为 2B，其中前 4 比特是端口默认优先级（Port Priority），后 12 比特是端口编号，如图 4-20 所示。端口优先级可以被配置，缺省值是 128。

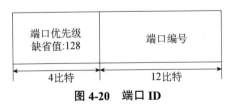

图 4-20　端口 ID

3. 选举指定端口

指定端口为每个网段上离根端口最近的端口，由它转发该网段的数据，在每一个网段上有且只有一个指定端口。

指定端口的选举规则同根端口相同，值得特别说明的是根网桥上的所有的端口皆为指定端口，根端口相对应的端口（与根端口直连的端口）皆为指定端口。

4. 阻塞预备端口

如果一个端口既不是根端口，也不是指定端口，则将成为预备端口，该端口会被阻塞不能转发数据。

在最初建立生成树时，最主要的信息有发出 BPDU 的网桥标识符及其端口标识符、认为可作为根网桥的网桥标识符、该网桥的根路径成本等。开始时，每个网桥都声称自己是根网桥并把以上信息广播给所有与它相连的 LAN。在每一个 LAN 上只有一个地址值最小的标识符，该网桥可坚持自己的声明，其他网桥则放弃声明，并根据收到的信息确定其根端口，重新计算根路径成本。

当 BPDU 在整个互联网络中传播时，所有网桥可最终确定一个根网桥，其他网桥根据此计算自己的根端口和根路径成本。在同一个 LAN 上连接的各个网桥还需要根据各自的根路径成本确定唯一的指定网桥和指定端口。如图 4-21(a)所示，通过交换 BPDU 导出生成树的过程如下。

（1）与 LAN2 相连的网桥 1、网桥 3 和网桥 4 选出网桥 1 为根网桥，网桥 3 把它与 LAN2 相连的端口确定为根端口（根路径成本为 10）。类似地，网桥 4 把网桥 1 与 LAN2 相连的端口确定为根端口（根路径成本为 5）。

（2）与 LAN1 相连的网桥 1、网桥 2 和网桥 5 也选出网桥 1 为根网桥，网桥 2 和网桥 5 相应地确定其根路径成本和根端口。

（3）与 LAN5 相连的网桥通过比较各自的根路径成本优先级选出网桥 4 为指定网桥，其根端口为指定端口。

其他计算过程略，最后导出的生成树如图 4-21(b)所示。只有指定网桥的指定端口可转发信息，其他网桥的端口都必须阻塞起来。在生成树建立起来以后，网桥之间还必须周期性地交换 BPDU，以适应网络拓扑、根路径成本以及优先级改变等情况。

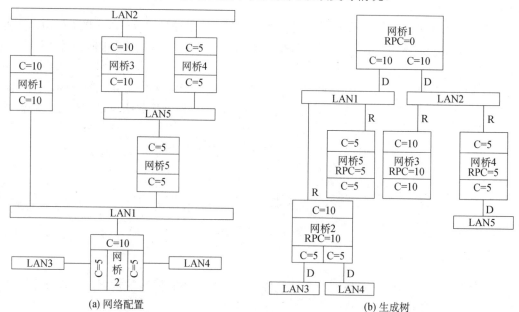

图 4-21　通过交换 BPDU 导出生成树

1998 年，IEEE 协会发表了 IEEE 802.1w 标准，对原来的生成树协议进行了改进，定义了快速生成树协议（Rapid Spanning Tree Protocol，RSTP），用于加快生成树的收敛速度。下面的例子说明了 RSTP 协议的操作过程。

图 4-22(a)是一个局域网互联的例子，这里用方框代表网桥，其中的数字代表网桥 ID，云块代表网段。根据选举规则，ID 最小的网桥 3 被选为根网桥。假定所有网段的传输成本为 1，则从网桥 4 达到根网桥的最短通路要经过网段 c，因而网桥 4 连接网段 c 的端口是根端口。下一步是为每个网段选择指定端口，从网段 e 到达根网桥的最短通路要通过网桥 92，所以网桥 92 连接网段 e 的端口为指定端口。用生成树算法计算出所有的端口的状态，如果一个活动端口既不是根端口，也不是指定端口，则它被阻塞了，因此网桥 92 连接网段 d 的端口为阻塞端口。当连接网桥 24 和网段 c 的链路失效时，生成树算法会重新计算最短通路，网桥 5 原来阻塞的端口变成了网段 f 的指定端口，如图 4-22(b)所示。

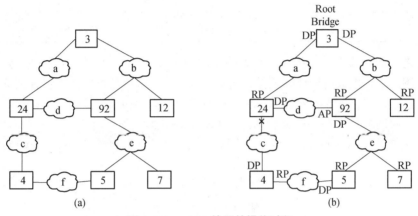

图 4-22　RSTP 协议的操作过程

按照 IEEE 802.1d 和 IEEE 802.1t 标准，网段的通信成本根据网络端口的数据速率确定，如表 4-8 所示。

表 4-8　给定数据速率接口的默认成本

数据速率	STP 成本（IEEE 802.1d）	STP 成本（IEEE 802.1t）
4Mbps	250	500000
10Mbps	100	2000000
16Mbps	62	1250000
100Mbps	19	200000
1Gbps	4	20000
2Gbps	3	10000
10Gbps	2	2000

4.4.3　STP 端口状态

STP 为进行生成树计算一共定义了五种端口状态，不同状态下，端口所能实现的功能不同，如表 4-9 所示。

表 4-9　STP 端口状态

端口状态	描述	说明
Disabled 端口没有启用	此状态下端口不转发数据帧，不学习 MAC 地址表，不参与生成树计算	端口状态为 Down
Listening 侦听状态	此状态下端口不转发数据帧，不学习 MAC 地址表，只参与生成树计算，接收并发送 BPDU	过渡状态，增加 Learning 状态，防止临时环路
Blocking 阻塞状态	此状态下端口不转发数据帧，不学习 MAC 地址表，端口仅接收并处理 BPDU	阻塞端口的最终状态
Learning 学习状态	此状态下端口不转发数据帧，但学习 MAC 地址表，参与计算生成树，接收并发送 BPDU	过渡状态
Forwarding 转发状态	此状态下端口正常转发数据帧，学习 MAC 地址表，参与计算生成树，接收并发送 BPDU	只有根端口或指定端口才能进入 Forwarding 状态

各状态之间的迁移有一定的规则，如图 4-23 所示。当端口正常启用之后，端口首先进入 Listening 状态，开始生成树的计算过程。如果经过计算，端口角色需要设置为预备端口，则立即进入 Blocking 状态；如果经过计算，端口角色需要设置为根端口或指定端口，则端口状态在等待一个时间周期之后从 Listening 状态进入 Learning 状态，然后继续等待一个时间周期之后，从 Learning 状态进入 Forwarding 状态，正常转发数据帧，端口被禁用之后则进入 Disabled 状态。

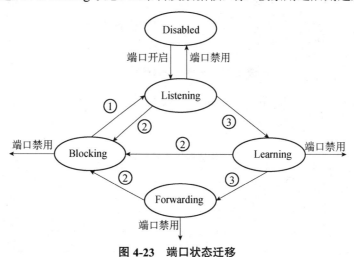

图 4-23　端口状态迁移

4.5　以太网端口技术

4.5.1　端口自协商技术

以太网技术发展到 100Mbps 速率以后，出现了如何与原 10Mbps 以太网设备兼容的问题，自协商技术就是为解决这个问题而制定的。

自协商技术允许一个网络设备将自己支持的工作模式信息传达给网络上的对端,并接受对方可能传递过来的相应信息。自协商技术完全由物理层芯片设计实现,因此并不使用专用的数据报文或带来任何高层协议开销。

当协商双方都支持一种以上的工作方式时,需要有一个优先级方案来确定一个最终工作顺序,其基本思路是:100Mbps 优于 10Mbps,全双工优于半双工。100BASE-T4 之所以优于 100BASE-TX,是因为 100BASE-T4 支持的线缆类型更丰富。100BASE-T4 可使用 3、4、5 类 UTP 实现,用到了四对双绞线,100BASE-TX 只能用 5 类 UTP 或者 STP 实现,用到了两对双绞线。

光纤以太网是不支持自协商技术的,对光纤而言,链路两端的工作模式必须手工配置(速度、双工模式、流控等),如果两端的配置不同是不能正确通信的。在实际工作与项目中,对于所有介质的以太网,通过手动配置来确定端口参数可以避免一些不必要的麻烦。

4.5.2 端口聚合技术

端口聚合也称为端口捆绑、端口聚集或链路聚合,即将两台交换机间的多条平行物理链路捆绑为一条大带宽的逻辑链路。使用端口聚合服务的上层实体把同一聚合组内的多条物理链路视为一条逻辑链路,数据通过聚合端口组进行传输。端口聚合技术具有以下优点。

1. 增加网络带宽

端口聚合技术可以将多个连接的端口捆绑成为一个逻辑链路,捆绑后的带宽是每个独立端口的带宽总和。当端口的流量增加而成为限制网络性能的瓶颈时,采用支持该特性的交换机可以轻而易举地增加网络的带宽。

2. 提高链路可靠性

聚合端口组可以实时监控组内各个成员端口的状态,从而实现成员端口之间彼此动态备份。如果某个端口发生故障,聚合端口组能及时从其他端口传输数据流。

3. 流量负载分担

链路聚合后,系统根据一定的算法把不同的数据流分布到各成员端口,从而实现流量负载分担。通常对于二层数据流,系统根据源 MAC 地址及目的 MAC 地址来进行负载分担计算;对于三层数据流,则根据 IP 地址及目的 IP 地址进行负载分担计算。

聚合端口成功的条件是两端的参数必须一致,包括物理参数和逻辑参数。物理参数包括进行聚合链路的数目、进行聚合链路的速率、进行聚合链路的双工方式等;逻辑参数有 STP 配置一致,包括端口的 STP 开启/关闭、与端口相连的链路属性(如点对点或非点对点)、STP 优先级、路径开销、报文发送速率限制、是否环路保护、是否根保护、是否为边缘端口等;QoS 配置一致,包括流量限速、优先级标记、默认的 IEEE 802.1p 优先级、带宽保证、拥塞避免、流重定向、流量统计等;VLAN 配置一致,包括端口允许通过的 VLAN、端口默认 VLAN ID 等;端口配置一致,包括端口的链路类型,例如 Trunk、Hybrid、Access 属性等。

端口聚合的实现有三种方法:手工负载分担模式、静态 LACP(Link Aggregation Control Protocol,链路聚合控制协议)模式和动态 LACP 模式。在手工负载分担模式下,双方设备不需要启动聚合协议,不进行聚合组中成员端口状态的交互。静态 LACP 模式是一种利用 LACP 协议进行聚合参数协商、确定活动端口和非活动端口的链路聚合方式。LACP 协议除可以检测物理线路故障外，还可以检测链路层故障，提高容错性，保证成员链路的高可靠性。动态 LACP 模式的链路聚合由 LACP 协议自动协商完成，这种方式对于用户来说很简单，但过于灵活，不便于管理，因此应用较少。

4.6　虚拟局域网 VLAN

4.6.1　VLAN 概述

虚拟局域网（Virtual Local Area Network，VLAN）是一组逻辑上的设备和用户，这些设备和用户并不受物理位置的限制。VLAN 将一个物理的 LAN 在逻辑上划分成多个广播域（多个VLAN），VLAN 内的主机间可以直接通信，而 VLAN 之间不能直接互通，这样，广播报文被限制在一个 VLAN 内，提高了网络安全性。对 VLAN 的另一个定义是，它能够使单一的交换结构被划分成多个小的广播域。

VLAN 技术在以太网帧的基础上增加了 VLAN 头，用 VLAN ID 把用户划分为更小的工作组，每一个 VLAN 都包含一组有相同需求的计算机工作站，与物理上形成的 LAN 有相同的属性，如图 4-24 所示。VLAN 是逻辑地划分而不是物理地划分，所以同一个 VLAN 内的各个工作站不需要被放置在同一个物理空间里，即这些工作站不一定属于同一个物理 LAN 网段。一个 VLAN 内部的广播和单播流量都不会转发到其他 VLAN 中，从而有助于控制流量、减少设备投资、简化网络管理、提高网络的安全性。VLAN 具有以下特点。

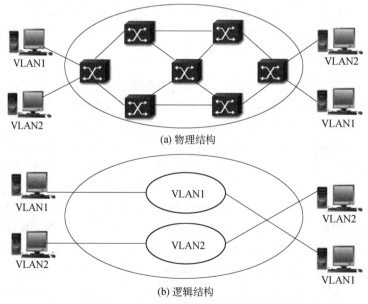

(a) 物理结构

(b) 逻辑结构

图 4-24　VLAN 的物理结构与逻辑结构

（1）区段化

使用 VLAN 可将一个广播域分隔成多个广播域，相当于将一个网络进行区段化，减少每个区段的主机数量，提高网络性能。

（2）灵活性

VLAN 成员添加、移去和修改都是通过在交换机上进行配置实现的。一般情况下不需要更改物理网络、添加新设备以及更改布线系统，所以 VLAN 提供了极大的灵活性。

（3）安全性

VLAN 间的通信是在受控的方式下完成的，相对于没有划分 VLAN 的网络，VLAN 提供了较高的安全性。另外，用户想加入某一个 VLAN 必须通过网络管理员在交换机上进行配置。

4.6.2　VLAN 的划分方式

有多种方式可以划分 VLAN，下面逐一进行介绍。

1. 基于端口划分 VLAN

许多 VLAN 厂商都利用交换机的端口来划分 VLAN，被设定的端口都在同一个广播域中。例如，如图 4-25(a)所示，一个局域网交换机的 1、2、3、7、8 端口被定义为 VLAN1，4、5、6 端口组成 VLAN2；如图 4-25(b)所示，局域网交换机 1 和局域网交换机 2 相连，组成一个物理网络，其中局域网交换机 1 的 1、2、3 端口和局域网交换机 2 的 1、2、3、7、8 端口被定义为 VLAN1，局域网交换机 1 的 4、5、6、7、8 端口和局域网交换机 2 的 4、5、6 端口被定义为 VLAN2。同一个 VLAN 的各端口之间可以直接通信，不同 VLAN 的端口之间无法直接通信。

第 2 代端口 VLAN 技术允许跨越多个交换机的多个不同端口划分 VLAN，不同交换机上的若干个端口可以组成同一个 VLAN。

以交换机端口来划分 VLAN 的配置过程简单，是最常用的一种方式。这种方式的缺点是当交换机没有受到保护时，用户可以通过改变主机连接的端口来改变所属 VLAN。

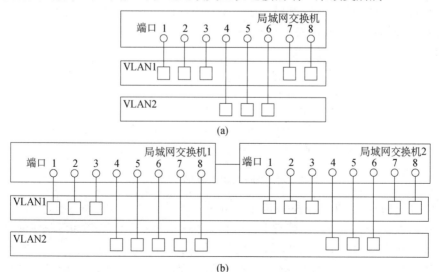

图 4-25　基于端口划分 VLAN

2. 基于 MAC 地址划分 VLAN

这种划分方法的最大优点是当用户移动物理位置时，即从一个交换机换到其他交换机时，VLAN 不用重新配置；缺点是初始化时所有 MAC 地址都需要掌握和配置，管理任务比较重。此外，如果用户主机更换网卡，需要重新配置所属 VLAN。

3. 基于 IP 地址划分 VLAN

这种划分方法是指交换设备根据报文中的 IP 地址信息，确定添加的 VLAN。将网段或 IP 地址发出的报文在指定的 VLAN 中传输，减轻了网络管理的任务量，有利于管理，但是网络中的用户需要有规律分布，且多个用户在同一网段。

4. 基于协议划分 VLAN

这种划分方法是指根据端口接收到报文所属的协议类型及封装格式分配不同的 VLAN，网络管理员需要配置以太网帧中的协议域和 VLAN 的映射关系表。

5. 基于策略划分 VLAN

基于 MAC 地址、IP 地址、端口组合策略划分 VLAN 是指在交换机上配置终端的 MAC 地址和 IP 地址，并与 VLAN 关联。只有符合条件的终端才能加入指定 VLAN，加入指定 VLAN 后，严禁修改 IP 地址或 MAC 地址，否则会导致终端从指定 VLAN 中退出。这种划分 VLAN 的方式安全性非常高，但是需要进行手工配置。

4.6.3 VLAN 技术原理

VLAN 技术为了实现转发控制，在待转发的以太网帧中添加 VLAN 标签，然后设定交换机端口对该标签和帧的处理方式。处理方式包括丢弃帧、转发帧、添加标签、移除标签等。转发帧时，通过检查以太网报文中携带的 VLAN 标签是否为该端口允许通过的标签，可判断出该以太网帧是否能够从端口转发。

IEEE 802.1q 标准对 Ethernet 帧格式进行了修改，在源 MAC 地址字段和协议类型字段之间加入 4B 的 IEEE 802.1q Tag，如图 4-26 所示。

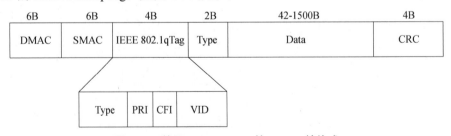

图 4-26　基于 IEEE 802.1q 的 VLAN 帧格式

IEEE 802.1q Tag 包含 4 个字段，其含义如下。

（1）Type：长度为 2B，表示帧类型。取值为 0x8100 时表示 IEEE 802.1q Tag 帧，如果不支持 IEEE 802.1q 的设备收到这样的帧，会将其丢弃。

（2）PRI（Priority）：长度为 2 比特，表示帧的优先级，取值范围为 0～7，值越大表示优先级越高。当交换机拥塞时，会先发送优先级高的数据帧。

（3）CFI（Canonical Format Indicator）：长度为 2 比特，表示 MAC 地址是否为经典格式。CFI 为 0 表示是经典格式，CFI 为 1 表示是非经典格式。CFI 用于区分以太网帧、FDDI 帧和令牌环网帧，在以太网中，CFI 的值为 0。

（4）VID（VLAN ID）：长度为 12 比特，表示该帧所属的 VLAN，可配置的 VLAN ID 取值范围为 0～4095。

使用 VLAN 标签后，没有加上 IEEE 802.1q Tag 标志的，称为带有 VLAN 标记的帧，如图 4-27 所示。

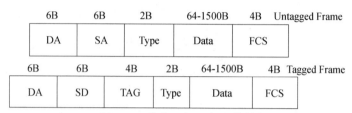

图 4-27　带有 VLAN 标记的帧

转发过程中的标签操作类型有两种：添加标签和移除标签。添加标签是指端口收到对端设备的帧后对 Untagged 帧添加默认 VLAN 号（PVID）；移除标签是指删除帧中的 VLAN 信息，以 Untagged 帧形式发送给对端设备。

4.6.4　VLAN 端口类型

为了提高处理效率，交换机内部的数据帧都带有 VLAN Tag，并以统一方式处理。当一个数据帧进入交换机端口时，如果没有带 VLAN Tag，且该端口配置了 PVID，那么该数据帧就会被标记上端口的 PVID；如果数据帧已经带有 VLAN Tag，那么即使端口已经配置了 PVID，交换机也不会再给数据帧标记 VLAN Tag。由于端口类型不同，交换机对帧的处理过程也不同。

1. Access 端口

当接收到不带 VLAN Tag 的报文时，Access 端口会接收该报文并标记上默认的 VLAN Tag。当接收到带 Tag 的报文时，如果 VLAN ID 与默认 VLAN ID 相同，则接收该报文；如果 VLAN ID 与默认 VLAN ID 不同，则丢弃该报文。Access 端口有如下特点。

（1）Access 端口仅允许唯一的 VLAN ID 通过本端口，这个值与端口的 PVID 相同。

（2）如果对端设备发送的是 Untagged 帧，交换机将强制加上该端口的 PVID。

（3）Access 端口发往对端设备的以太网帧永远是 Untagged 帧。

（4）很多型号的交换机默认端口类型都是 Access 端口，PVID 默认是 1，VLAN 1 由系统创建，不能删除。

2. Trunk 端口

Trunk 端口用于连接交换机，在交换机之间传递报。当 Trunk 端口接收到不带 VLAN Tag 的报文时，会标记默认 VLAN ID，如果默认 VLAN ID 在允许通过的 VLAN ID 列表里，则接收该报文；如果默认 VLAN ID 不在允许通过的 VLAN ID 列表里，则丢弃该报文。

3. Hybrid 端口

Access 端口发往其他设备的报文都是 Untagged 帧，而 Trunk 端口仅在一种特定情况下才能发出 Untagged 帧，其他情况发出的都是 Tagged 帧。在某些应用中希望能够灵活地控制 VLAN 标签的移除，例如在本交换机的上行设备不支持 VLAN 的情况下，希望实现各个用户端口的相互隔离。通过 Hybrid 端口可以解决此问题，发送帧时，如果 VLAN ID 在允许通过的 VLAN ID 列表里，则发送该报文。

4.7　VPMN

4.7.1　无线局域网的概念

VPMN 的中文名称是虚拟专用移动网（Virtual Private Mobile Network），俗称"集团网" "局域网""公司网""微网"等。VPMN 是在公用移动通信网上建立的一个逻辑话路专用网，是为企业或集团客户提供的一种高效率、低成本的内部通话局域网络服务。在集团客户使用移动电话进行内部通信时，就像使用自己拥有的移动通信专网一样便利，如图 4-28 所示。

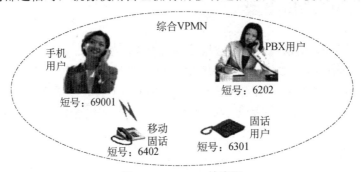

图 4-28　VPMN 的应用

4.7.2　综合 VPMN 组网方案

VPMN 短号长度可以是 3 位～6 位，每个集团都可以独立编制 VPMN 短号，不同的集团可以采用相同的 VPMN 短号且互不影响，同一集团内所有用户（手机和座机用户）的 VPMN 短号不能重复。

综合 VPMN 组网方案分成以下三种。

方式一：语音专线（PBX）电话，通过 IP 前置机接入或者直接连接到网关移动交换中心上（GMSC）。一个 IP 前置机只与一个 GMSC 相连，可以连接多个 PBX。IP 前置机与 PBX 之间可以通过数字中继（No.1、No.7 或 PRI）或模拟中继连接，主要完成 PBX 汇接和号码变换工作。

方式二：座机通过网络接入到移动 GMSC 上。

方式三：无线固话通过无线网络直接接入到 VPMN 中。

4.8　局域网结构化布线技术

1. 结构化布线系统的概念

结构化布线系统是一个能够支持任何用户所选择的语音、数据、图形图像应用的电信布线系统，该系统能支持语音、图形图像、多媒体数据、安全监控、传感等各种信息的传输，支持 UTP、STP、光纤、同轴电缆等各种传输介质，也支持多用户、多类型产品和高速网络的应用。

2. 结构化布线系统的特点

结构化布线系统具有以下特点。

（1）实用性：支持多种数据通信、多媒体技术及信息管理系统等，能够适应现代和未来技术的发展。

（2）灵活性：任意信息点能够连接不同类型的设备，例如打印机、终端、服务器、监视器等。

（3）开放性：能够支持任何厂商的多种网络产品，支持多种网络拓扑结构，例如总线型、星型、环型等。

（4）模块化：所有的接插件都是积木式的标准件，方便使用、管理和扩充。

（5）扩展性：实施后的结构化布线系统是可扩充的，以便将来有更大需求时安装接入设备。

（6）经济性：一次性投资，长期受益，维护费用低，可使整体投资达到最少。

3. 结构化布线系统的组成

结构化布线系统包括 6 个子系统，分别是建筑群子系统、设备间子系统、干线子系统、管理子系统、水平子系统和工作区子系统，如图 4-29 所示。

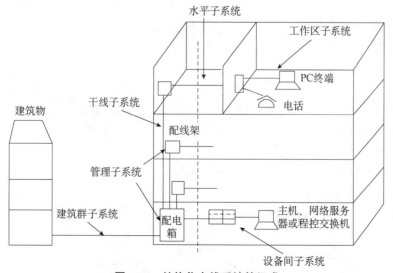

图 4-29　结构化布线系统的组成

（1）建筑群子系统

建筑群子系统提供外部建筑物与大楼内布线的连接点，EIA/TIA 569 标准规定了网络接口的物理规格，以实现建筑群之间的连接。

（2）设备间子系统

设备间子系统是布线系统最主要的管理区域，所有楼层的资料都由电缆或光纤传输至此。通常，此系统安装在主机、网络服务器或程控交换机上。

（3）干线子系统

干线子系统用于连接通信室和设备，包括主干电缆、中间交换和主交接设备、机械终端及用于主干到主干交换的接插线或插头等。

（4）管理子系统

管理子系统用于放置电信布线系统设备，包括水平和主干布线系统的机械终端和交换设备。

（5）水平子系统

水平子系统连接管理子系统至工作区，包括水平布线、信息插座、电缆终端及交换设备等，指定的拓扑结构是星型拓扑结构。水平布线可选择的介质有三种（100ΩUTP 电缆、150ΩSTP 电缆及 62.5μm/125μm 光纤），最远的延伸距离为 90m，工作区子系统与管理子系统的接插线和跨接线电缆的总长度可达数十米。

（6）工作区子系统

工作区由信息插座延伸至各终端设备，工作区子系统的布线要求相对简单，容易移动、添加或变更设备。

本章习题

4-1 图 4-30 表示某局域网的互联拓扑图，方框中的数字是网桥 ID，用字母来区分不同的网段。按照 IEEE 802.1d 协议，ID 为（①）的网桥被选择为根网桥。如果所有网段的传输成本为 1，则 ID 为 92 的网桥连接网段（②）的端口为根端口。

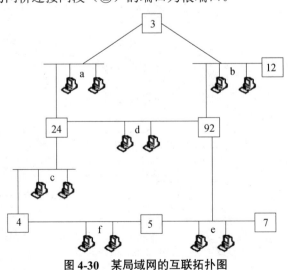

图 4-30 某局域网的互联拓扑图

① A. 3　　　　　　　B. 7　　　　　　　C. 92　　　　　　　D. 12

② A. a　　　　　　　B. b　　　　　　　C. c　　　　　　　D. d

4-2　以下属于万兆以太网物理层标准的是（　　　）。

A. IEEE 802.3u　　　　　　　　　　　B. IEEE 802.3a

C. IEEE 802.3e　　　　　　　　　　　D. IEEE 802.3ae

4-3　按照 IEEE 802.1d 生成树协议 STP，在交换机互联局域网中，（　　　）的交换机被选为根交换机。

A. MAC 地址最小的　　　　　　　　　B. MAC 地址最大的

C. ID 最小的　　　　　　　　　　　　D. ID 最大的

4-4　以太网帧格式中"填充"字段的作用是（　　　）。

A. 可用于表示任选参数　　　　　　　 B. 表示封装的上层协议

C. 表示控制帧的类型　　　　　　　　 D. 维持 64 字节的最小帧长

4-5　根据用户需求选择正确的网络技术是保证网络建设成功的关键，在选择网络技术时应考虑多种因素，下面的各种考虑中，不正确的是（　　　）。

A. 选择的网络技术必须保证足够的带宽，使得用户能够快速地访问应用系统

B. 选择网络技术时不仅要考虑当前的需求，而且要考虑未来的发展

C. 越是大型网络工程，越是要选择具有前瞻性的网络技术

D. 选择网络技术要考虑投入产出比，通过投入产出比确定使用何种技术

4-6　IEEE 802.3 标准规定的最小帧长为 64 字节，这个帧长是指（　　　）。

A. 从前导字段到帧校验字段的长度　　 B. 从目的地址到帧校验字段的长度

C. 从帧起始符到帧校验字段的长度　　 D. 数据字段的长度

4-7　以下关于虚拟局域网 VLAN 的描述中，错误的是（　　　）。

A. VLAN 建立在局域网交换机或 ATM 交换机上

B. VLAN 能将网上的节点按工作性质与需要划分成若干个逻辑工作组

C. VLAN 以软件方式实现逻辑工作组的划分与管理

D. VLAN 中同一逻辑工作组的成员必须连接在同一个物理网段上

4-8　无线局域网中，无线接入点的作用是（①），新标准 IEEE 802.11n 提供的最高传输速率可达到（②）。

① A. 无线接入　　 B. 用户认证　　　　C. 路由选择　　　　D. 业务管理

② A. 54Mbps　　　 B. 100Mbps　　　　 C. 200Mbps　　　　 D. 300Mbps

4-9　无线局域网标准 IEEE 802.11g 规定的最高传输速率是（　　　）。

A. 1Mbps　　　　　B. 11Mbps　　　　 C. 5Mbps　　　　　D. 54Mbps

4-10　IEEE 802.11 标准采用了类似于 IEEE 802.3 CSMA/CD 协议的 CSMA/CA 协议，不采用 CSMA/CD 协议的原因是（　　　）。

A. CSMA/CA 协议的效率更高　　　　　B. 为了解决隐蔽终端问题

C. CSMA/CD 协议的开销更大　　　　　D. 为了引进其他业务

4-11　IEEE 802.11 标准采用了 CSMA/CA 协议，下面关于这个协议的描述中错误的是（　　　）。

A. 各个发送站在两次帧间隔（IFS）之间进行竞争发送

B. 每一个发送站维持一个退避计数器并监听网络上的通信

C. 各个发送站按业务的优先级获得不同的发送机会

D. CSMA/CA 协议适用于突发性业务

4-12 IEEE 802.11 标准定义的对等网络是（　　）。

A. 一种需要无线接入点支持的无线网络

B. 一种不需要有线网络和无线接入点支持的点对点网络

C. 一种采用特殊协议的有线网络

D. 一种高速骨干数据网络

4-13 物联网中使用的无线传感网络技术是（　　）。

A. IEEE 802.15.1 蓝牙局域网　　　　　　　B. IEEE 802.11n 无线局域网

C. IEEE 802.15.4 ZigBee 微微网　　　　　　D. IEEE 802.16m 无线城域网

4-14 局域网标准中，100BASE-T 规定从收发器到集线器的距离不超过（　　）米。

A. 100　　　　　　B. 185　　　　　　C.300　　　　　　D.1000

4-15 大型局域网通常是分层结构（核心层、汇聚层和接入层），以下关于网络核心层的叙述中，正确的是（　　）。

A. 为了保障安全性，应该对分组进行尽可能多的处理

B. 将数据分组从一个区域高速地转发到另一个区域

C. 由多台二、三层交换机组成

D. 提供用户的访问控制

4-16 大型局域网通常划分为核心层、汇聚层和接入层，以下关于各个网络层次的描述中，不正确的是（　　）。

A. 核心层提供访问控制列表检查功能　　　　B. 汇聚层定义了网络的访问策略

C. 接入层提供局域网接入功能　　　　　　　D. 接入层可以使用集线器代替交换机

4-17 建筑物综合布线系统的干线子系统是（①），水平子系统是（②）。

①②　　A. 各个楼层接线间配线架到工作区信息插座之间所安装的线缆

　　　　　B. 由终端到信息插座之间的连线系统

　　　　　C. 各楼层设备之间的互联系统

　　　　　D. 连接各建筑物的通信系统

4-18 建筑物综合布线系统中建筑群子系统是指（　　）。

A. 由端到信息插座之间的连线　　　　　　　B. 楼层接线间道工作区的线缆系统

C. 各楼层设备之间的互联系统　　　　　　　D. 连接各个建筑物的通信系统

4-19 以太网介质访问控制策略可以采用不同的监听算法，其中一种是"一旦介质空闲就发送数据，假设介质忙，就继续监听，直至介质空闲后立即发送数据"，这种算法的特点是（　　）。

A. 介质利用率和冲突概率都低　　　　　　　B. 介质利用率和冲突概率都高

C. 介质利用率低且无法避免冲突　　　　　　D. 介质利用率高且可以有效避免冲突

第 5 章　网络互联与互联网

多个网络互相连接组成的范围更大的网络叫作互联网（Internet），网络互联技术就是要在不改变原有网络体系结构的前提下，把一些异构型的网络互相连接成统一的通信系统，实现更广泛的资源共享和信息交流。

5.1　网络互联概述

计算机网络互联是指利用网络互联设备及相应的技术措施和协议把两个以上计算机网络连接起来，实现更大程度的数据通信和资源共享。计算机网络互联的目的是使一个网络上的用户能够访问其他计算机网络上的资源，不同网络上的用户能够相互通信和交流信息。

网络互联有两方面的内容，一是将多个独立的、小范围的网络连接起来构成一个较大范围的网络；二是将节点多、负载重的大网络分解成若干个小网络，再利用互联技术把这些小网络连接起来。

网络互联的功能主要有两方面，一是基本功能，是指网络互联必须具备的功能，例如寻址和路由选择等；二是扩展功能，是指各种互联网提供不同的服务时所需的功能，例如协议转换、分组长度控制、排序和差错校验等。

网络互联有以下四种形式。

（1）局域网与局域网互联，即 LAN-LAN，例如以太网与令牌环网之间的互联。

（2）局域网与广域网互联，即 LAN-WAN，例如使用公用电话网、分组交换网、ISDN、帧中继等连接远程局域网。

（3）广域网与广域网互联，即 WAN-WAN，例如专用广域网与公用广域网的互联。

（4）局域网通过广域网互联，即 LAN-WAN-LAN，例如企业内联网（Intranet）、企业外联网（Extranet）等。

互联（Interconnection）是指在两个网络之间至少存在一条物理连接线路，它为两个网络之间的逻辑连接提供物理基础。如果两个网络的通信协议相互兼容，则这两个网络之间就能进行数据交换。互通（Intercommunication）是指互联的两个网络之间能沟通逻辑连接并可进行数据交换。互操作（Interoperability）是指网络中不同计算机系统之间具有访问对方资源的能力，互操作是在互通的基础上实现的。

互联、互通与互操作是三个不同的概念，它们表示不同层次的含义，但三者之间又有密切关系，互联是网络互联的基础，互通是网络互联的手段，互操作是网络互联的目的。

计算机网络系统是分层次实现的，上层协议往往支持多种下层协议。对上层协议而言，下层协议的差异性被隐蔽起来了，似乎不存在一样，因此网络互联可以在不同的层次上实现。

每个层次上的互联都需要一个中间连接设备，以便当信息分组从一个网络传输到另一个网络时做必要的转换。中间连接设备称为网间互联设备，通常有以下几种类型。

（1）物理层互联。物理层互联的设备是中继器、集线器、调制解调器等。中继器在两个相同的局域网之间复制并传输每一个比特流；集线器的工作原理与中继器相同，又称为多端口的中继器；调制解调器可以将数字信号转换成模拟信号在模拟信道上进行传输或将模拟信号转换成数字信号在数字信道上进行传输。

（2）数据链路层互联。数据链路层互联的设备是网桥、交换机等。网桥连接两个独立的局域网并转发数据帧；交换机的工作原理与网桥相同，也称为多端口的网桥。

（3）网络层互联。网络层互联的设备是路由器、三层交换机等。路由器在不同的逻辑子网及异构网络之间转发数据分组；三层交换机可以完成路由器的路由功能。

（4）高层互联。传输层及以上各层网络之间的互联属于高层互联。高层互联的设备是网关（Gateway），网关可以工作在传输层以上，具有协议转换功能。

5.2 网络互联设备

网络互联设备是实现网络之间物理连接的中间设备。网络互联的层次不同，所使用的网络互联设备也不同。本节将具体介绍工作在 OSI 参考模型不同层次上的网络互联设备的功能、特点及工作原理。

5.2.1 中继器

基带信号沿线路传输时会产生衰减，当需要传输较长的距离时，或者需要将网络扩展到更大的范围时，就要采用中继器。中继器（Repeater）是 OSI 参考模型中的物理层设备，是最简单的网络互联设备，它可以将局域网的一个网段和另一个网段连接起来，主要用于局域网和局域网互联，起到放大信号和延长信号传输距离的作用。中继器的应用如图 5-1 所示。

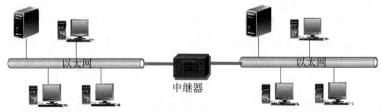

图 5-1 中继器的应用

中继器的主要工作是复制收到的比特流，所有信号都被原样转发，并且延迟很小。当中继器的某个输入端输入 1 时，输出端就复制、放大并输出 1。中继器不能过滤网络流量，到达中继器一个端口的信号会发送到其他所有端口上；不能识别数据帧的格式和内容，错误信号也会原样照发；也不能改变数据类型，即不能改变数据链路层帧的类型。

理论上，可以用中继器把网络延长到任意长的传输距离，然而很多网络都限制于工作站之间加入中继器的数目。例如在以太网中最多使用 4 个中继器，最多由 5 个网段组成。

中继器具有以下特性。

（1）中继器只工作在物理层，只具有简单放大和再生物理信号的功能，只能连接完全相同的网络，也就是说用中继器互联的网络应具有相同的协议。用中继器连接的局域网在物理上是一个网络，也就是说中继器把多个独立的物理网络互联成为一个大的物理网络。

（2）中继器可以连接不同传输介质的网络。

（3）中继器在物理层实现互联，对物理层以上的各层（数据链路层到应用层）完全透明。

集线器（Hub）的工作原理基本与中继器相同。简单地说，集线器就是一个多端口中继器，把一个端口上收到的数据广播发送到其他所有端口。集线器最初的功能是把所有节点集中在以它为中心的节点上，有力地支持了星型拓扑结构，简化了网络的管理与维护。集线器的网络结构如图 5-2 所示。

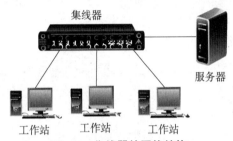

图 5-2　集线器的网络结构

5.2.2　网桥

用中继器或集线器连接的局域网是同一个"冲突域"。在"冲突域"中，所有主机共享同一条信道，局域网的作用范围特别是主机数量受到很大限制，造成网络性能严重下降；同时，一个主机发送的信息，冲突域中的所有主机都可以监听到，也不利于网络的安全。要解决这个问题，就需要另外一种设备——网桥。

1. 网桥的工作原理

网桥（Bridge）又称为桥接器，是一种存储转发设备，常用于互联局域网。网桥的网络结构如图 5-3 所示。

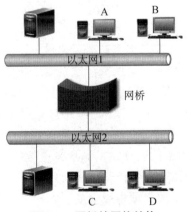

图 5-3　网桥的网络结构

网桥工作在 OSI 参考模型的数据链路层，负责对数据帧进行存储转发，实现网络互联。网桥能够连接的局域网可以是同类网络，也可以是不同的网络，而且这些网络可以是不同的传输介质系统。

网桥不是一个复杂的设备，它的工作原理是接收一个完整的帧，然后分析收到的帧，根据帧的目的 MAC 地址来决定是丢弃这个帧还是转发这个帧。如果目的地址和发送地址在同一个网段，网桥将丢弃该帧，不进行转发；如果目的地址和发送地址不在同一个网段，网桥将转发该帧。网桥通过学习源 MAC 地址，建立一个 MAC 地址与网桥的端口号映射表，以此实现点到点的转发功能。

网桥的主要作用是将两个以上局域网互联为一个逻辑网，以减少局域网上的通信量，提高整个网络系统的性能。网桥与中继器相比有更多的优势，它能在更大的地理范围内实现局域网互联。网桥在转发数据帧的同时，能够根据 MAC 地址对数据帧进行过滤，而且可以连接不同类型的网络。

2. 网桥带来的一些问题

网桥适用于网络中用户不太多，特别是网段之间的流量不太大的场合，其带来的一些问题如下。

（1）网桥会增加网络延迟。

（2）网桥的处理速度是有限的，当网络负载加大时会造成网络阻塞。

（3）在网桥的转发表中查找不到目的 MAC 地址对应的端口时，数据帧会被复制到其他所有端口，容易产生广播风暴。

5.2.3　交换机

交换机工作在 OSI 参考模型数据链路层的 MAC 子层和物理层。在以太网交换机上有许多高速端口，这些端口分别连接不同的局域网或单台设备，以太网交换机负责在这些端口之间转发帧。

1. 地址学习

交换机属于数据链路层设备，可以识别数据帧中的地址信息。以太网交换机利用"端口号/MAC 地址映射表"进行信息的转发，因此，"端口号/MAC 地址映射表"的建立和维护显得相当重要。一旦地址映射表出现问题，就可能造成信息转发错误。

通常，以太网交换机利用地址学习方法来动态地建立和维护端口号/MAC 地址映射表。当得到 MAC 地址与端口的对应关系后，交换机将检查地址映射表中是否已经存在该对应关系，如果不存在对应关系，交换机就将该对应关系添加到地址映射表；如果已经存在对应关系，交换机将更新该表项。因此，在以太网交换机中，地址是动态学习的，只要节点发送信息，交换机就能捕获到它的 MAC 地址与其所在端口的对应关系。

在每次添加或更新地址映射表的表项时，添加或更改的表项被赋予一个计时器，这使得该端口与 MAC 地址的对应关系能够存储一段时间。如果在计时器溢出之前没有再次捕获到该端口与 MAC 地址的对应关系，该表项将被交换机删除。通过移走过时或老化的表项，交换机维护了一个精确且有用的地址映射表。

交换机进行地址学习的过程如下。

（1）当交换机从某个端口收到一个数据帧时，先读取帧的源 MAC 地址，从而得知源 MAC 地址的主机是连在哪个端口上的，如果源 MAC 地址不在转发表中，就在转发表中登记源 MAC 地址对应的端口号。

（2）交换机读取目的 MAC 地址，并在地址映射表中查找相应的端口号。

（3）如果地址映射表中有该目的 MAC 地址对应的端口信息，就把数据帧直接复制到这个端口上。

（4）如果地址映射表中找不到相应的端口信息，则把数据帧广播到其他所有端口上。

交换机不断地循环以上过程，可以学习到整个局域网的 MAC 地址信息，二层交换机就是这样建立和维护地址映射表的。

2. 转发过程

如图 5-4 所示，交换机有一条很宽的背板总线和内部交换矩阵，所有端口都挂在背板总线上。例如，节点 A 要向节点 E 发送数据帧，该数据帧的目的 MAC 地址为 MAC_E；节点 H 要向节点 D 发送数据帧，该数据帧的目的 MAC 地址为 MAC_D。当节点 A、节点 H 同时通过交换机传输以太网帧时，交换机的交换控制中心根据"端口号/MAC 地址映射表"找出帧的目的 MAC 地址对应的端口号，就可以为节点 A 到节点 E 建立端口 1 到端口 5 的连接，同时为节点 H 到节点 D 建立端口 8 到端口 4 的连接。

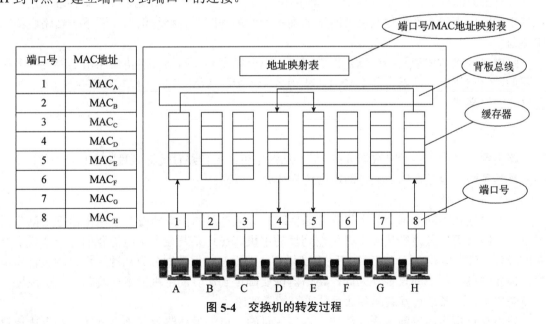

图 5-4　交换机的转发过程

交换机的转发过程比较简单，多使用硬件来实现，因此速度相当快。一般只需几十微秒，交换机便可决定一个数据帧该往哪里送。

3. 交换模式

交换模式决定了交换机端口如何处理收到的数据帧，因此数据帧通过交换机所需要的时间取决于所选的交换模式。交换模式有存储转发模式、直通模式和碎片隔离模式等。

（1）存储转发模式

在这种模式下，交换机将接收整个数据帧并拷贝到缓存器中，同时进行循环冗余校验（CRC）。如果数据帧有差错、太短（帧长小于 64 字节）或者太长（帧长大于 1518 字节），这个帧将被丢弃。存储转发模式的交换要拷贝整个数据帧，并且运行 CRC，因此转发速度较慢，其延迟将随帧的长度不同而变化。

（2）直通模式

在这种模式下，交换机仅将数据帧的目的 MAC 地址拷贝到缓存器中，然后在映射表中查找该目的 MAC 地址，从而确定输出端口，再将帧发往输出端口。直通模式减少了延迟，交换机一旦读到帧的目的 MAC 地址，确定了输出端口，就立即转发帧。

（3）碎片隔离模式

碎片隔离模式是直通模式的一种改进形式。在这种模式下，交换机会计算帧的长度，如果帧长小于 64 字节，则丢弃该帧；如果帧长大于或等于 64 字节，则转发该帧。碎片隔离模式的处理速度比存储转发模式快，但比直通模式慢，能够避免残帧的转发，被广泛应用于低档交换机中。

5.2.4　路由器

路由器（Router）又称为多协议转换器，是网络层的互联设备，主要用于局域网—广域网互联。路由器的每个端口分别连接不同的网络，每个端口有一个 IP 地址和一个物理地址。路由器中的路由表记录着远程网络的网络地址和到达远程网络的路径信息，即下一站路由器的 IP 地址。

路由器连接的物理网络可以是同类网络，也可以是异类网络。多协议路由器能支持多种不同的网络层协议，能够实现 LAN-LAN、LAN-WAN、WAN-WAN 和 LAN-WAN-LAN 等多种网络连接形式。

1. 路由器的基本功能

路由器在网络层负责将数据分组（包）从源主机经最佳路径传输到目的主机。为此，路由器必须具备两个最基本的功能，即路由选择和分组转发。

（1）路由选择

当两台连在不同子网上的主机需要通信时，必须经过路由器转发，由路由器把数据分组通过互联网沿着一条路径从源主机传输到目的主机。在这条路径上可能需要通过一个或多个中间设备（路由器），所经过的每台路由器都必须知道怎么把数据分组从源主机传输到目的主机，需要经过哪些中间设备。为此，路由器需要确定到达目的主机的下一跳路由器的地址，也就是要确定一条通过互联网到达目的主机的最佳路径。

路由选择是指通过路由选择算法确定到达目的主机的最佳路径。路由器通过路由选择算法建立并维护一张路由表，路由表中包含目的网络地址和下一跳路由器地址等多种路由信息。路由表中的路由信息告诉每一台路由器应该把数据分组转发给谁，它的下一跳路由器地址是什么。路由器根据路由表提供的下一跳路由器地址，将数据分组转发给下一跳路由器。这样，通过一级一级地把数据分组转发到下一跳路由器的方式，最终把数据分组传输到目的主机。

当路由器收到一个数据分组时，首先检查目的网络地址，并根据路由表提供的下一跳路由器地址将该分组转发给下一跳路由器。如果网络拓扑结构发生变化，或某台路由器失效，路由表需要更新。路由器通过发布广播或仅向相邻路由器发布路由表的方法使每台路由器都进行路由更新。目前，广泛使用的路由选择算法是链路状态路由选择算法和距离矢量路由选择算法。

（2）分组转发

路由器的另一个基本功能是完成数据分组的传输，即分组转发，通常也称为分组交换。在大多数情况下，互联网上的一台主机（源主机）要向另一台主机（目的主机）发送一个数据分组时，通过指定默认路由等办法，源主机已经知道一个路由器的物理地址。源主机将带着目的主机网络层地址（如 IP 地址、IPX 地址等）的分组发送给已知路由器，路由器在接收了分组之后，检查分组的目的网络地址，再根据路由表确定是转发还是丢弃该分组。如果路由器不知道下一跳路由器的地址，则将分组丢弃；如果它知道怎么转发这个分组，路由器将改变目的物理地址为下一跳路由器的地址，并且把分组传输给下一跳路由器。下一跳路由器执行同样的交换过程，最终将数据分组传输到目的主机。

2. 路由器的特点

路由器作用在网络层，与网桥相比具有更强的异种网络互联能力、更好的广播隔离能力、更强的流量控制能力、更好的安全性和可管理维护性，其主要特点如下。

（1）路由器有很强的异种网络互联能力。路由器也是用于广域网互联的存储转发设备，具有很强的广域网互联能力，被广泛地应用于 LAN-WAN-LAN 的网络互联环境，使用路由器组建互联网的模型如图 5-5 所示。

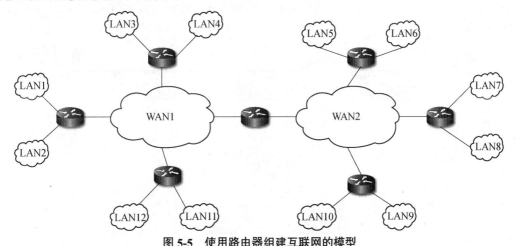

图 5-5　使用路由器组建互联网的模型

（2）路由器工作在网络层，与网络层协议有关。多协议路由器可以支持多种网络层协议（如 TCP/IP、IPX 和 DECnet 等），能够基于 IP 地址进行分组过滤，具有分组过滤的防火墙功能。路由器会分析接收的每一个数据分组，并与网络管理员制定的一些过滤策略进行比较，符合允许转发条件的分组会被正常转发，否则丢弃。路由器还可以过滤应用层的信息，限制某些子网或站点访问某些信息服务。

（3）路由器具有流量控制、拥塞控制的功能，能够对不同速率的网络进行速度匹配，以保证分组的正确传输。

（4）对大型网络进行分段并将分段后的网段用路由器连接起来可以提高网络性能和网络

带宽，而且便于网络的管理和维护，这也是共享式网络为解决带宽问题经常采用的方法。

5.2.5 三层交换机

1. 三层交换机的作用

三层交换机工作在网络层，除了具有二层交换机的功能，还具有路由功能。不过，三层交换机仅具有路由器的路由功能，不具备路由器的其他功能，因此不能代替路由器。

三层交换机可以看作是路由器的简化版，是为了加快路由速度而出现的一种网络设备。三层交换机将路由器的路由工作改为由硬件处理（路由器是由软件来处理路由的），从而加快了路由速度。简单地说，三层交换技术就是二层交换技术+三层路由技术。

在传统网络中，路由器实现了广播域隔离，同时提供了不同网段之间的通信。在图 5-6 所示的以路由器为中心的网络结构中，只有通过路由器才能使三个不同的网段相互访问，即实现路由转发功能。传统路由器是依靠软件实现路由功能的，同时提供了很多附加功能，因此分组交换速率较慢。如果用二层交换机替换路由器，将其改造为交换式局域网，不同网段之间就无法相互访问，只能重新设定子网掩码，扩大子网范围。例如，只要将图 5-6 中的子网掩码改为 255.255.0.0，就能实现相互访问，但同时又会产生新的问题：逻辑网段过大、广播域较大、所有设备需要重新设置等。

在以路由器为中心的网络结构中引入三层交换机，并基于 IP 地址划分 VLAN，既实现了广播域的控制，又可以解决网段划分之后子网必须依赖路由器进行管理的局面。因此，三层交换机既解决了传统路由器低速、复杂所造成的网络瓶颈问题，又实现了子网之间的互访，提高了网络性能。

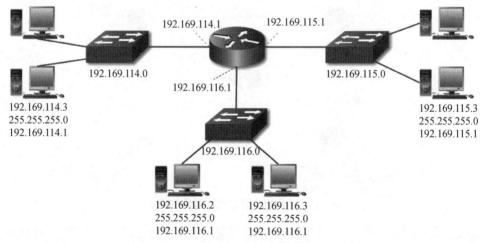

图 5-6 以路由器为中心的网络结构

在目前的宽带网络建设中，三层交换机一般被放置在小区的中心和多个小区的汇聚层。核心层一般采用高速路由器，这是因为在宽带网络建设中网络互联仅仅是其中的一项需求，宽带网络中的用户需求各不相同，需要较多的控制功能，这正是三层交换机的弱点。

三层交换机工作过程的一个实例如图 5-7 所示，用户 X 基于 IP 地址向用户 W 发送信息，由于并不知道 W 在什么地方，X 首先发出 ARP 请求。三层交换机能够理解 ARP 请求并查找地址映射表，将数据只发送到连接用户 W 的端口，而不会广播到交换机的其他端口。

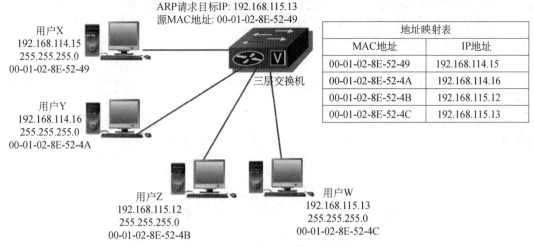

图 5-7　三层交换机工作过程实例

2. 三层交换技术的原理

从硬件上看，目前二层交换机的接口模块都是通过高速背板/总线交换数据的。在三层交换机中，与路由器有关的路由硬件模块也插在高速背板/总线上，这种方式使得路由模块可以与需要路由的其他模块进行高速的数据交换，突破了传统外接路由器接口速率的限制。

在软件方面，三层交换机将传统的路由器软件进行了界定，其做法是：

（1）数据分组的转发（如 IP/IPX 分组的转发）通过硬件得以高速实现；

（2）三层路由软件如路由信息更新、路由表维护、路由计算、路由确定等功能用优化、高效的软件实现。

三层交换机实际上就是将传统二层交换机与传统路由器结合起来的网络设备，既可以完成传统交换机的端口交换功能，又可以完成路由器的路由功能。当某一信息源的第一个数据流进入三层交换机后，其中的路由系统会产生一个 MAC 地址与 IP 地址的映射表，并将该表存储起来。当同一信息源的后续数据流再次进入第三层交换机时，交换机将根据地址映射表将数据流从源地址传输到目的地址，而不再经过三层路由系统处理，从而消除了路由选择时造成的网络延迟，提高了数据分组的转发效率，解决了网间传输信息时产生的速率瓶颈。

如图 5-8 所示，假设两个使用 IP 协议的站点 A、B 通过三层交换机进行通信，发送站点 A 在开始发送时，已经知道目的站点 B 的 IP 地址，但尚不知道 B 站点的 MAC 地址，这时要采用地址解析协议来确定目的站点 B 的 MAC 地址。发送站点 A 会把自己的 IP 地址与目的站点 B 的 IP 地址进行比较，来确定 B 站点是否与自己在同一子网内。

如果目的站点 B 与发送站点 A 在同一子网中，站点 A 会广播一个 ARP 请求，站点 B 接到请求后会返回自己的 MAC 地址。站点 A 得到站点 B 的 MAC 地址后会将这一地址缓存起来，第二层交换模块根据此 MAC 地址查找交换机的地址映射表，确定将数据帧发送到哪个目的端口。

如果两个站点不在同一个子网中，例如发送站点 A 要与目的站点 C 通信，站点 A 要向默认网关发送 ARP 请求，而默认网关的 IP 地址已经在系统软件中设置，这个 IP 地址实际上对应三层交换机的三层交换模块。所以当站点 A 对默认网关的 IP 地址发出一个 ARP 请求时，若三层交换模块在以往的通信过程中已得到站点 C 的 MAC 地址，则向站点 A 回复站点 C 的 MAC 地址；否则三层交换模块根据路由信息向目的站点 C 发出一个 ARP 请求，站点 C 得到此 ARP 请求后向三层交换模块返回其 MAC 地址，三层交换模块保存此地址并返回给发送站点 A，同时将 C 站点的 MAC 地址发送到二层交换引擎的 MAC 地址映射表中。从这以后，站点 A 再向站点 C 发送数据时，便全部交给二层交换引擎处理，信息得以高速交换。

绝大部分数据都通过二层交换引擎转发，仅在路由过程中才需要三层交换模块进行处理，因此三层交换机的速度很快，同时比同规格路由器的价格低很多。

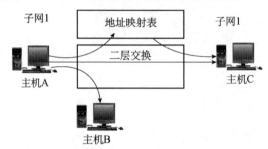

图 5-8　三层交换技术的原理

三层交换机具有以下几个特点。

（1）有机的软硬件结合使得数据交换加速。

（2）优化的路由软件使得路由过程效率提高。

（3）除了必要的路由决定过程，大部分分组转发过程由二层交换引擎处理。

（4）多个子网互联时只与三层交换模块进行逻辑连接，不像传统的外接路由器那样需要增加端口。

三层交换机分为接口层、交换层和路由层三部分。接口层包含了所有重要的局域网接口，例如 10/100MB 以太网、千兆以太网、FDDI 和 ATM 等。交换层集成了多种局域网接口并辅之以策略管理，同时还提供链路汇聚、VLAN 和 Tagging 机制等。路由层提供主要的路由协议例如 IP、IPX 和 AppleTalk 等，并通过策略管理提供传统路由或直通的第三层路由技术。

3．三层交换机的种类

三层交换机可以根据其处理数据的不同分为纯硬件和纯软件两大类。

（1）纯硬件三层交换机

纯硬件三层交换机相对来说技术复杂、成本高，但是速度快、性能好、带负载能力强。纯硬件的三层交换机采用 ASIC 芯片，通过硬件的方式进行路由表的查找和刷新，如图 5-9 所示。当数据由端口接收进来以后，首先在二层交换芯片中查找相应的目的 MAC 地址，如果查到，就进行二层转发，否则将数据送至三层交换引擎。在三层交换引擎中，ASIC 芯片查找相应的路由表信息，与数据的目的 IP 地址进行比对，然后发送 ARP 分组到目的主机。ASIC 芯片得到目的主机返回的 MAC 地址后，将 MAC 地址发送至二层交换芯片，由二层交换芯片转发该数据。

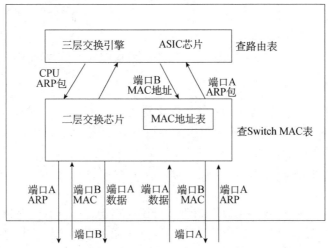

图 5-9　纯硬件三层交换机的原理

（2）纯软件三层交换机

纯软件三层交换机的技术较简单，但速度较慢，不适合作为主干，其原理是采用软件的方式查找路由表，如图 5-10 所示。当数据由端口接收进来以后，首先在二层交换芯片中查找相应的目的 MAC 地址，如果查到，就进行二层转发，否则将数据送至 CPU。CPU 查找相应的路由表信息，与数据的目的 IP 地址相比较，然后发送 ARP 分组到目的主机。CPU 得到目的主机返回的 MAC 地址后，将 MAC 地址发送至二层交换芯片，由二层交换芯片转发该数据。低价 CPU 的处理速度较慢，因此纯软件三层交换机的处理速度较慢。

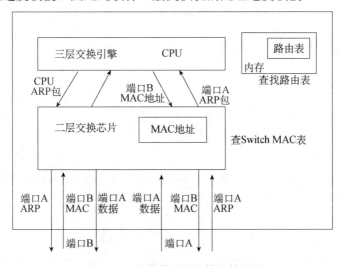

图 5-10　纯软件三层交换机的原理

5.2.6　网关

网关（Gateway）又称为协议转换器，作用在 OSI 参考模型的传输层到应用层。网关的基本功能是实现不同网络协议的互联，也就是说，网关是用于高层协议转换的网间连接器。网关可以描述为"不相同的网络系统互相连接时所用的设备或节点"，网关依赖于用户的应用，是网络互联中最复杂的设备。网关的构成是非常复杂的，综合来说，其主要功能是进行报文格式转换、地址映射、网络协议转换和原语转换等。

按照功能不同，大体可以将网关分为三大类：协议网关、应用网关和安全网关。

1. 协议网关

协议网关通常在使用不同协议的网络区域间进行协议转换工作，是一般公认的网关功能。

IPv4 数据由路由器封装在 IPv6 分组中，通过 IPv6 网络传递，到达目的路由器后解开封装，把还原的 IPv4 数据交给主机，这个功能是第三层协议的转换。以太网与令牌环网的帧格式不同，要在两种不同网络之间传输数据，就需要对帧格式进行转换，这个功能就是第二层协议的转换。

协议转换器必须在数据链路层以上的所有协议层都运行，而且要对节点上使用这些协议层的进程透明。协议转换是一个软件密集型过程，必须考虑两个协议栈之间特定的相似性和不同之处。因此，协议网关的功能相当复杂。

2. 应用网关

应用网关是在不同数据格式间翻译数据的系统。例如，E-mail 服务器可能需要与多种格式的邮件服务器交互，因此要求支持多个网关接口。

3. 安全网关

一般认为，网络层以上的网络互联使用的设备是网关，主要是因为网关具有协议转换功能，但事实上协议转换功能在 OSI 参考模型的每一层几乎都有涉及。所以，网关的实际工作层次其实并非十分明确，正如很难给网关精确的定义一样。

5.2.7 无线网络互联设备

作为新时代的通信技术，无线网络技术的普及率还在不断提高。无线网络和有线网络相比，除了无线通信部分和相应的网络协议不同，其他部分都相同。无线网络互联设备一般有无线接入点（无线 AP）、无线网桥和无线路由器等。

无线路由器是无线接入点、有线交换机、路由器的一种结合体，一方面可以让覆盖范围内的无线终端通过它进行相互通信；另一方面借助路由器功能可以实现无线网络中的互联网连接共享，实现无线共享接入。通常的使用方法是将无线路由器与调制解调器相连，这样就可以使多台无线局域网内的主机实现共享宽带网络。

无线路由器一般有多个有线 RJ-45 接口、一个 WAN 接口和若干个 LAN 接口，既可以将本地无线局域网通过路由器接入互联网，也可构建有线局域网并通过路由器接入互联网。

5.3 广域网互联技术

广域网的分布范围可以覆盖一个国家、一个洲、甚至全球。广域网在结构上的另一个重要特点是具有非常明显的通信子网和资源子网之间的界定。

广域网与局域网在构建方面的主要差别是广域网必须借助公共通信网络，提供远程用户之间的快速信息交换。公共通信网络通常是指由特定部门组建和管理，并向用户提供网络通信服务的计算机网络。

5.3.1 广域网的基本概念

1. 广域网的层次结构

对照 OSI 参考模型，广域网技术主要位于最下面的三个层次，分别是物理层、数据链路层和网络层。常用的广域网技术与 OSI 参考模型的对应关系如图 5-11 所示。

OSI参考模型				广域网技术
网络层				X.25 PLP
数据链路层	LLC			LAPB
				Frame Relay
				HDLC
	MAC			PPP
				SDLC
物理层			SMDS	X.21bis EIA/TIA-232 EIA/TIA-449 V.24 V.35 EIA-530

图 5-11　常用的广域网技术与 OSI 参考模型的对应关系

2. 广域网的组成

广域网是由一些节点交换机以及连接这些交换机的链路组成的。节点交换机执行数据帧的存储和转发功能，一个节点交换机通常与多个节点交换机相连，不同局域网通过路由器与广域网相连，可以实现不同局域网之间的互联。如图 5-12 所示，S 指节点交换机，R 指路由器，节点交换机与节点交换机之间的连线称为中继线，主要用来高速转发数据。路由器（或主机）与节点交换机之间的连线称为用户线，主要用来将各用户接入到广域网中。

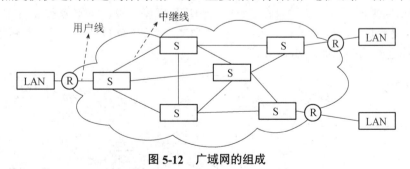

图 5-12　广域网的组成

3. 广域网提供的服务

广域网服务是指在各个局域网或城域网之间提供远程通信的业务，其实质是在两个路由器之间将网络层的 IP 数据由数据链路层协议承载，传输到远程路由器，提供远程通信服务。

广域网服务是通过 PPP、X.25、HDLC、帧中继和 ATM 等协议实现的，只能提供远程通信，不能提供计算机的资源共享。

广域网提供的服务有面向连接的网络服务和面向无连接的网络服务。面向连接的网络服务包括传统公用电话交换网的电路交换方式和分组数据交换网的虚电路交换方式，而面向无连接的网络服务就是分组数据交换网的数据报方式。

5.3.2 分组交换网

数据通信网发展的重要里程碑是采用分组交换方式构成分组交换网。分组交换网的两个站点之间进行通信时，不需要建立专用物理电路。在分组交换网中，一个分组从发送站传输到接收站的整个传输过程不仅涉及到该分组在网络内所经过的每个节点交换机之间的通信协议，还涉及到发送站、接收站与所连接的节点交换机之间的通信协议。国际电信联盟电信标准分局（ITU-T）为分组交换网制定了一系列通信协议，其中最著名的标准是 X.25 协议，它在推动分组交换网的发展中做出了很大的贡献，因此人们把分组交换网简称为 X.25 网。

使用 X.25 协议的公共分组交换网诞生于 20 世纪 70 年代，是一个以数据通信为目标的公共数据网(Public Data Network，PDN)。在 PDN 内，各节点由交换机组成，交换机间用存储转发的方式交换分组。

X.25 网能接入不同类型的用户设备，网内各节点具有存储转发能力，并向用户设备提供了统一的接口，从而能够使不同速率、码型和传输控制规程的用户设备都能接入 X.25 网进行相互通信。

X.25 网络设备分为数据终端设备（Data Terminal Equipment，DTE）、数据电路终端设备（Data Circuit Terminal Equipment，DCE）和分组交换设备（Packet Switching Equipment，PSE）。X.25 协议规定了 DTE 和 DCE 之间的接口通信规程。

X.25 网使两台 DTE 可以通过现有的电话网络进行通信。进行通信时，通信的一端必须首先呼叫另一端，请求在它们之间建立一个会话连接，被呼叫的一端可以根据自己的情况接收或拒绝这个连接请求。一旦建立连接，两端的设备可以全双工地进行信息传输，任何一端在任何时候均有权拆除这个连接。

X.25 网是 DTE 与 DCE 进行点到点交互的规程。DTE 通常指的是用户端的主机或终端等，DCE 则指同步调制解调器等设备。DTE 与 DCE 直接连接，DCE 连接至分组交换机的某个端口，分组交换机之间建立若干连接，这样便形成了 DTE 与 DTE 之间的通路。在一个 X.25 网中，各实体之间的关系如图 5-13 所示。

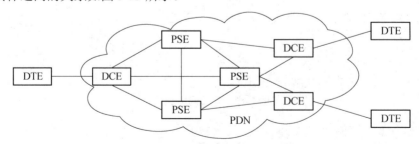

图 5-13 X.25 网中各实体之间的关系

X.25 网采用了多路复用技术。当用户设备以点对点方式接入 X.25 网时，能在单一物理链路上同时复用多条逻辑信道（即虚电路），使每个用户设备能同时与多个用户设备进行通信。

在 X.25 协议中，采用滑动窗口的方法进行流量控制，即发送端在发送完分组后要等待接收端的确认分组，然后再发送新的分组。接收端可通过暂缓发送确认分组来控制发送端的发送速度，进而达到控制数据流的目的。

X.25 分组交换网主要由分组交换机、用户接入设备和传输线路组成。

（1）分组交换机。分组交换机是 X.25 网的枢纽，根据它在网中所在的地位可分为中转交换机和本地交换机。分组交换机的主要功能是为网络的基本业务和可选业务提供支持，进行路由选择和流量控制，实现多种协议的互联，完成局部的维护、运行管理、故障报告、诊断、计费及网络统计等。

（2）用户接入设备。X.25 网的用户接入设备主要是用户终端，用户终端分为分组型终端和非分组型终端。X.25 网根据不同的用户终端来划分用户业务类别，提供不同传输速率的数据通信服务。

（3）传输线路。X.25 网的中继传输线路主要有模拟信道和数字信道两种形式。模拟信道利用调制解调器进行信号转换，传输速率为 9.6kbps、48kbps 和 64kbps，而 PCM 数字信道的传输速率为 64kbps、128kbps 和 2Mbps。

5.3.3　帧中继

1. 帧中继概述

帧中继（Frame Relay，FR）是广域网的主流技术之一，帧中继协议是一个面向连接的二层传输协议，是在 X.25 协议的基础上发展起来的。帧中继网络简化了 X.25 网中的差错校验机制，提高了传输效率。随着电子技术与传输技术的发展，传输链路不再是导致误码的主要原因。帧中继网络假设传输链路是可靠的，把差错校验和流量控制推向网络的边缘设备，大大提高了信息传输的效率。

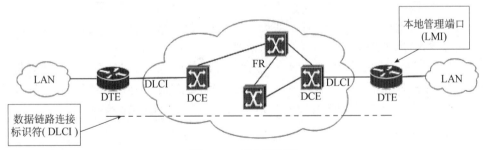

图 5-14　帧中继网络

如图 5-14 所示，帧中继网络是一种虚电路（Virtual Circuit）广域网，国内主要使用帧中继协议的永久虚电路（PVC）业务。常见的组网方式是用户路由器封装帧中继协议，作为 DTE 设备连接到帧中继网的 DCE 设备（帧中继交换机）。网络运营商为用户提供固定的虚电路连接，用户可以申请许多虚电路，通过帧中继网络交换到不同的远端用户。

以太网通过 MAC 地址来表示终端，一个 MAC 地址代表一个终端。在帧中继网络中，使用 DLCI（数据链路连接标识符）表示每一个 PVC，通过帧中继地址字段的 DLCI 区分帧属于哪一条虚电路。LMI（本地管理端口）用于建立和维护路由器和交换机之间的连接，还用于维护虚电路，包括虚电路的建立、删除和状态改变等。

2. 帧中继提供的服务

帧中继提供面向连接的服务，它的目标是为局域网互联提供合理的速率和较低的价格。帧中继可以提供点对点和一点对多点的服务，采用了两种关键技术，即虚拟租用线路和"流水线"方式。

虚拟租用线路是相对于专线方式而言的。一条总速率为640kbps的线路如果以专线方式平均地租给10个用户，每个用户的最大速率为64kbps。这种方式有两个缺点，一是每个用户的速率都不能大于64kbps，二是不利于提高线路利用率。采用虚拟租用线路的情况就不一样了，同样是将640kbps的线路租给10个用户，每个用户的瞬时最大速率都可以达到640kbps，也就是说，在线路不是很忙的情况下，每个用户的速率经常可以超过64kbps，而每个用户承担的费用只相当于64kbps的费用。

"流水线"方式是指数据帧只在完全到达接收节点后再进行完整的差错校验，在传输到中间节点位置时，几乎不进行校验，尽量减少中间节点的处理时间，从而减少了数据在中间节点的逗留时间。每个中间节点所做的额外工作就是识别帧的开始和结尾并将其转发出去，而帧中继网络正是因为传输介质可靠性高才能够形成"流水线"工作方式。

帧中继网络通过虚拟租用线路与专线方式竞争，又通过较高的速率（一般为1.5Mbps）与X.25网竞争，是一种比较有市场的数据通信服务。

3. 帧中继的特点

（1）高效。帧中继网络以简化传输数据的方式，仅完成物理层和链路层的功能，简化了节点之间的处理过程。智能化的终端设备把数据发送到链路层，并封装成帧，以帧为单位进行信息传输，帧中继网络不进行纠错、重发、流量控制等，在每个节点交换机中直接通过。

（2）经济。帧中继网络采用统计时分复用技术（即宽带按需分配）向客户提供共享的网络资源，每一条线路和网络端口都可以由多个终端按信息流共享。同时，由于简化了节点之间的协议处理，将更多的带宽留给客户数据，客户不仅可以使用预定的带宽，在网络资源富裕时，帧中继网络允许客户数据占用预定的带宽。

（3）可靠。帧中继网络的传输质量好，为保证自身的可靠性，采取了PVC管理机制和拥塞管理机制。客户智能化终端和交换机可以清楚了解网络的运行情况，不向发生拥塞和已删除的永久虚电路PVC上发送数据，以避免造成信息丢失，保证网络的可靠性。

4. 帧中继的寻址

帧中继的寻址如图5-15所示，南京和上海的DLCI值都为100。任何一个DLCI值为100的发送到南京帧中继交换机的数据将以同样的DLCI值转发到上海的帧中继交换机。同理，任何一个DLCI值为100的发送到上海帧中继交换机的数据将以同样的DLCI值转发到南京的帧中继交换机。

在南京和成都之间的PVC中，南京的DLCI值为28，成都的DLCI值为46。任何一个DLCI值为28并发送到南京帧中继交换机的数据会以DLCI值为46转发到成都帧中继交换机，同理，任何一个DLCI值为46并发送到成都帧中继交换机的数据会以DLCI值为28转发到南京帧中继交换机。

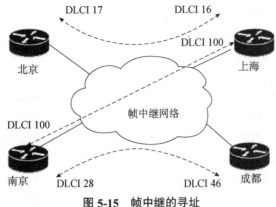

图 5-15　帧中继的寻址

5.3.4　ATM

随着技术的进步，新的通信业务不断涌现，新的通信网络也应运而生。今天的通信领域有各种各样的网络，例如用户电报网、固定电话网、移动电话网、电路交换数据网、分组交换数据网、租用线路网、局域网和城域网等。为了开发一种通用的电信网络，实现全方位的通信服务，电信工程师们提出了综合业务数字网。

1. 综合业务数字网

综合业务数字网（Integrated Services Digital Network，ISDN）产生于 20 世纪 80 年代初期，它的目的是以数字系统代替模拟电话系统，把音频、视频和数据业务放在一个网络上统一传输。ISDN 技术的发展经历了以 64kbps 速率为基础的窄带 N-ISDN 和面向多媒体传输的宽带 B-ISDN 两个阶段。

中国电信通常称 ISDN 为"一线通"，它是以电话综合数字网为基础发展成的通信网，能提供端到端的数字连接，用来承载包括语音和非语音在内的多种电信业务。

（1）ISDN 的基本连接

ISDN 在电话网的基础上实现用户到用户的全数字连接，使用单一的网络和统一的用户接口为用户提供广泛形式的综合业务。ISDN 的基本连接结构如图 5-16 所示。ISDN 与现有的各种专用或公用通信网络互联，并连接一些服务设施（例如计算智能更新、数据库等），向用户开放综合的电信业务、数据处理业务等。

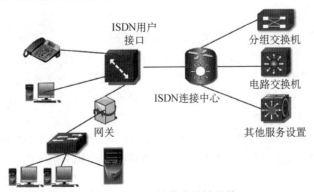

图 5-16　ISDN 的基本连接结构

ISDN 可以用分组交换和电路交换的方式为用户提供多种信号传输方式和不同传输速率的访问服务。通过 ISDN 有两种方式接入互联网，一种是基本速率接入方式，它提供给用户 128kbps 的带宽；另一种是基群速率接入方式，用户实际能得到 1920kbps 的带宽。

（2）ISDN 的通道

在对承载业务进行标准化的同时，需要相应地对用户—网络接口上的通路加以标准化。通路有两种主要类型，一种是信息通路，它为用户传输各种信息流；另一种是信令通路，它为了进行呼叫控制而传输信令信息。在用户—网络接口处向用户提供的通路有以下类型。

① B 通路：64kbps，用于传递用户信息。

② D 通路：16kbps 或 64kbps，用于传输信令信息和分组数据。

③ H_0 通路：384kbps，用于传递用户信息（例如立体声节目、图像和数据等）。

④ H_{11} 通路：1536kbps，用于传递用户信息（例如高速数据传输、会议电视等）。

⑤ H_{12} 通路：1920kbps，用于传递用户信息（例如高速数据传输、图像和会议电视等）。

使用最普遍的通路是 B 通道，它可以利用已经形成和正在形成的 64kbps 交换网络传递语音、数据等各类信息，还可以作为用户接入分组数据业务的入口信道。

ISDN 由两个 B 通道和一个 D 通道组成，基本接口为 2B+D。每个 B 通道可提供 64kbps 的语音或数据传输，用户不但可以同时绑定两个通道以 128kbps 的速率上网，也可以同时在另一个通道上打电话。

（3）ISDN 的特点

① 综合性。ISDN 用户只需接入一个网络，就可进行各种不同方式的通信业务，用户在接口上可连接多个通信终端。

② 多路性。一条 ISDN 可提供至少两路传输通道，用户可同时使用两种以上不同方式的通信业务。

③ 高速率。ISDN 能够提供比普通市内电话高出几倍的通信速率，最高可以达 128kbps，为用户上网、传输数据和使用可视电话提供了方便。

④ 方便性。ISDN 可提供许多普通电话无法实现的附加业务，例如来电号码显示、限制对方来电、多用户号码等。

ISDN 的基本功能是 64kbps 电路交换连接，此外还有 384kbps 的中速电路交换功能以及大于 2Mbps 的高速电路交换功能。ISDN 的主要用户是企业和机关团体，利用从电信部门租用的专线，把分散在各地的专用小交换机（PBX）连接起来，构成本单位的专用网。

（4）B-ISDN 参考模型

窄带 N-ISDN 的缺点是数据速率太低，不适合视频信息等需要高宽带的应用，仍然是一种基于电路交换的技术。20 世纪 80 年代，ITU-T 成立了专门的研究组织，开发宽带 ISDN 技术，后来提出了 B-ISDN 参考模型和基于分组交换的 ATM 技术，如图 5-17 所示。B-ISDN 参考模型采用了与 OSI 参考模型同样的分层概念，以不同的平面来区分用户信息、控制信息和管理信息。

该模型由三个平面和四层组成，三个平面分别是用户平面、控制平面和管理平面，四个功能层是物理层、ATM 层、ATM 适配层（AAL 层）和高层。其中，用户平面和控制平面符合 OSI 参考模型。

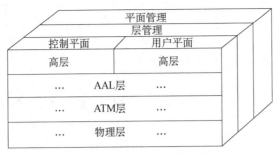

图 5-17　B-ISDN 参考模型

三个平面主要有以下功能。

① 用户平面：提供用户信息的传输，同时也具有一定的控制功能，例如流量控制、差错控制等。用户平面采用分层结构，共分为四层。

② 控制平面：提供呼叫和连接的控制功能，处理网络与终端间 ATM 呼叫和 ATM 连接的信息。控制平面也采用分层结构，共分为四层。

③ 管理平面：提供性能管理、故障管理及各个平面间综合的网络管理协议，又分为层管理和平面管理。层管理负责监控各层的操作，管理网络资源和协议参数，维护信息流。平面管理负责对系统整体和各个平面间的信息进行综合管理，并对所有平面起协调作用。平面管理不分层。

四个功能层主要有以下功能。

① 物理层：传输比特信息，规定传输信息的物理媒体的种类、比特定时、传输帧结构及信元的位置。

② ATM 层：只负责信元的传输，规定了信元复用传输方法、信头的生成/删除/校验及类型指示。

③ ATM 适配层：规定了多种协议以适配不同的高层业务，利用 ATM 层的信元传输能力来提供高层各种业务所需的功能。

④ 高层：根据不同业务特点完成高层功能。

B-ISDN 的关键技术是异步传输模式，采用 5 类双绞线、同轴电缆或光纤传输，数据速率可达 155.52Mbps（STM-1）或 622.08Mbps（STM-4），可以传输无压缩的高清晰度电视（HTV）。

2. 异步传输模式

（1）异步传输模式的基本概念

异步传输模式（Asynchronous Transfer Mode，ATM）技术问世于 20 世纪 80 年代末，是一种正在兴起的高速网络技术。异步传输模式是一种新的交换技术，是实现 B-ISDN 的核心技术，也是目前多媒体信息的新工具。

ATM 以大容量光纤传输介质为基础，以信元（Cell）为基本传输单位。信元是固定长度的分组，共有 53 个字节，分为两个部分，前面的 5 个字节为信头，主要完成寻址功能；后面的 48 个字节为信息字段，用来装载来自不同用户、不同业务的信息。语音、数据、图像等所有的数字信息都要经过切割，封装成统一格式的信元在网络中传递，并在接收端恢复成所需格式。

ATM 技术简化了交换过程，免去了不必要的数据检验，采用易于处理的固定大小信元格式，交换速率大大高于传统的数据网。另外，对于如此高速的数据网，ATM 网络采用了一些有效的业务流量监控机制，对用户数据进行实时监控，把网络拥塞发生的可能性降到最低。ATM 网络对不同业务赋予不同的"特权"，语音传输的实时性特权最高，一般数据文件传输的正确性特权最高，网络对不同业务分配不同的网络资源，这样不同的业务在网络中才能做到"和平共处"。

ATM 的一般入网方式如图 5-18 所示，与网络直接相连的可以是支持 ATM 协议的路由器或装有 ATM 网卡的主机，也可以是 ATM 子网。在一条物理链路上，可同时建立多条承载不同业务的虚电路。

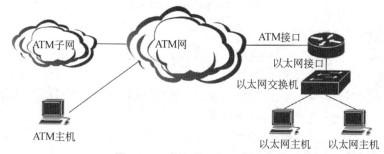

图 5-18　ATM 的一般入网方式

（2）ATM 物理层

物理层主要提供 ATM 信元的传输通道，将 ATM 层传来的信元加上其传输开销后形成连续的比特流，同时，在接收到物理媒介传来的连续比特流后，取出有效的信元传给 ATM 层。

为实现无差错传输，物理层从下至上被分为物理媒介子层（PM）和传输会聚子层（TC），由它们保证对信元的正确传输。PM 子层实现位定时和物理网络接入的功能，TC 子层完成信元校验、速率控制、数据帧的组装和拆分功能。

（3）ATM 虚电路

ATM 的网络层以虚电路提供面向连接的服务。ATM 支持两级连接，即虚通路（Virtual Path）和虚通道（Virtual Channel）。虚通道相当于 X.25 的虚电路，一组虚通道捆绑在一起形成虚通路，这样的两级连接提供了更好的调度性能，如图 5-19 所示。图中的 VPI 表示虚通路标识符，VCI 表示虚通道标识符。

图 5-19　ATM 的虚通路与虚通道

ATM 虚电路具有以下特点。

① ATM 是面向连接的，在源和目标之间建立虚电路（即虚通道）。

② ATM 不提供应答，因为光纤通信是可靠的，只有很少的错误可以留给高层处理。

③ ATM 的目的是实现实时通信，所以偶然的错误信元不必重传。

ATM 信元包括 5 字节的信元头和 48 字节的数据。信元头的结构如图 5-20 所示，可以看出，UNI 信元和 NNI 信元的结构是不一样的。

图 5-20　ATM 信元头的结构

下面分别介绍各个字段的含义。

① GFC（General Flow Control）：长度为 4 位，主机和网络之间的信元才有这个字段。这个字段可用于主机和网络之间的流控制和优先级控制，经过第一个交换机时被重写为 VPI 的一部分。

② VPI（虚通路标识符）：长度为 8 位（UNI）或 12 位（NNI）。

③ VCI（虚通道标识符）：长度为 16 位，理论上每个主机都有 256 个虚通路，每个虚通路包含 65536 个虚通道。实际上，部分虚通道用于控制功能，并不传输用户数据。

④ PTI（Payload Type Identifier）：负载类型（长度为 3 位），表 5-1 说明了这 3 位的含义，其中 0 型信元或 1 型信元是用户提供的，用于区分不同的用户信息，而拥塞信息是网络提供的。

⑤ CLP（Cell Loss Priority）：长度为 1 位，用于区分信息的优先级，如果出现拥塞，交换机会优先丢弃 CLP 被设置为 1 的信元。

⑥ HEC（Header Error Check）：将信元形成的多项式乘以 2^8，然后除以 x^8+x^2+x+1，就形成了长度为 8 位的 CRC 校验和。

表 5-1　负载类型

PTI 值	含义	PTI 值	含义
000	用户数据，无拥塞，0 型信元	100	相邻交换机之间的维护信息
001	用户数据，无拥塞，1 型信元	101	源和目标交换机之间的维护信息
010	用户数据，有拥塞，0 型信元	110	源管理信元
011	用户数据，有拥塞，1 型信元	111	保留

（4）ATM 层

ATM 层在物理层之上，利用物理层提供的服务，与对等层进行以信元为单位的通信，同时为 AAL 层提供服务。网络只提供到 ATM 层为止的功能，流量控制、差错控制等与业务有关的功能均交给终端系统的高层去完成，从而尽量缩短网络处理时间，实现高速通信。

高层的语音、视频、数据、图像等业务先送到 AAL 层，用 AAL 协议的帧格式来封装上层数据，然后分割成 48 字节长的 ATM 业务数据单元。ATM 业务数据单元被送到 ATM 层，在此加上 5 字节长的信元头，并标识出 VPI 和 VCI（VPI 和 VCI 在连接建立时已分配好）。ATM 层将具有不同 VPI 和 VCI 的信元复用在一起交给物理层，物理层将 ATM 信元封装到传输帧中，经物理接口送出。ATM 网络的传输过程如图 5-21 所示。

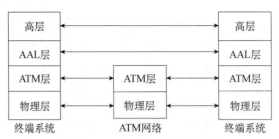

图 5-21 ATM 网络的传输过程

ATM 层的功能可以分为三类：信元复用/分用、信头操作和流量控制。

① 信元复用/分用功能。信元复用/分用功能在 ATM 层和物理层的 TC 子层接口处完成。发送端的 ATM 层将具有不同 VPI/VCI 的信元复用在一起交给物理层，接收端的 ATM 层识别信元的 VPI/VCI，并将各信元送到不同的模块处理。如果 ATM 层识别出信令信元就交由控制平面处理，若为 OAM 信元等则交由管理平面处理。

② 信头操作功能。用户信息的 VPI/VCI 值在建立连接时可由主叫方设置，并由网络节点认可。

③ 流量控制功能。流量控制功能由信元头中的 GFC 字段支持。

ATM 交换分为虚通路交换（VPS）和虚通道交换（VCS）。VPS 指同一个 VP 内的信元都被映射到另一个 VP 内，交换过程中只改变 VPI 的值，VCI 的值保持不变。VCS 是指同一个 VP 内或不同 VP 内的 VC 之间的交换，交换过程中 VPI 和 VCI 的值都改变。ATM 交换机的转发过程及转发映射表如图 5-22 所示。

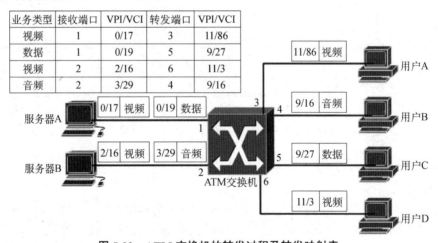

业务类型	接收端口	VPI/VCI	转发端口	VPI/VCI
视频	1	0/17	3	11/86
数据	1	0/19	5	9/27
视频	2	2/16	6	11/3
音频	2	3/29	4	9/16

图 5-22 ATM 交换机的转发过程及转发映射表

（5）ATM 适配层（AAL 层）

发送端把高层传来的数据分割成 48 字节长的 ATM 负载，接收端把 ATM 信元的有效负载重新组装成用户数据包。AAL 层分为以下两个子层。

① 汇聚子层（CS 子层）：提供标准接口。

② 拆装子层（SAR 子层）：对数据进行分段和重装配。

AAL 层可分为四种类型，如表 5-2 所示，对应于 A、B、C、D 四类服务类型。

表 5-2　AAL 层的类型

服务类型	A 类	B 类	C 类	D 类
端到端定时	要求		不要求	
比特率	恒定	可变		
连接模式	面向连接			无连接

（6）ATM 的特点

ATM 可用于广域网、城域网、校园主干网、大楼主干网以及连接计算机等。ATM 与传统的网络技术（例如以太网、令牌环网、FDDI 等）相比，有很大的不同，归纳起来有以下几点。

① ATM 是面向连接的分组交换技术，综合了电路交换和分组交换的优点。

② ATM 允许语音、视频、数据等多种业务信息在同一条物理链路上传输，能在一个网络上用统一的传输方式综合多种业务服务。

③ ATM 为不同的业务类型分配不同等级的优先级，为视频、声音等对时延敏感的业务分配高优先级和足够的带宽。

④ ATM 提供灵活和可变的带宽而不是固定带宽。不同于传统的 LAN 和 WAN 标准，ATM 标准与传输的技术无关。为了提高存取的灵活性和可变性，ATM 支持的速率一般为 155Mbps～9.6Gbps，可以工作在任何一种不同速率的介质上，并可使用不同的传输技术。

⑤ ATM 提供并行的点对点存取而不是共享介质，交换机对端点速率可作适应性调整。

⑥ ATM 以小的、固定长的信元（Cell）为基本传输单位，每个信元的延迟时间是可预计的。

⑦ 通过局域网仿真（LANE），ATM 可以与现有的以太网和令牌环网共存。由于 ATM 网与以太网等现有网络之间存在着很大差异，所以必须通过 LANE、MPOA 和 IP over ATM 等技术才能结合，而这些技术会带来一些局限性，例如影响网络性能和质量保证服务等。

ATM 目前的不足之处是设备昂贵，并且标准还在开发中，未完全确定。此外，ATM 是全新的技术，在网络升级时几乎要换掉现行网络上的所有设备。因此，目前 ATM 在广域网中的应用并不广泛。

5.4　互联网

互联网是目前世界上最大、最重要的计算机网络。互联网的网络层主要包括网际协议（Internet Protocol，IP）、路由协议以及互联网控制报文协议（Internet Control Message Protocol，ICMP）等内容。

5.4.1　IPv4 协议

网际协议目前主要有 IPv4 和 IPv6 版本。到目前为止，互联网仍然以 IPv4 为主，因此在不加以特别说明的情况下，IP 指 IPv4。网际协议定义了如何封装上层协议（例如 UDP、TCP

等）的报文段、互联网网络层寻址（IP 地址）、如何转发 IP 数据报等内容，是互联网网络层最核心的协议。

1. IP 数据报格式

IP 协议规定的内容称为 IP 数据报文（IP Datagram）或者 IP 数据报。IP 数据报由首部（称为报头）和数据两部分组成，首部的前一部分是固定长度，共 20 字节，是所有 IP 数据报必须具有的；首部的固定部分后面是一些可选字段，其长度是可变的。每个 IP 数据报都以一个 IP 报头开始，源主机构造这个 IP 报头，目的主机则利用 IP 报头中封装的信息处理数据。IP 报头中包含大量的信息，例如源 IP 地址、目的 IP 地址、数据报长度、IP 版本号等，每个信息都被称为一个字段。

IPv4 的数据报格式如图 5-23 所示。

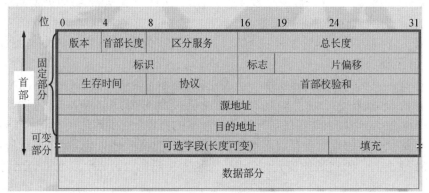

图 5-23　IPV4 的数据报格式

IP 报头的最小长度为 20 字节，每个字段的含义如下。

（1）版本（Version）

版本字段占 4 位，表示 IP 协议的版本，通信双方使用的 IP 协议版本必须一致。目前广泛使用的 IP 协议版本号为 4，即 IPv4。

（2）首部长度（网际报头长度 IHL）

首部长度字段占 4 位，可表示的最大十进制数值是 15。这个字段所表示数的单位是 32 位字长（1 个 32 位字长是 4 字节），因此当 IP 的首部长度为 1111（即十进制数的 15）时，首部长度达到 60 字节。当首部长度不是 4 字节的整数倍时，必须利用最后的填充字段加以填充。

（3）区分服务（ToS）

区分服务字段也被称为服务类型字段，占 8 位，用来获得更好的服务。这个字段在旧标准中叫作服务类型，但实际上一直没有被使用过。只有在使用区分服务时，这个字段才起作用。

（4）总长度（Totlen）

总长度字段是首部和数据的长度之和，单位为字节，占 16 位，因此数据报的最大长度为 $2^{16}-1=65535$ 字节，称为最大传输单元（Maximum Transmission Unit，MTU）。当一个 IP 数据报封装成数据链路层的帧时，此数据报的总长度（即首部加上数据部分）一定不能超过数据链路层所规定的 MTU 值。若所传输的数据报长度超过链路层的 MTU 值，就必须把过长的数据进行分片处理。

（5）标识（Identification）

标识字段用来标识数据报，占 16 位。IP 协议在存储器中维持一个计数器，每产生一个数据报，计数器就加 1，并将此值赋给标识字段。当数据报的长度超过网络的 MTU 而必须分片时，这个标识字段的值就被复制到所有数据报的标识字段中，具有相同的标识字段值的分片报文会被重组成原来的数据报。

（6）标志（Flag）

标志字段占 3 位，第一位未使用，其值为 0。标志字段的第二位称为 DF（不分片），表示是否允许分片，取值为 0 时，表示允许分片；取值为 1 时，表示不允许分片。标志字段的第三位称为 MF（更多分片），表示是否还有分片正在传输，设置为 0 时，表示没有更多分片需要发送，或数据报没有分片。

（7）片偏移（Offsetfrag）

片偏移字段占 13 位，当报文被分片后，该字段标记分片在原报文中的相对位置。片偏移字段以 8 个字节为偏移单位，所以除了最后一个分片，其他分片的偏移值都是 8 字节（64 位）的整数倍。

如图 5-24 所示，数据报的总长度为 3820 字节，数据部分的长度为 3800 字节（IP 首部为固定 20 字节），该数据需要分片传输。假设每片 IP 报文的长度不超过 1420 字节，去掉固定首部，每片报文的数据部分长度不超过 1400 字节。于是分成 3 个数据报片，其数据部分的长度分别为 1400 字节、1400 字节和 1000 字节，原始数据报的首部被复制为各数据报片的首部。

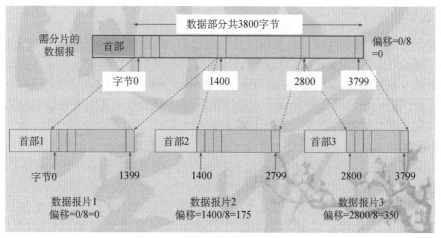

图 5-24　IPV4 数据报分片

（8）生存时间（TTL）

生存时间字段表示数据报在网络中的寿命，占 8 位。该字段由发出数据报的源主机设置，目的是防止无法交付的数据报无限制地在网络中传输，从而消耗网络资源。

路由器在转发数据报之前，先把 TTL 值减 1，若 TTL 值减少到 0，则丢弃这个数据报，不再转发，因此 TTL 值可表明数据报在网络中最多可经过多少个路由器。TTL 的最大数值为 255，若把 TTL 的初始值设为 1，则表示这个数据报只能在本局域网中传输。

（9）协议

协议字段表示该数据报文携带的数据所使用的协议类型，占 8 位。该字段可以方便目的主机的 IP 层知道按照什么协议来处理数据部分。不同的协议有专门不同的协议号。例如，TCP

的协议号为 6，UDP 的协议号为 17，ICMP 的协议号为 1。

（10）首部校验和（Checksum）

首部校验和字段用于校验数据报的首部，占 16 位。数据报每经过一个路由器，首部的字段都可能发生变化（例如 TTL），所以需要重新校验；而数据部分不发生变化，所以不用重新生成校验值。

（11）源地址

源地址字段表示数据报的源 IP 地址，占 32 位。

（12）目的地址

目的地址字段表示数据报的目的 IP 地址，占 32 位，该字段用于校验地址是否正确。

（13）可选字段

可选字段用于一些可选的报头设置，主要用于测试、调试和安全。这些选项包括严格源路由（数据报必须经过指定的路由）、网际时间戳（经过每个路由器时的时间戳记录）和安全限制等。

（14）填充

由于可选字段中的长度不是固定的，使用若干个 0 填充该字段，可以保证整个报头的长度是 32 位的整数倍。

（15）数据部分

数据部分表示传输层的数据，其长度不固定。

2. IP 数据报分片

一个 IP 数据报从源主机到目的主机的传输过程中，可能经过多个运行不同数据链路层协议的网络，例如以太网、IEEE 802.11 无线局域网等。不同数据链路层协议能承载的网络层数据报的最大长度不尽相同，以太网帧可以承载的数据最大长度为 1500 字节，而有一些数据链路层协议所能承载的数据最大长度远小于这个值。网络层数据报作为数据链路层协议帧的有效载荷，其总长度受数据链路的 MTU 限制。

IP 数据报的总长度很少超过 1500 字节。那么，当路由器要将一个 IP 数据报转发至某个输出端口，而该数据报总长度大于该输出端口所连接链路的 MTU 时，路由器会将 IP 数据报进行分片（DF=0 时），或者将其丢弃（DF=1 时）。每一个 IP 分片的各首部字段应如何设置呢？这些 IP 分片都属于同一个数据报，因此这些 IP 分片的协议版本、标识、源 IP 地址、目的 IP 地址等直接继承原 IP 数据报对应字段的值即可。路由器只负责将 IP 数据报进行分片，IP 分片的重组任务由目的主机来完成。

当 IP 分片陆续到达目的主机后，目的主机将这些分片重组，还原成原 IP 数据报，提取上层协议报文段交给上层协议处理。目的主机在重组分片时，首先根据各分片首部的标识字段来判断这些分片是否属于同一个 IP 数据报；其次，目的主机通过各分片首部的标识字段（MF）判断某个分片是否是最后一个分片；最后，目的主机根据各分片的片偏移字段判断各 IP 分片的先后顺序。结合每个 IP 分片首部的数据报长度字段，还可以判断是否缺少 IP 分片（例如某个 IP 分片丢失）。

下面给出一个 IP 分片的实例。在这个例子中，通过 PingPlotter 工具发送了一个总长度为 3800 字节的 IP 数据报，通过 MTU=1500 字节的链路转发，该 IP 数据报被分为 3 个 IP 分片。利用 WireShark 对这次发送过程进行了抓包，抓取结果分别如图 5-25～图 5-27 所示。

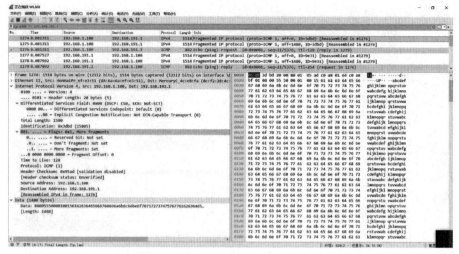

图 5-25　IP 数据报分片（第 1 片）

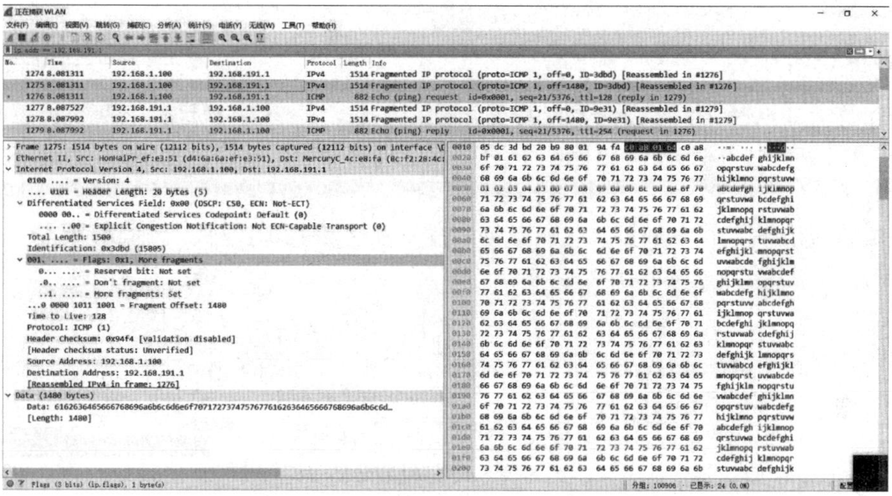

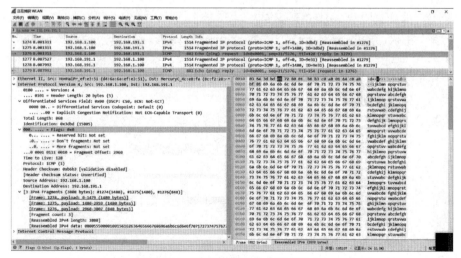

图 5-26　IP 数据报分片（第 2 片）

图 5-27　IP 数据报分片（第 3 片）

5.4.2　IPv4 编制

在以 TCP/IP 为通信协议的网络上，每一台与网络连接的计算机、设备都可称为"主机"（Host）。在互联网上，每一台主机都有一个固定的地址名称，该名称用以表示网络中主机的 IP 地址（域名地址）。IP 地址不但可以用来表示各个主机，而且隐含着网络间的路径信息。在 TCP/IP 网络上的每一台计算机，都必须有一个唯一的 IP 地址。

1. 基本的地址格式

IP 地址共有 32 位，即 4 个字节，由类别、表示网络的 ID 和表示主机的 ID 三部分组成。

为了简化记忆，实际使用 IP 地址时，几乎都将组成 IP 地址的二进制数记为 4 个十进制数（0～255），相邻两个字节的对应十进制数间以"."分隔。通常表示为"mmm.ddd.ddd.ddd"。例如，将二进制 IP 地址"11001010.01100011.01100000.01001100"写成十进制数"202.99.96.76"就可以表示网络中某台主机的 IP 地址。计算机很容易将十进制地址转换为对应的二进制 IP 地址，再供网络互联设备识别。

2. IP 地址的分类

最初设计互联网时，为了便于寻址以及层次化构造，每个 IP 地址包括两个标识码（ID），即网络 ID 和主机 ID。同一个物理网络上的所有主机都使用同一个网络 ID，网络上的一个主机（包括网络上的工作站、服务器和路由器等）有一个主机 ID 与其对应。IP 地址根据网络 ID 的不同分为 A 类地址、B 类地址、C 类地址、D 类地址和 E 类地址，如图 5-28 所示。

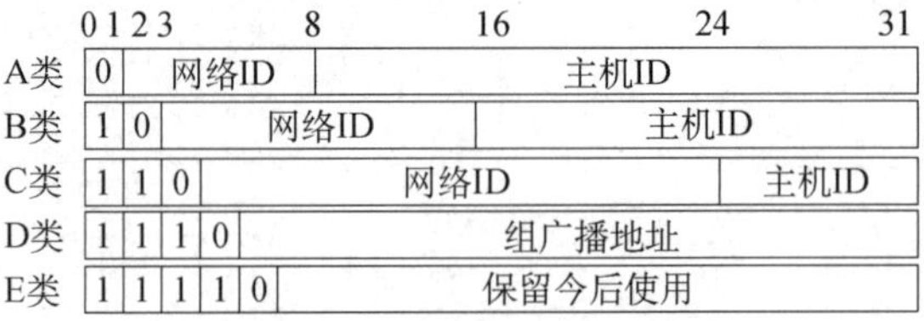

图 5-28　IP 地址的分类

（1）A 类 IP 地址。A 类 IP 地址由 1 字节的网络号和 3 字节的主机号组成，网络号的最高位必须是"0"，地址范围从 1.0.0.0 到 126.255.255.255。可用的 A 类网络有 126 个，每个网络能容纳 1 亿多个主机。

（2）B 类 IP 地址。B 类 IP 地址由 2 字节的网络号和 2 字节的主机号组成，网络号的最高位必须是"10"，地址范围从 128.0.0.0 到 191.255.255.255。可用的 B 类网络有 16382 个，每个网络能容纳 65534 个主机。

（3）C 类 IP 地址。C 类 IP 地址由 3 字节的网络号和 1 字节的主机号组成，网络号的最高位必须是"110"，范围从 192.0.0.0 到 223.255.255.255。C 类网络可达 209 万余个，每个网络能容纳 254 个主机。

（4）D 类 IP 地址。D 类 IP 地址以"1110"开始，是一个专门保留的地址，并不指向特定的网络。目前这一类地址被用在多点广播（Multicast）中，多点广播地址用来寻址一组计算机，表示共享同一协议的一组计算机。

（5）E 类 IP 地址。E 类 IP 地址以"1111"开始。

全零（0.0.0.0）地址对应于当前主机；全"1"的 IP 地址（255.255.255.255）是当前子网

的广播地址。

3. IP 地址换算

所有的十进制数都可以写为 $A×2^7+A×2^6+A×2^5+A×2^4+A×2^3+A×2^2+A×2^1+A×2^0$ 的形式，二进制数只有 0 和 1 两个数值，所以 A 的取值只有 0 和 1 两种情况。

根据逆向倒推原则，IPv4 下所有的十进制数值都可以看作是由 128、64、32、16、8、4、2、1 这八个数字带有系数相加而得。例如 119.198.54.249 要转化为二进制数有如下计算方式：

119=64+32+16+4+2+1，可以写为 119=0×128+1×64+1×32+1×16+0×8+1×4+1×2+1×1，因此 119 转换为 01110111；

198=128+64+4+2，可以写为 198=1×128+1×64+0×32+0×16+0×8+1×4+1×2+0×1，因此 198 转换为 11000110；

54=32+16+4+2，因此 54 转换为 00110110；

249=128+64+32+16+8+1，转换为 11111001。

4. IP 地址的寻址规则

（1）网络寻址规则

① 网络地址必须是唯一的。

② 网络标识不能以数字 127 开头。在 A 类地址中，数字 127 保留给内部回送函数（127.0.0.1 用于回路测试）。

③ 网络标识的第一个字节不能为 255（数字 255 作为广播地址）。

④ 网络标识的第一个字节不能为 0（0 表示该地址是本地主机，不能传输）。

（2）主机寻址规则

① 主机标识在同一网络内必须是唯一的。

② 主机标识的各个位不能都为 1。如果所有位都为 1，则该 IP 地址是广播地址，而非主机地址。

③ 主机标识的各个位不能都为 0。如果所有位都为 0，则表示"只有这个网络"，而这个网络上没有任何主机。

5. 子网和子网掩码

（1）子网

在计算机网络规划中，通过子网技术将单个大网划分为多个子网，并由路由器等网络互联设备连接。子网技术的优点在于融合了不同的网络技术，通过重定向路由来减轻网络拥挤，提高网络性能。

子网划分是指将二级结构的 IP 地址变成三级结构，即"网络号+子网号+主机号"结构。一个 A 类网络可以容纳超过千万台主机，一个 B 类网络可以容纳超过 6 万台主机，一个 C 类网络可以容纳 254 台主机。一个有 1000 台主机的网络需要 1000 个 IP 地址，如果需要申请一个 B 类网络地址，地址空间利用率还不到 2%，而其他网络的主机无法使用这些被浪费的地址。为了减少这种浪费，可以将一个大的物理网络划分为若干个子网。

为了实现更小的广播域并更好地利用主机地址中的每一位，可以把基于类的 IP 网络进一步分成若干个子网，每个子网由路由器界定并分配一个新的子网地址。

（2）子网掩码

如果源主机所在的网络地址等于目的主机所在的网络地址，则为相同网络主机之间的通信。如果源主机所在的网络地址不等于目的主机所在的网络地址，则为不相同网络主机之间的通信。获得一个主机的网络地址需要借助掩码（NetMask），子网掩码（Subnet Mask）用来确定 IP 地址中的网络地址部分，其格式与 IP 地址相同，也是一组 32 位的二进制数。

子网掩码中为"1"的部分对应 IP 地址中的网络地址部分，为"0"的部分对应 IP 地址中的主机地址部分。

子网掩码拓宽了 IP 地址的网络标识部分的表示范围，主要有两部分应用，一是屏蔽 IP 地址的一部分，以区分网络标识和主机标识；二是说明 IP 地址是在本地局域网上，还是在远程网上。

（3）子网划分

子网划分是指通过借用 IP 地址的若干主机位来充当子网地址，从而将原网络划分为若干个子网。划分子网时，随着借用主机位数增多，子网的数目随之增加，每个子网中的可用主机数逐渐减少。以 C 类网络为例，原有 8 位主机位，即有 256 个主机地址，默认子网掩码为255.255.255.0。如果借用 1 位主机位，则产生 2 个子网，每个子网有 126 个主机地址；如果借用 2 位主机位，则产生 4 个子网，每个子网有 62 个主机地址。每个子网中的第一个 IP 地址和最后一个 IP 地址不能分配给主机使用，所以每个子网的可用 IP 地址数为总 IP 地址数减 2。

进行子网划分时，首先要确定划分的子网数以及每个子网的主机数，并求出子网数对应二进制数的位数 N 及主机数对应二进制数的位数 M，即可得出划分子网后的子网掩码。

【例 5-1】将 B 类网络 129.30.0.0 划分为 20 个能容纳 200 台主机的网络，具体步骤如下。

因为 16<20<32，即 $2^4<20<2^5$，所以子网位只占用 5 位主机位就可划分成 32 个子网，可以满足划分成 20 个子网的要求。B 类网络的默认子网掩码是 255.255.0.0，转换为二进制数为11111111.11111111.00000000.00000000。子网占用了 5 位主机位，则划分子网后的子网掩码应该为 11111111.11111111.11111000.00000000，转换为十进制数应该为 255.255.248.0。

现在再来看一看每个子网的主机数。子网中的可用主机位还有 11 位，而 $2^{11}=2048$，去掉主机位全为 0 和全为 1 的情况，还有 2046 个主机位可以分配。按照上述方式划分子网，每个子网能容纳的主机数远大于需求的主机数，造成了 IP 地址资源的浪费。为了更有效地利用资源，也可以根据子网所需主机数来划分子网。网络能容纳 200 台主机即可满足需求，而$2^7<200<2^8$，也就是说，如果保留 8 位主机位，其他 8 位当成子网位，可以将 B 类网络划分成256（2^8）个能容纳 256-2=254 台主机的子网。根据上述方式，划分子网后的子网掩码为11111111.11111111.11111111.00000000，转换成十进制数为 255.255.255.0。

当子网掩码为 255.255.248.0 时，通过计算可得到每个子网的子网号、子网位、子网的网络地址、第一个可用地址、最后一个可用地址和子网广播地址，如表 5-3 所示。

表 5-3 划分成 32 个子网的结果

子网号	子网位	子网的网络地址	第一个可用地址	最后一个可用地址	子网广播地址
0	00000	129.30.0.0	129.30.0.1	129.30.7.254	129.30.7.255
1	00001	129.30.8.0	129.30.8.1	129.30.15.254	129.30.15.255
2	00010	129.30.16.0	129.30.16.1	129.30.23.254	129.30.23.255

子网号	子网位	子网的网络地址	第一个可用地址	最后一个可用地址	子网广播地址
3	00011	129.30.24.0	129.30.24.1	129.30.31.254	129.30.31.255
……	……	……	……	……	……
31	11111	129.30.248.0	129.30.248.1	129.30.255.254	129.30.255.255

当子网掩码为 255.255.255.0 时，通过计算可得到每个子网的子网号、子网位、子网的网络地址、第一个可用地址、最后一个可用地址和子网广播地址，如表 5-4 所示。

表 5-4　划分成 256 个子网的结果

子网号	子网位	子网的网络地址	第一个可用地址	最后一个可用地址	子网广播地址
0	00000000	129.30.0.0	129.30.0.1	129.30.0.254	129.30.0.255
1	00000001	129.30.1.0	129.30.1.1	129.30.1.254	129.30.1.255
2	00000010	129.30.2.0	129.30.2.1	129.30.2.254	129.30.2.255
3	00000011	129.30.3.0	129.30.3.1	129.30.3.254	129.30.3.255
……	……	……	……	……	……
255	11111111	129.30.255.0	129.30.255.1	129.30.255.254	129.30.255.255

在上例中，我们分别根据子网数和主机数划分了子网，得到了两种不同的结果，都能满足要求。实际上，占用 5～8 位主机位时所得到的子网都能满足上述要求，那么在实际工作中，应按照什么原则来决定占用几位主机位呢？

【例 5-2】某单位申请到一个 C 类网 202.119.102.0，希望建 10 个子网，每个子网约 10 台主机。在这种情况下，可以考虑子网占用 4 位主机位，得到的子网掩码为 255.255.255.240。划分成 10 个子网的结果如表 5-5 所示。

表 5-5　划分成 10 个子网的结果

子网号	子网位	子网的网络地址	第一个可用地址	最后一个可用地址	子网广播地址
1	0001	202.119.102.16	202.119.102.17	202.119.102.30	202.119.102.31
2	0010	202.119.102.32	202.119.102.33	202.119.102.46	202.119.102.47
3	0011	202.119.102.48	202.119.102.49	202.119.102.62	202.119.102.63
4	0100	202.119.102.64	202.119.102.65	202.119.102.78	202.119.102.79
5	0101	202.119.102.80	202.119.102.81	202.119.102.94	202.119.102.95
6	0110	202.119.102.96	202.119.102.97	202.119.102.110	202.119.102.111
7	0111	202.119.102.112	202.119.102.113	202.119.102.126	202.119.102.127
8	1000	202.119.102.128	202.119.102.129	202.119.102.142	202.119.102.143
9	1001	202.119.102.144	202.119.102.145	202.119.102.158	202.119.102.159
10	1010	202.119.102.160	202.119.102.161	202.119.102.174	202.119.102.175

【例 5-3】有一个 C 类网络 193.1.1.0，现在要借 3 位主机 ID 作子网 ID。则这个网络可划分几个子网？每个子网的网络 ID 范围、子网掩码和子网广播地址是什么？

【解】193.1.1.0 的二进制数形式为 11000001.00000001.00000001.00000000；

新的子网掩码（二进制数）为 11111111.11111111.11111111.11100000；

新的子网掩码（十进制数）为 255.255.255.224。

借出的 3 位主机位有八种表示形式，分别是 000、001、010、011、100、101、110、111，其中 000 和 111 不能使用，所以一共可以划分 6 个子网。每个子网的网络 ID、广播地址、有效 IP 地址如表 5-6 所示。

表 5-6　划分成 6 个子网的结果

子网的网络 ID（二进制数）	子网的网络 ID（十进制数）	子网的广播地址	子网的有效 IP 地址
11000001.00000001.00000001.00100000	193.1.1.32/27	193.1.1.63	193.1.1.33～193.1.1.62
11000001.00000001.00000001.01000000	193.1.1.64/27	193.1.1.95	193.1.1.65～193.1.1.94
11000001.00000001.00000001.01100000	193.1.1.96/27	193.1.1.127	193.1.1.97～193.1.1.126
11000001.00000001.00000001.10000000	193.1.1.128/27	193.1.1.159	193.1.1.129～193.1.1.158
11000001.00000001.00000001.10100000	193.1.1.160/27	193.1.1.191	193.1.1.161～193.1.1.190
11000001.00000001.00000001.11000000	193.1.1.192/27	193.1.1.223	193.1.1.193～193.1.1.222

6. 可变长子网掩码

可变长子网掩码（VLSM）提供了在一个主类（A 类、B 类、C 类）网络内包含多个子网掩码的能力，可以对一个子网再进行子网划分。VLSM 表示法和网络地址确定法如图 5-29 和图 5-30 所示。

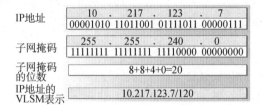

图 5-29　可变长子网掩码表示法

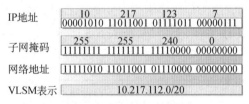

图 5-30　可变长子网掩码网络地址确定法

7. 无分类编址

分类的 IP 地址进行子网划分，在一定程度上缓解了 IP 地址的浪费。这种方法中每个子网可用 IP 地址是一样多的，现实中子网有大有小，IP 地址仍然有浪费。国际互联网工程任务组（Internet Engineering Task Force，IETF）采用无分类编址（Classless Inter-Domain Routing，CIDR）的方法来解决地址匮乏的问题。CIDR 消除了传统的 A 类、B 类和 C 类地址以及划分子网的概念，因而能更有效地分配 IPv4 的地址空间，并且可以在新的 IPv6 使用之前容许互联网的规模继续增长。CIDR 使用各种长度的网络前缀来代替分类地址中的网络号和主机号。CIDR 不再使用子网的概念，而是用网络前缀来表示地址块。CIDR 仍使用用斜线记法，例如190.33.0.0/24 表示在 32 位的 IP 地址中，前 24 位表示网络前缀（即网络号），后 8 位表示主机号。

CIDR 将网络前缀都相同的连续 IP 地址组成 CIDR 地址块，一个 CIDR 地址块是由地址块的起始地址决定的（类似于分类地址中的网络地址）。190.33.0.0/24 地址块的最小地址为

190.33.0.0，最大地址为 190.33.0.255，即主机号分别为全 0 和全 1，这两个地址一般不使用，通常将这两个地址之间的地址分配给主机。

随着互联网规模不断增大，路由表增长很快，如果所有的 C 类地址都在路由表中占一行，这样路由表就太大了，其查找速度将无法达到满意的程度。CIDR 技术就是解决这个问题的，它可以把若干个 C 类网络分配给一个用户，并且在路由表中只占一行，这是一种将大块的地址空间合并为少量路由信息的策略。

在使用 CIDR 时，由于采用了网络前缀这种记法，IP 地址由前缀和主机号两部分组成，因此在路由表中的项目也有相应的改变。在查找路由表时可能会得到不止一个匹配结果，这样就无法从结果中选择正确的路由。因此，路由发布要遵循"最大匹配"的原则，要包含所有可以到达的主机地址。

例如，196.24.3.0/24 和 196.24.8.0/21 进行聚合，这两个地址块可表示为 11000100.00011000.00000011.00000000 和 11000100.00011000.00001000.00000000。最大匹配的结果是两个地址块聚合成 196.24.0.0/20。

【例 5-4】一个 B 类网络为 162.32.0.0，需要配置 1 个能容纳 32000 台主机的子网、15 个能容纳 2000 台主机的子网和 8 个能容纳 254 台主机的子网。如果是你网络管理员，试给出你的划分方案并予以说明。

【解】（1）假设借出 M 位，$N=16$，根据公式 $2^M-2>0$、$2^{16-M}-2>30000$（M 为不为 0 的自然数）得到 $M=1$、$2^1-2=0$，故子网位为全 0 和全 1 的子网可以使用。

1 个能容纳 32000 台主机的子网用主机号中 1 位进行子网划分，产生 2 个子网 162.32.0.0/17 和 162.32.128.0/17，这个子网划分允许每个子网有多达 32766 台主机。选择 162.32.0.0/17 作为网络号能满足第一个子网的要求，新的子网掩码为 255.255.128.0。

（2）162.32.128.0/17 子网能满足第二个子网的要求，此时 $N=15$。根据公式 $2^M>15$、$2^{15-M}-2>2000$ 得到 $M=4$，即可以划分成 16 个子网 162.32.128.0/21、162.32.136.0/21、……、162.32.240.0/21、162.32.248/21。从这 16 个子网中选择前 15 个子网就可以满足需求，新的子网掩码为 255.255.248.0。

（3）162.32.248/21 子网能满足第三个子网的要求，此时 $M=11$。根据公式 $2^M>8$、$2^{11-M}-2>254$ 得到 $M=3$。

用主机号中的 3 位对子网 162.32.248.0/21 进行划分，可以产生 8 个子网。每个子网的网络地址位 162.32.248.0/24、162.32.249.0/24、……、162.32.255.0/24，每个子网可以包含 254 台主机。

5.4.3　企业中 IP 地址的规划原则

随着网络的发展，越来越多的企业都组建了内部局域网来实现自动化无纸办公等高效率、低成本的运营和管理。很多新成立的中小企业以及一些以前没有组网的老企业也纷纷组建企业局域网，企业中"无网不利"已经成为大势所趋。但是这些企业原来并没有网络管理和规划的经验，很多新上任的网络管理员对 IP 地址的规划和管理不够重视，以至于在需要扩展网络或增加服务时造成很多不便，而且随着时间的推移，日常的维护管理也会逐渐增加难度。所以，IP 地址的分配和管理等方面要遵循几个基本规则。

（1）体系化编址

体系化其实就是结构化、组织化，根据企业的具体需求和组织结构对整个网络地址进行有条理的规划。一般这个规划的过程是由大局、整体着眼，然后逐级由大到小分割、划分的。从网络总体来说，相邻或者具有相同服务性质的主机或办公群落在 IP 地址上是连续的，在各个区块的边界路由设备上便于进行有效的路由汇总，使整个网络的结构清晰，路由信息明确，也能减小路由器中的路由表。每个区域的地址与其他的区域地址相对独立，也便于灵活管理。

（2）可持续扩展性

在初期规划时要为将来的网络拓展考虑，眼光要放得长远一些，在将来很可能增大规模的区块中要留出较大的余地。IP 地址最开始是按有类划分的，A、B、C 各类标准网段都只能严格按照规定使用地址。到了无类阶段，由于可以自由规划子网的大小和实际的主机数，地址资源分配更加合理，无形中增大了网络的可拓展性。虽然在网络初期的一段时间里，未合理考虑余量的 IP 地址规划也能满足需要，但是当一个局部区域出现高增长，或者整体的网络规模不断增大时，必须重新部署局部甚至整体的 IP 地址，这在中、大型网络中绝不是一个轻松的工作。

（3）按需分配公网 IP

相对于私有 IP 而言，公网 IP 是不能由自己完全做主的，而是互联网接入服务商（Internet Server Provider，ISP）等机构统一分配和租用的。这就造成了公网 IP 要稀缺得多，所以公网 IP 必须按实际需求来分配。例如，对外提供服务的服务器群组区域不仅要够用，还得预留出余量；员工部门等仅需要浏览互联网等基本需求的区域可以通过 NAT（网络地址转换）来多个节点共享一个或几个公网 IP。公网 IP 具体的分配必须根据实际的需求进行合理的规划。

（4）静态和动态分配地址的选择

第一，动态分配地址是由 DHCP 服务器分配的，便于集中化统一管理，并且每一个新接入的主机都能够通过非常简单的操作获得 IP 地址、子网掩码、缺省网关、DNS 等参数，在管理的工作量上比静态地址要少很多，而且越大的网络越明显。静态分配地址正好相反，需要先指定好哪些主机要用到哪些 IP 地址，绝对不能重复，然后再去客户主机上设置必要的网络参数，并且当主机区域迁移时，还要释放 IP 地址，并分配新的区域 IP 地址和配置网络参数。这需要一张详细记录 IP 地址资源使用情况的表格，并且要根据变动实时更新，否则很容易出现 IP 地址冲突等问题。但是在一些特定的区块，每台服务器都有一个固定的 IP 地址，这在绝大多数情况下都是必需的。当然也可以使用 DHCP 的地址绑定功能或者动态域名系统来实现类似的效果。

第二，动态分配 IP 地址可以做到按需分配地址，当一个 IP 地址不被主机使用时，能释放出来供别的新接入主机使用，这样可以在一定程度上高效利用 IP 资源。DHCP 的地址池只要能满足同时使用的 IP 峰值即可。静态分配地址必须考虑更大的使用余量，很多临时不接入网络的主机并不会释放 IP 地址，而且由于是临时性地断开和接入，手动去释放和添加 IP 地址等参数明显是受累不讨好的工作，所以必须使用更大的 IP 地址段，确保有足够的 IP 资源。

第三，动态分配地址要求网络中必须有一台或几台稳定且高效的 DHCP 服务器。当 IP 管理和分配集中时，故障点也相应集中起来，只要网络中的 DHCP 服务器出现故障，整个网络都有可能瘫痪。另外，客户机在与 DHCP 服务器通信时，地址申请、续约和释放等都会产生一定的网络流量。静态分配地址就没有上面的这两个缺点，而且比动态分配地址更加容易定位故障点。在大多数情况下，企业在使用静态地址分配时，都会有一张 IP 地址资源使用表，所有主机和特定 IP 地址都会一一对应起来，出现故障或者对某些主机进行控制管理时比动态分配地址要简单得多。

5.4.4　IPv6

IPv4 的地址空间为 32 位，理论上可支持约 40 亿个 IP 地址，但是由于按 A、B、C 地址类型的划分，导致了大量的地址浪费。一个使用 B 类地址的网络可包含 65534 个主机，对于大多数机构都太多了，很难充分利用如此多的地址，造成了 IP 地址的大量闲置，例如 IBM 就占用了约 1700 万个 IP 地址。

目前，A 类和 B 类地址已经耗尽，虽然 C 类地址还有余量，但占用 IP 地址的设备已由互联网早期的大型机变为数量巨大的 PC 机，而且随着网络技术的发展，数量更加巨大的家电产品也存在着对 IP 地址潜在的巨大需求，IPv4 在数量上已不能满足需要。鉴于上述状况，1992 年 7 月，IETF 在波士顿的会议上发布了征求下一代 IP 协议的计划，于 1994 年 7 月选定了 IPv6 作为下一代 IP 标准。

IPv6 继承了 IPv4 的优点，吸取了 IPv4 长期运行积累的成功经验，拟从根本上解决 IPv4 地址枯竭和路由表急剧膨胀两大问题，并且在安全性、移动性、QoS、数据处理效率、多播、即插即用等方面进行了革命性的规划，IPv6 取代 IPv4 已是必然趋势。

1. IPv6 的新增功能

IPv6 是互联网的新一代通信协议，在兼容了 IPv4 的所有功能的基础上，增加了一些更新的功能。相对于 IPv4，IPv6 主要有如下改进。

（1）地址扩展。IPv6 的地址空间由原来的 32 位增加到 128 位，确保加入互联网的每个设备的端口都可以获得一个 IP 地址，并且 IP 地址也定义了更丰富的地址层次结构和类型，增加了地址动态配置功能。IPv6 还考虑了多播通信的规模大小，在多播通信地址内定义了范围字段。作为一个新的地址概念，IPv6 引入了任播地址。任播地址是指 IPv6 地址描述的同一通信组中的一个点。此外，IPv6 取消了 IPv4 中地址分类的概念。

（2）地址自动配置。IPv6 的地址为 128 位，若像 IPv4 一样手工配置地址，是不可想象的。IPv6 支持地址自动配置，这是一种关于 IP 地址的即插即用机制。IPv6 有两种地址配置方式，即状态地址自动配置和无状态地址自动配置。

（3）简化了 IP 报头的格式。为了降低报文的处理开销和占用的网络带宽，IPv6 对 IPv4 的报头格式进行了简化。

（4）可扩展性。IPv6 改变了 IPv4 报头的设置方法，从而改变了操作位在长度方面的限制，使得用户可以根据新的功能要求设置不同的操作。IPv6 支持扩展选项的能力，在 IPv6 中选项不属于报头的一部分，其位置处于报头和数据域之间。由于大多数 IPv6 选项在 IP 数据报传输过程中不需要路由器检查和处理，提高了拥有选项的数据报通过路由器时的性能。

（5）服务质量。IPv6 的报头结构中新增了优先级域和流标签域。优先级有 8 比特，可定义 256 个优先级，为根据数据报的紧急程度确定其传输的优先级提供了手段。

（6）安全性。IPv6 定义了实现协议认证、数据完整性、数据加密所需的有关功能。

（7）流标号。为了处理实时服务，IPv6 报文中引入了流标号位。

（8）域名解析。IPv4 和 IPv6 的 DNS 体系和域名空间是一致的，即 IPv4 和 IPv6 共同拥有统一的域名空间。在向 IPv6 过渡阶段，一个域名可能对应多个 IPv4 和 IPv6 地址。

2. IPv6 的地址结构

IPv6 用 128 个二进制位来描述一个 IP 地址，理论上有 2^{128} 个 IP 地址，即使按保守方法估算 IPv6 实际可分配的地址，地球表面每平方厘米的面积上也可分配到数以亿计的 IP 地址。显然，在可预见的时期内，IPv6 地址耗尽的机会是很小的，其巨大的地址空间足以为所有网络设备提供一个全球唯一的地址。

（1）地址表示

IPv6 的 128 位地址以 16 位为一个分组，每个分组写成 4 个十六进制数，中间用冒号分隔，称为冒号分十六进制格式，例如 FEAD:BA98:0054:0000:0000:00AE:7654:3210。

IPv6 地址中每个分组中的前导零位可以省略，但每个分组至少要保留一位数字。如上例中的 IPv6 地址也可表示为 FEAD:BA98:54:0:0:AE:7654:3210。

若地址中包含很长的零序列，还可以将相邻的连续零位合并，用双冒号“::”表示。“::”在一个地址中只能出现一次，该符号也用来压缩地址头部和尾部相邻的连续零位。例如地址 1080:0:0:0:8:800:200C:417A 和 0:0:0:0:0:0:0:1 分别可表示为 1080::8:800:200C:417A 和::1。

在 IPv4 和 IPv6 混合环境中，也可采用 x:x:x:x:x:x:d.d.d.d 形式来表示 IPv6 地址，x 表示用十六进制数表示的分组，d 表示用十进制数表示的分组。例如 0:0:0:0:0:0:202.1.68.8 和::FFFF:129.144.52.38。

在 URL 中使用 IPv6 地址要用“[”和“]”来封闭，例如 http://[DC:98::321]:8080/index.htm。

（2）地址类型

IPv6 地址分为单播、任意播和多播，IPv6 没有广播地址。各类分别占用不同的地址空间，所有类型的 IPv6 地址都被分配到接口。一个接口可以被分配任何类型的多个 IPv6 地址，包括单播、任意播、多播或一个地址范围。IPv6 依靠地址头部的标识符识别地址的类别。

单播（Unicast）。单播地址是单一接口的地址，发往单播地址的包被送给该地址所标识的接口。若节点有多个接口，则任一接口的单播地址都可以标识该节点。

任意播（Anycast）。任意播地址是一组接口的地址标识，发往任意播地址的数据包仅被发送给该地址标识的接口之一，通常是距离最近的一个地址。任意播地址不能作为源地址，只能作为目的地址，不能分配给主机，只能分配给路由器。

多播（Multicast）。多播地址是一组接口的地址标识，发往多播地址的包将被送给该地址标识的所有接口。地址开始的“11111111”表示该地址为多播地址，地址格式如图 5-31(a)所示。由于 112 比特可表示 2^{112} 个组，数量巨大，因而 IPv6 工作组建议使用如图 5-31(b)所示的组地址格式。

8比特	4比特	4比特	112比特
11111111	标志	范围	Group IP

(a) IPv6多播地址格式

8比特	4比特	4比特	80比特	32比特
11111111	标志	范围	保留，全为0	Group IP

(b) IPv6工作组建议使用的组地址格式

图 5-31　多播地址格式

（3）地址分配

IPv6 与 IPv4 的地址分配方式不同，在 IPv4 中 IP 地址是用户拥有的，即用户一旦申请到 IP 地址空间，就可以永远使用该地址空间。这种方式导致随着用户数的增加，出现大量无法归纳的特殊路由条目。

IPv6 采用了和 IPv4 不同的地址分配方式，将地址从用户拥有变成了 ISP 拥有。全球网络地址由互联网编号分配机构（Internet Assigned Numbers Authority，IANA）分配给 ISP，用户的 IP 地址是 ISP 地址空间的子集。用户改变 ISP 时，要使用新 ISP 为其提供新的 IP 地址，这样能有效控制路由信息的增加，避免路由爆炸现象的出现。

根据 IPv6 工作组的规定，IPv6 地址空间的管理必须符合互联网团体的利益，必须通过一个中心权威机构来分配，目前这个权威机构就是 IANA。IANA 会根据互联网架构委员会（Internet Architecture Board，IAB）的建议来进行 IPv6 地址的分配。

3. IPv4 向 IPv6 的转换

IPv4 和 IPv6 会在相当长的一段时间内共存，如何提供平稳的转换机制已经成为一个重要的问题。目前已提出了许多转换机制，有些技术上已十分成熟。IETF 推荐了双协议栈技术、隧道技术、地址转换技术等作为未来的转换技术。

（1）双协议栈技术

双协议栈技术使 IPv6 网络节点同时支持 IPv4 和 IPv6 协议，具有一个 IPv4 和一个 IPv6 栈。若一台主机同时支持 IPv6 和 IPv4 协议，就可以和分别支持 IPv4 和 IPv6 协议的主机通信。IPv6/IPv4 双协议栈结构如图 5-32 所示。

应用层协议	
TCP或UDP	
IPv6协议	IPv4协议
数据链路层协议	
物理层协议	

图 5-32　IPv6/IPv4 双协议栈结构

（2）隧道技术

隧道技术将 IPv6 数据包作为数据封装在 IPv4 数据包中，使 IPv6 数据包在 IPv4 设施上传输。隧道技术的优点在于隧道的透明性，IPv6 主机之间的通信可以忽略隧道的存在，隧道只起到物理通道的作用，缺点是不能实现 IPv4 主机和 IPv6 主机之间的通信。

（3）地址转换技术

地址转换技术将 IPv4 地址和 IPv6 地址分别看作私有地址和公有地址，或者相反。如果内部的 IPv4 主机要和外部的 IPv6 主机通信，地址转换设备将 IPv4 地址转换成 IPv6 地址，并维护一个 IPv4 与 IPv6 地址的映射表。地址转换技术可以解决 IPv4 主机和 IPv6 主机之间的互通问题。

5.4.5　NAT

目前，IP 地址正逐渐耗尽，要想在 ISP 处申请一个新的 IP 地址已不是一件很容易的事，解决这一问题的方法之一就是使用网络地址转换服务。

当一个私有网络要通过互联网注册的公有 IP 连接到外网时，位于内部网络和外部网络间的 NAT 路由器负责在发送数据包之前把内部 IP 转换成外部的合法 IP 地址，使内部网络可以使用相同的注册 IP 地址访问互联网，这样就可以减少注册 IP 地址的使用。

1. 私有地址

私有地址（Private Address）属于非注册地址，是专门为组织机构内部使用而划定的。使用私有 IP 地址是无法直接连接到互联网的，如表 5-7 所示。

表 5-7　私有 IP 地址

私有 IP 地址范围	子网掩码
10.0.0.0～10.255.255.255	255.0.0.0
172.16.0.0～172.31.255.255	255.255.0.0
192.168.0.0～192.168.255.255	255.255.255.0

虽然私有 IP 地址无法直接连接到互联网，但可以通过防火墙、NAT 路由器等设备或特殊软件的帮助间接连接到互联网。

2. NAT 的定义

NAT 是将一个地址域（例如专用 Intranet）映射到另一个地址域（例如互联网）的标准方法，允许一个 IP 地址以一个公有 IP 地址出现在互联网上。NAT 可以将内部网络中的所有节点的私有地址转换成一个公有 IP 地址，反之亦然。它也可以应用到防火墙技术中，把个别 IP 地址隐藏起来不被外部发现，使外部无法直接访问内部网络设备。

3. NAT 的工作原理

NAT 服务器存在于内部和外部网络接口中，只有当内、外网络之间进行数据传输时，才进行地址转换。如果地址转换必须依赖手工建立的内、外部地址映射表来运行，则称为静态网络地址转换。如果 NAT 映射表是由 NAT 服务器动态建立的，对网络管理员和用户是透明的，则称为动态网络地址转换。此外，还有一种服务与动态 NAT 类似，它不但会改变经过这个 NAT 设备的 IP 地址，还会改变 TCP/IP 端口，这一服务被称为网络地址端口转换。

（1）静态网络地址转换

静态网络地址转换是一种 1:1 的转换模式，仅将需要访问外网的内部私有地址分配一个公有 IP 地址，转换过程如图 5-33 所示。

① 在 NAT 服务器上建立静态 NAT 映射表。

② 当内部主机（IP 地址为 192.168.16.10）需要建立一条到互联网的会话时，首先将请求发送到 NAT 服务器上。NAT 服务器接收到请求后，会根据接收到的请求检查 NAT 映射表。

③ 如果已为该地址配置了静态地址转换，NAT 服务器就使用相对应的公有 IP 地址，并转发数据，否则 NAT 服务器不对地址进行转换，直接将数据丢弃。这里 NAT 服务器使用 202.96.128.2 来替换内部私有 IP 地址 192.168.16.10。

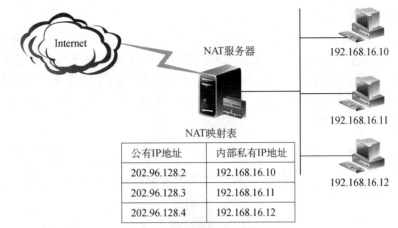

图 5-33 静态网络地址转换过程

④ 互联网上的主机接收到数据后进行应答（这时主机接收到的是 202.96.128.2 的请求）。

⑤ 当 NAT 服务器接收到来自互联网上的主机的数据后，检查 NAT 映射表。如果 NAT 映射表存在匹配的映射项，则使用内部私有 IP 地址替换数据的目的 IP 地址，并将数据转发给内部主机。如果不存在匹配映射项则将数据丢弃。

（2）动态网络地址转换

动态网络地址转换是一种 m:n 的转换模式，即 m 个内部 IP 地址动态转换为 n 个外部公有 IP 地址，一般情况下，$m \geqslant n$。动态网络地址转换过程如图 5-34 所示。

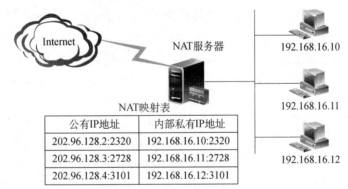

图 5-34 动态网络地址转换过程

① 当内部 IP 地址为 192.168.16.10 的主机需要建立一条到互联网的会话时，首先将请求发送到 NAT 服务器，NAT 服务器接收到请求后，根据接收到的请求数据检查 NAT 映射表。

② 如果还没有为该内部主机建立地址转换映射项，NAT 服务器就对该地址进行转换，建立 192.168.16.10:2320～202.96.128.2:2320 的映射项，并记录会话状态。如果已经存在该映射项，则 NAT 服务器利用转换后的地址发送数据到互联网主机上。

③ 互联网主机接收到信息后进行应答，并将应答信息回传给 NAT 服务器。

④ 当 NAT 服务器接收到应答信息后，检查 NAT 映射表。如果 NAT 映射表存在匹配的映射项，则使用内部私有 IP 地址替换数据的目的 IP 地址，并将数据转发给内部主机。如果不存在匹配映射表则将数据丢弃。

（3）网络地址端口转换

网络地址端口转换是一种特殊的 NAT 服务，是一种 *m*:1 的转换模式，这种技术也叫"伪装"，因为用一个服务器的公有 IP 地址可以把子网中所有主机的 IP 地址都隐藏起来。如果子网中多个主机同时通信，还要对端口号进行翻译，所以这种技术经常被称为网络地址和端口翻译（Network Address Port Translation，NAPT）。在很多 NAPT 实现中专门保留一部分端口号给"伪装"使用，叫作"伪装端口号"，如图 5-35 所示。

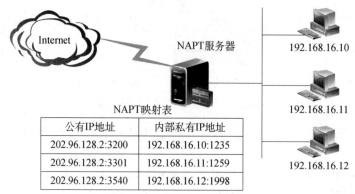

NAPT 映射表

公有IP地址	内部私有IP地址
202.96.128.2:3200	192.168.16.10:1235
202.96.128.2:3301	192.168.16.11:1259
202.96.128.2:3540	192.168.16.12:1998

图 5-35　网络地址端口转换过程

（1）当内部 IP 地址为 192.168.16.10、端口号为 1235 的主机需要与互联网上的 IP 地址为 202.18.4.6、端口号为 2350 的主机建立连接时，首先将请求发送到 NAPT 服务器。NAPT 服务器接收到请求后，会根据接收到的请求检查 NAPT 映射表。

（2）如果还没有为该内部主机建立地址转换映射项，NAT 服务器就会决定对该地址进行转换。

（3）互联网主机接收到信息后，进行应答，并将应答信息回传给 NAPT 服务器。

（4）当 NAPT 服务器接收到应答信息后，检查 NAPT 映射表。如果 NAPT 映射表存在匹配的映射项，则使用内部私有 IP 地址替换数据中的目的 IP 地址，并将数据转发给内部主机。如果不存在匹配映射项则丢弃该数据。

从本质上说，网络地址端口转换不是简单的 IP 地址之间的映射，而是网络套接字映射。网络套接字由 IP 地址和端口号组成，当多个不同的内网私有地址映射到同一个内网公有地址时，可以使用不同的端口号来区分它们。

5.5　路由选择协议

路由选择涉及到不同的路由选择算法和路由选择协议，要相对复杂一些。为了判定最佳路径，路由选择算法要启动并维护包含路由信息的路由表，其中路由信息根据所用的路由选择算法不同而不尽相同。路由选择算法将收集到的不同信息填入路由表中，将目的网络与下一跳（Next Top）的关系告诉路由器，路由器之间互相通信来更新和维护路由表，使之正确反映网络的拓扑变化，并由路由器根据路由表上的量度来确定最佳路径，这就是路由选择协议

（Routing Protocol），例如路由信息协议（RIP）、开放式最短路径优先协议（OSPF）、边界网关协议（BGP）等。

转发是指沿着寻找好的最佳路径传输信息分组，路由器首先在路由表中查找，判断是否知道如何将分组发送到下一站点，例如路由器或者主机。如果路由器不知道如何发送分组，通常将该分组丢弃，否则就根据路由表的相应表项将分组发送到下一个站点。如果目的网络直接和路由器相连，路由器会把分组直接送到相应端口上，这就是路由转发协议（Routed Protocol），也称为被路由协议。

路由转发和路由选择是相互配合又相互独立的概念，前者使用后者维护的路由表，后者也要利用前者的功能来发布路由协议和分组。不过，通常提到的路由协议都是指路由选择协议。

5.5.1　路由选择算法

按照能否自动随网络拓扑结构的改变调整自己的路由表，可将路由选择算法分为两类：静态路由和动态路由。

1. 静态路由

静态路由又称为非自适应路由，是指在路由器中设置固定的路由表。除非管理员干预，否则静态路由不会发生变化。静态路由不能对网络的改变做出反应，因此一般用于网络规模不大且拓扑结构固定的网络中。

静态路由选择有以下几个优点。

（1）不需要动态路由选择协议，减少了路由器的日常开销。

（2）很容易在小型互联网络上配置。

（3）可以控制路由选择。

总体来说，静态路由的优点是简单、高效、可靠，在所有的路由中，静态路由的优先级别最高。当动态路由和静态路由发生冲突时，以静态路由为准。

2. 动态路由

动态路由又称为自适应路由，是从其他路由器中周期性地获得路由信息而生成的，具有根据网络拓扑结构的变化自动更新路由的能力，具有较强的容错能力，这种能力是静态路由不具备的。同时，动态路由多应用于大型网络，因为使用静态路由管理大型网络的工作过于繁杂且容易出错。

动态路由也有多种实现方法。目前在 TCP/IP 协议中使用的动态路由主要有距离矢量路由选择协议（Distance-Vector Routing Protocol）和链路状态路由选择协议（Link-State Routing Protocol）。

（1）距离矢量路由选择协议

距离矢量路由选择协议也称为 Bellman-Ford 算法，它使用到远程网络的距离求最佳路径，每经过一个路由器为一跳，将到目的网络最少跳数的路由确定为最佳路径。

距离矢量路由选择算法定期向相邻路由器发送自己完整的路由表，相邻路由器将收到的路由表与自己的路由表合并以更新自己的路由表。距离矢量路由选择算法仅使用跳数来确定到达远程网络的最佳路径，若发现不止一条路径能到达目的网络且跳数相同，则自动执行循环负载平衡。

（2）链路状态路由选择协议

基于链路状态的路由选择协议也被称为最短路径优先算法（SPF），其目的是映射互联网的拓扑结构。

每个链路状态路由器提供相邻路由器的拓扑结构信息，包括路由器所连接的链路和链路状态。拓扑结构信息在网络上广播的目的是使所有路由器可以接收到第一手信息。链路状态路由器并不会广播路由表内的所有信息，仅发送已经变化的路由信息。链路状态路由器向相邻路由器发送的呼叫消息称为链路状态数据包（LSP）或者链路状态通告（LSA），相邻路由器将 LSP 复制到自己的路由表中，并传递信息到网络的剩余部分，这个过程称为洪泛（Flooding）。

5.5.2 内部网关协议

内部网关协议（Interior Gateway Protocol，IGP）是在一个自治系统内交换路由信息的协议。互联网被分成多个域，每个域是一组主机和使用相同路由选择协议的路由器集合，并由单一机构管理，这个网络管理区域被称为自治系统（Autonomous System，AS）。

常见的内部网关协议有基于距离矢量路由选择算法的路由信息协议和基于链路状态路由选择算法的开放最短路径优先协议等。

1．路由信息协议

路由信息协议（Routing Information Protocol，RIP）是内部网关协议中应用最广泛的一种基于距离矢量的路由协议。

RIP 路由器收集所有可到达目的网络的不同路径，并且保存最少站点数的路径信息，除到达目的网络的最佳路径外，任何其他信息均予以丢弃。同时，路由器也把收集的路由信息用 RIP 协议通知相邻的路由器，这样，正确的路由信息逐渐扩散到了整个互联网。

RIP 的使用非常广泛，具有简单、可靠、便于配置等优点。RIP 路由器定期更新来自相邻路由器之间交换的路由信息，每 30 秒发送一次路由信息。RIP 允许的最大跳数为 15，任何超过 15 跳的目的网络均被标记为不可达，因此产生的网络流量较大，会消耗很多带宽。但是，如果网络环境很简单，则路由信息协议消耗的带宽也很少，因此 RIP 只适用于小型的同构互联网。

使用 RIP 进行动态路由配置的路由表包含目的网络、距离、下一跳地址等。在初始状态，网络中的每个路由器仅知道直接连接网络的路由。RIP 网络中所有的路由器对相邻路由器发来的 RIP 分组进行如下操作。

（1）对 IP 地址为 A 的相邻路由器发来的 RIP 分组，先修改分组中的所有项目，将"下一跳地址"字段中的 IP 地址都改为 A，并把所有"距离"字段的值加 1。

（2）对修改后的 RIP 分组中的每一个项目，进行如下操作。

① 如果原来路由表中没有目的网络，则把该项目添加到路由表中。

② 如果原来路由表中有目的网络，则查看下一跳 IP 地址，若下一跳 IP 地址是 A，则用

收到的项目替换原来路由表中的项目，否则执行③。

③ 如果收到的项目中的距离小于路由表中的距离，则进行更新，否则不进行任何操作。

（3）若 3 分钟内没有收到相邻路由器的更新路由表，则把下一跳 IP 地址为该路由器的网络标记为不可达的网络，即把距离设置为 16（距离为 16 表示不可达）。

（4）返回。

【例 5-5】有 4 个网络通过 3 个路由器相互连接，其互联网拓扑结构如图 5-36 所示。目前只有一个 C 类网络，地址为 211.1.1.0。

（1）请选定子网掩码，将该网络地址划分为 4 个子网，分别分配给 4 个不同的网络，列出每个设备（端口）的 IP 地址。

（2）使用静态路由配置的方式，分别写出 3 个路由器的路由表。

（3）使用 RIP 协议进行动态路由配置，分别写出路由器 Router1 和 Router2 的第一次学习生成路由表的过程。

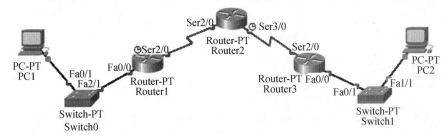

图 5-36　互联网拓扑结构

【解】（1）划分子网的过程如下。

已知 C 类网络的地址为 211.1.1.0，默认子网掩码为 255.255.255.0，现要将该网络划分为 4 个子网，因此需要向主机 ID 借 2 位表示子网 ID。网络 ID 和子网 ID 共 24+2=26 位，因此选用的子网掩码为 255.255.255.192，划分为 4 个子网的结果如表 5-8 所示。

表 5-8　划分为 4 个子网的结果

子网号	子网 ID	子网网络地址	第一个可用地址	最后一个可用地址	子网广播地址
0	00	211.1.1.0	211.1.1.1	211.1.1.62	211.1.1.63
1	01	211.1.1.64	211.1.1.65	211.1.1.126	211.1.1.127
2	10	211.1.1.128	211.1.1.129	211.1.1.190	211.1.1.191
3	11	211.1.1.192	211.1.1.193	211.1.1.254	211.1.1.255

根据上述子网划分的结果，各设备（端口）的 IP 地址分配如表 5-9 所示。

表 5-9　各设备（端口）的 IP 地址分配

设备	端口	IP 地址	子网掩码	默认网关
PC1	Fa0	211.1.1.1	255.255.255.192	211.1.1.62
Router1	Fa0/0	211.1.1.62	255.255.255.192	—
	Ser2/0	211.1.1.65	255.255.255.192	—

设备	端口	IP 地址	子网掩码	默认网关
Router2	Ser2/0	211.1.1.126	255.255.255.192	—
	Ser3/0	211.1.1.129	255.255.255.192	—
Router3	Ser2/0	211.1.1.190	255.255.255.192	—
	Fa0/0	211.1.1.254	255.255.255.192	—
PC2	Fa0	211.1.1.193	255.255.255.192	211.1.1.254

（2）根据上述子网划分和 IP 地址分配的结果，路由器 Router1、Router2、Router3 的路由表设置如表 5-10 所示。

表 5-10　路由器 Router1、Router2、Router3 的路由表设置

Router1			Router2			Router3		
目的网络	子网掩码	下一跳地址	目的网络	子网掩码	下一跳地址	目的网络	子网掩码	下一跳地址
211.1.1.0	255.255.255.192	—	211.1.1.0	255.255.255.192	211.1.1.65	211.1.1.0	255.255.255.192	211.1.1.129
211.1.1.64	255.255.255.192	—	211.1.1.64	255.255.255.192	—	211.1.1.64	255.255.255.192	211.1.1.129
211.1.1.128	255.255.255.192	211.1.1.126	211.1.1.128	255.255.255.192	—	211.1.1.128	255.255.255.192	—
211.1.1.192	255.255.255.192	211.1.1.126	211.1.1.192	255.255.255.192	211.1.1.190	211.1.1.192	255.255.255.192	—

（3）3 个路由器的路由表初识状态如表 5-11 所示。

表 5-11　3 个路由器的路由表初识状态

Router1			Router2			Router3		
目的网络	距离	下一跳地址	目的网络	距离	下一跳地址	目的网络	距离	下一跳地址
211.1.1.0	1	—	211.1.1.64	1	—	211.1.1.128	1	—
211.1.1.64	1	—	211.1.1.128	1	—	211.1.1.192	1	—

① Router1 收到 Router2 发过来的 RIP 分组（Router2 的路由表）并进行修改，将距离加 1，把下一跳地址设为 Router2 的 IP 地址。Router2 修改后的 RIP 分组如表 5-12 所示。

表 5-12　Router2 修改后的 RIP 分组

Router2		
目的网络	距离	下一跳地址
211.1.1.64	2	211.1.1.126
211.1.1.128	2	211.1.1.126

把表 5-12 的每一行和表 5-11 中的 Router1 路由表进行比较，更新之后的 Router1 路由表如表 5-13 所示。

表 5-13　更新之后的 Router1 路由表

Router1		
目的网络	距离	下一跳地址
211.1.1.0	1	—
211.1.1.64	1	—
211.1.1.128	2	211.1.1.126

② 同一时刻，Router2 收到 Router1 和 Router3 发来的 RIP 分组（Router1 路由表）并进行修改，将距离加 1，把下一跳地址设为 Router1 的 IP 地址。Router1、Router3 修改后的 RIP 分组结果如表 5-14 所示。

表 5-14　Router1、Router3 修改后的 RIP 分组

Router1		
目的网络	距离	下一跳地址
211.1.1.0	2	211.1.1.65
211.1.1.64	2	211.1.1.65
Router3		
目的网络	距离	下一跳地址
211.1.1.128	2	211.1.1.190
211.1.1.192	2	211.1.1.190

把表 5-14 中每一行和表 5-12 中 Router2 路由表进行比较。

在 Router1 修改后的 RIP 分组中，第一行不在表中，把这一行添加到 Router2 的路由表中；第二行在表中，下一跳地址不同，比较距离（1＜2），保留原来的路由项目。

Router3 修改后的 RIP 分组中，第一行在表中，下一跳地址不同，比较距离（1＜2），保留原来的路由项目；第二行不在表中，把这一行添加到 Router2 的路由表中。

这样更新之后的 Router2 路由表如表 5-15 所示。

表 5-15　更新之后的 Router2 路由表

Router2		
目的网络	距离	下一跳地址
211.1.1.64	1	—
211.1.1.128	1	—
211.1.1.0	2	211.1.1.65
211.1.1.192	2	211.1.1.190

经过第一次学习，Router2 的路由表已经完整建立起来。经过多次学习，3 个路由器的路由表都可以完整建立。

2. 开放最短路径优先协议

开放最短路径优先协议（Open Shortest Path First，OSPF）是一种基于链路状态的内部网关协议，用于单一自治系统内的决策路由，具有支持大型网络、占用网络资源少、路由收敛快等优点，在目前的网络配置中占有很重要的地位。

为了适应大型网络配置的需要，OSPF 协议引入了"区域"的概念。如果网络规模很大，路由器要学习的路由信息很多，对网络资源的消耗很大，所以典型的链路状态协议把网络划分成较小的区域（Area），从而限制了路由信息传播的范围。每个区域就像一个独立的网络，区域内的路由器只保存该区域的链路状态信息，使得路由器的链路状态数据库可以保持合理的大小，路由计算的时间和报文数量都不会太大。如图 5-37 所示，OSPF 主干网负责在各个区域之间传播路由信息，将自治区划分为不同的区域。

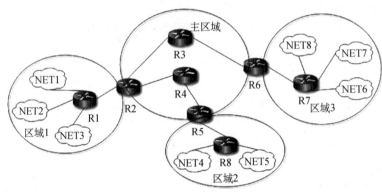

图 5-37 OSPF 主干网

在 OSPF 协议中，连接到同一个链路的路由器称作相邻路由器。在一个相对简单的网络结构中，相邻路由器之间可以交换路由信息。但在一个比较复杂的网络中，例如在同一个链路中加入了以太网或 FDDI 路由器时，就不需要在所有相邻路由器之间进行控制信息的交换，而是确定一个指定路由器，并以它为中心交换路由信息即可。

（1）OSPF 协议的工作原理

简单地说，OSPF 协议是指两个相邻的路由器通过发报文的形式成为邻居关系，再相互发送链路状态信息，之后各自根据最短路径算法算出路由，放在 OSPF 路由表中，OSPF 路由与其他路由比较后择优地加入全局路由表。整个过程使用了 5 种报文、8 种状态机、3 个阶段和 4 张表。

① 5 种报文

如表 5-16 所示，5 种 OSPF 报文完成路由控制信息的处理。OSPF 协议通过发送问候报文确认相邻路由器并指定路由器；每个路由器为了同步路由控制信息，利用数据库描述报文相互发送路由摘要信息和版本信息；如果版本比较老，则首先发出一个链路状态请求报文请求路由控制信息，然后由链路状态更新报文接收路由状态信息，最后再通过链路状态确认报文通知已经接收到路由控制信息。通过这样的机制，不仅可以大大地减少网络流量，还可以达到迅速更新路由信息的目的。

表 5-16　5 种 OSPF 报文

类型	报文名	功能
1	问候（Hello）	确认相邻路由器、指定路由器
2	数据库描述（DBD）	描述链路状态数据库的摘要信息和版本信息
3	链路状态请求（LSR）	请求从数据库中获取路由控制信息
4	链路状态更新（LSU）	更新链路状态数据库中的路由状态信息
5	链路状态确认（LSAck）	通知已经接收到路由控制信息

② 8 种状态机。OSPF 路由器在完全确认邻居关系之前，要经过如表 5-17 所示的 8 种状态，形成邻居关系以及邻居状态的转换过程如图 5-38 所示。

表 5-17　OSPF 的 8 种状态

类型	状态名称	内容
1	Down（失效）	未启动协议，一旦启动，进行问候报文的收发，进入下一状态
2	Init（初始化）	若收到了携带自己 RID 的问候报文，则和对方一起进入下一状态
3	2-way（双向通信）	邻居关系建立的标志，此时进行条件匹配； 若成功，RID 大的优先进入下一状态，否则保持邻居关系
4	Exstart（预启动）	使用类似问候报文的数据库描述报文进行主从关系选举，RID 大的优先进入下一状态
5	Exchange（准交换）	本地路由器向邻居发送数据库描述报文，并且会发送链路状态请求报文
6	Loading（加载）	本地路由器向邻居发送链路状态请求报文
7	Full（完全邻接）	邻居关系建立的标志
8	Attempt（尝试）	只适用于非广播型网络，网络中的邻居是手动指定的； 若邻居指定过程发生错误，则进入该状态

③ 3 个阶段。邻居发现阶段通过发送问候报文形成邻居关系；路由通告阶段通过发送链路状态信息形成邻居关系；路由计算阶段根据最短路径算法算出路由表。

④ 4 张表。邻居表主要记录形成邻居关系的路由器；链路状态数据表主要记录链路状态信息；OSPF 路由表通过链路状态数据库得出；全局路由表由 OSPF 路由与其他路由比较得出。

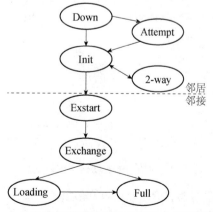

图 5-38　形成邻居关系以及邻居状态的转换过程

（2）OSPF 的工作过程

① 了解自身链路。每台路由器要了解与其直接相连的网络。

② 寻找邻居。不同于 RIP，OSPF 运行后，不立即向网络广播路由信息，而是寻找网络中与自己交换链路状态信息的周边路由器。

③ 创建链路状态数据包。一旦建立了邻居关系，路由器就可以创建链路状态数据包。

④ 链路状态信息传递。路由器将描述链路状态的 LSA 洪泛到邻居路由器，最终形成包含网络完整链路状态信息的链路状态数据库。

⑤ 计算路由。路由区域内的每台路由器都可以使用 SPF 算法来独立计算路由。

（3）OSPF 协议的主要优点

① 适合大范围的网络。OSPF 对路由的跳数没有限制，支持更大规模的网络。

② 组播触发式更新。OSPF 在收敛完成后，以触发方式发送拓扑变化信息给其他路由器，这样可以减少网络宽带的利用率。

③ 收敛速度快。如果网络结构出现改变，OSPF 会以最快的速度发出新的报文，从而使新的拓扑信息很快扩散到整个网络。

④ 以开销作为度量值。OSPF 以开销值作为标准，而链路开销和链路带宽正好形成了反比关系，带宽越高，开销就会越小。

⑤ 可避免路由环路。在使用最短路径算法的情况下，OSPF 在收到路由中的链路状态后能生成最短路径。

⑥ 应用广泛。OSPF 广泛应用在互联网上，是使用最广泛的内部网关协议之一。

5.5.3　外部网关协议

外部网关协议（Exterior Gateway Protocol，EGP）为两个相邻的位于各自域边界上的路由器提供一种交换消息和路由信息的方法。

最新的外部网关协议叫作边界网关协议（Border Gateway Protocol，BGP），广泛用于连接不同自治系统，如图 5-39 所示。当两个自治系统需要交换路由信息时，每个自治系统都必须指定一个运行 BGP 的节点来其他自治系统交换路由信息。

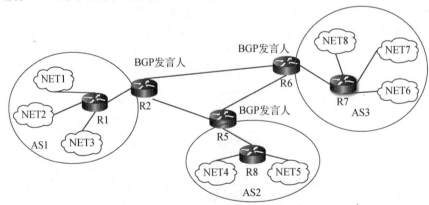

图 5-39　使用 BGP 连接不同自治系统

BGP-4 是一种基于距离矢量算法的自治系统间的路径向量路由协议，主要功能是与其他自治系统的 BGP 交换网络可达信息。BGP 更新信息包括网络号和自治系统路径的成对信息等，自治系统路径包括到达某个特定网络要经过的路径集，这些更新信息通过 TCP（179 端口）连接传输，以保证传输的可靠性。

BGP-4 是一种动态发现协议，支持 CIDR，使用增量的、触发性的路由更新，即不是定期发送整个路由表，而只在发生变化时传输改变的内容，这样就节省了更新路由所用的带宽。BGP 的 4 种报文如表 5-18 所示，可实现以下三种功能。

表 5-18　BGP 的 4 种报文

报文类型	功能描述
打开（Open）	建立邻居关系
更新（Update）	发送新的路由信息
保持活动状态（Keepalive）	对 Open 报文的应答；周期性地确认邻居关系
通告（Notification）	报告检测到的错误

（1）建立邻居关系。位于不同自治系统中的两个路由器首先要建立邻居关系，然后才能周期性地交换路由信息。建立邻居关系的过程是先由一个路由器发送 Open 报文，另一个路由器若愿意接受请求则以 Keepalive 报文应答。至于路由器如何知道对方的 IP 地址，协议中没有规定，可以由管理人员在配置时提供。Open 报文中包含发送者的 IP 地址及所属自治系统的标识，还有一个保持时间参数，即定期交换信息的时间间隔。接收者把 Open 报文中的保持时间与自己的保持时间计数器对比，选取其中的较小值作为一次交换信息过程保持有效的最长时间。建立邻居关系的一对路由器以选定的周期交换路由信息。

（2）邻居可到达性。这个过程维护邻居关系的有效性，通过周期性地互相发送 Keepalive 报文使双方都知道对方的活动状态。

（3）网络可到达性。每个路由器维护一个数据库，记录着它可到达的所有子网。当情况有变化时用更新报文把最新信息及时地传输给其他 BGP 路由器。更新报文包含两类信息，一类是要作废的路由器列表，另一类是新增路由的属性信息，前者列出了已经关机和失效的路由器，接收者把有关内容从本地数据库中删除。

本章习题

5-1　一个以太网交换机读取整个数据帧，对数据帧进行差错校验后再转发出去，这种转发方式称为（　　）。

A. 存储转发交换　　　　　　　　　B. 直通交换
C. 无碎片交换　　　　　　　　　　D. 无差错交换

5-2　通过以太网交换机连接的一组工作站（　　）。

A. 组成一个冲突域，但不是一个广播域
B. 组成一个广播域，但不是一个冲突域
C. 既是一个冲突域，又是一个广播域
D. 既不是冲突域，也不是广播域

5-3 以太网的交换方式有三种，这三种交换方式不包括（　　）。

A. 存储转发式交换　　　　　　　　　　B. IP 交换

C. 直通式交换　　　　　　　　　　　　D. 碎片过滤式交换

5-4 按照 IEEE 802.1d 协议，当交换机端口处于（　　）状态时，既可以学习 MAC 地址中的源地址，又可以把接收到的 MAC 帧转发到适当的端口。

A. 阻塞　　　　　　B. 学习　　　　　　C. 转发　　　　　　D. 监听

5-5 关于交换机的说法中，正确的是（　　）。

A. 以太网交换机可以连接运行不同网络层协议的网络

B. 从工作原理上讲，以太网交换机是一种多端口网桥

C. 集线器是一种特殊的交换机

D. 通过交换机连接的一组工作站形成一个冲突域

5-6 按照 IEEE 802.1d 生成树协议（STP），在交换机互联的局域网中，（　　）的交换机被选为根交换机。

A. MAC 地址最小的　　　　　　　　　B. MAC 地址最大的

C. ID 最小的　　　　　　　　　　　　D. ID 最大的

5-7 如果以太网交换机的总带宽为 8.4Gbps，并且具有 22 个全双工百兆端口，则全双工千兆端口最多有（　　）个。

A. 1　　　　　　　B. 2　　　　　　　C. 3　　　　　　　D. 4

5-8 网络中存在各种交换设备，下列说法中错误的是（　　）。

A. 以太网交换机根据 MAC 地址进行交换

B. 帧中继交换机只能根据虚电路号 DLCI 进行交换

C. 三层交换机只能根据第三层协议进行交换

D. ATM 交换机根据虚电路标识进行信元交换

5-9 路由器通过光纤连接广域网的是（　　）。

A. SFP 端口　　　　B. 同步串行口　　　C. Console 端口　　D. AUX 端口

5-10 第三层交换对数据进行转发（　　）的操作。

A. MAC 地址　　　　B. IP 地址　　　　C. 端口号　　　　D. 应用协议

5-11 以下关于帧中继的叙述中，错误的是（　　）。

A. 帧中继提供面向连接的网络服务

B. 帧在传输过程中要进行流量控制

C. 既可以按需提供带宽，也可以适应突发式业务

D. 帧长可变，可以承载各种局域网的数据帧

5-12 在互联网中可以采用不同的路由选择算法，所谓松散源路由是指 IP 分组（　　）。

A. 必须经过源站指定的路由器　　　　B. 只能经过源站指定的路由器

C. 必须经过目标站指定的路由器　　　D. 只能经过目标站指定的路由器

5-13 在距离矢量路由协议中，每一个路由器接收的路由信息来源于（　　）。

A. 网络中的每一个路由器　　　　　　B. 邻居路由器

C. 主机中存储的一个路由总表　　　　D. 距离不超过两跳的其他路由器

5-14 RIP 是一种基于（①）算法的路由协议，一个通路上的最大跳数是（②），更新路由表的原则是到各个目标网络的（③）。

① A. 链路状态　　　B. 距离矢量　　　　C. 固定路由　　　　D. 集中式路由

② A. 7　　　　　　B. 15　　　　　　　C. 31　　　　　　　D. 255

③ A. 距离最短　　　B. 时延最小　　　　C. 流量最小　　　　D. 路径最空闲

5-15　RIP 协议可以使用多种方法防止路由循环，以下选项中不属于这些方法的是
（　　）。

A. 垂直翻转　　　　B. 水平分割　　　　C. 反向路由毒化　　D. 设置最大度量值

5-16　RIP 协议默认的路由更新周期是（　　）秒。

A. 30　　　　　　　B. 60　　　　　　　C. 90　　　　　　　D. 100

5-17　下面表示帧中继虚电路标识符的是（　　）。

A. CIR　　　　　　B. LMI　　　　　　C. DLCI　　　　　　D. VPI

5-18　对以下两种路由协议的叙述中错误的是（　　）。

A. 链路状态路由选择协议在网络拓扑发生变化时发布路由信息

B. 距离矢量路由选择协议周期性地发布路由信息

C. 链路状态路由选择协议的所有路由器都发布路由信息

D. 距离矢量路由选择协议广播路由信息

5-19　在 OSPF 协议中，链路状态路由选择算法用于（　　）。

A. 生成链路状态数据库　　　　　　　B. 计算路由表

C. 产生链路状态公告　　　　　　　　D. 计算发送路由信息的组播树

5-20　边界网关协议 BGP 的报文（①）传输。一个外部路由器通过发送（②）报文与另
一个外部路由器建立邻居关系，如果得到应答，才能周期性地交换路由信息。

① A. 通过 TCP 连接　　　　　　　　B. 封装在 UDP 数据中

　　C. 通过局域网　　　　　　　　　　D. 封装在 ICMP 中

② A. Update　　　　B. Keepalive　　　C. Open　　　　　　D. Notification

5-21　OSPF 协议适用于 4 种网络。下面选项中属于广播多址网络的是（　　），属于非
广播多址网络的是（　　）。

A. Ethernet　　　　B. PPP　　　　　　C. Frame Relay　　　D. RARP

5-22　OSPF 协议使用（①）报文保持与其邻居路由器的连接，下面关于 OSPF 拓扑数据
库的描述中正确的是（②）。

① A. Hello　　　　　B. Keepalive　　　C. SPF　　　　　　D. LSU

② A. 每一个路由器都包含了拓扑数据库的所有选项

　　B. 同一区域中的所有路由器包含同样的拓扑数据库

　　C. 使用 Dijkstra 算法来生成拓扑数据库

　　D. 使用 LSA 分组来更新和维护拓扑数据库

第6章　虚拟化技术与服务器搭建

虚拟化（Virtualization）是指计算机的相关模块在虚拟的基础上而不是真实的物理硬件基础上运行，这种对有限的固定资源根据不同需求重新规划以达到最大利用率，从而实现简化管理、优化资源等目的的解决方案，叫作虚拟化技术。

虚拟化并不是一个新概念，早在20世纪70年代，大型计算机就一直在同时运行多个操作系统，每个系统之间彼此独立。目前，市场上已经有了网络虚拟化、CPU虚拟化和存储虚拟化等技术。如果在一个更广泛的环境中思考虚拟化技术，虚拟化技术就变成了一个非常强大的概念，可以为最终用户、应用程序和企业提供很多帮助。

6.1　什么是虚拟机

虚拟机（Virtual Machine）是通过软件模拟的、具有完整硬件系统功能的、运行在一个完全隔离环境中的完整计算机系统。

虚拟机技术最早由IBM公司于20世纪70年代提出，被定义为硬件设备的软件模拟实现，通常的使用模式是分时共享昂贵的大型机。虚拟机监视器（Virtual Machine Monitor，VMM）是虚拟机技术的核心，是一层位于操作系统和计算机硬件之间的代码，用来将硬件平台分割成多个虚拟机。VMM的主要作用是隔离并且管理上层运行的多个虚拟机，仲裁它们对底层硬件的访问，并为每个客户操作系统虚拟一套独立于实际硬件的虚拟硬件环境（包括处理器、内存、I/O设备等）。

虚拟系统能生成现有操作系统的全新虚拟镜像，具有与真实系统完全一样的功能。进入虚拟系统后，所有操作都在这个全新的虚拟镜像里进行，不会对真正的系统产生任何影响，而且能够在现有系统与虚拟镜像之间灵活切换。

虚拟系统与虚拟机的不同之处在于：虚拟系统不会降低计算机的性能，启动虚拟系统不像启动Windows系统那样耗费时间，运行程序更加方便、快捷；虚拟系统只能模拟与现有操作系统相同的环境，虚拟机则可以模拟其他种类的操作系统；虚拟机需要模拟底层的硬件指令，应用程序运行速度比虚拟系统慢得多。

6.1.1　为什么需要虚拟机

工业标准体系结构（Industry Standard Architecture，ISA）的实验拓扑如图6-1所示。模拟

这样的实验需要 7 台设备，包括 5 台主机、1 台交换机和 1 台路由器。实验环境需要初始化，这说明要安装 5 台主机的操作系统，还需要配置路由器，这对于个人用户而言是难以实现的。减少主机数量虽然也能模拟这样的实验，但如果某台主机配置不当，可能导致无法启动，这样排错和重装操作系统又会浪费大量时间。

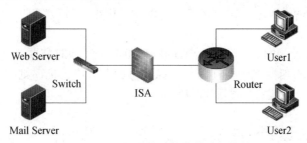

图 6-1　工业标准体系结构的实验拓扑

虚拟机可以解决实验设备的问题，使用虚拟机的前后变化示意图如图 6-2 所示。

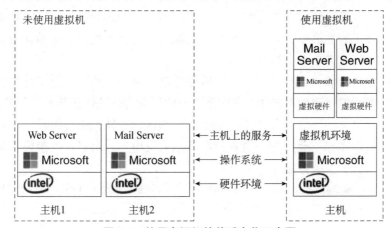

图 6-2　使用虚拟机的前后变化示意图

图 6-2 分为两部分，左侧是未使用虚拟机的环境，需要多台主机，每台主机都要安装操作系统，并且要维护这些主机的硬件环境。如果主机有故障，可能会影响使用进度。右侧是使用虚拟机的环境，直接在一台主机上安装虚拟机软件，就生成了虚拟机环境。

6.1.2　虚拟机的功能与用途

大量虚拟实验是通过虚拟机软件来实现的，虚拟机的主要功能有两个，一是用于实验，二是用于生产。用于实验是指虚拟机可以完成多项不具备真实实验条件和环境的实验；用于生产主要包括以下两种情况。

（1）用虚拟机可以组成产品测试中心。通常的产品测试中心需要大量具有不同环境和配置的计算机及网络环境，如果使用"真正"的计算机进行测试，需要大量的计算机，使用虚拟机可以降低成本而不影响测试进行。

（2）用虚拟机可以"合并"服务器。通常企业需要多台服务器，但有可能服务器的负载比较轻，这时就可以使用虚拟机的企业版，在一台服务器上安装多个虚拟机，其中每台虚拟机都用于代替一台物理服务器，从而充分利用资源。

虚拟机可以做多种实验，主要包括以下几种情况。

① 一些"破坏性"的实验，例如对硬盘进行重新分区、硬盘格式化、重新安装操作系统等操作。

② 一些需要"联网"的实验，例如做 Windows 2016 联网实验时，需要至少 3 台计算机、1 台交换机、3 条网线。

③ 一些不具备条件的实验，例如做 Windows 群集类实验时需要"共享"的磁盘阵列柜，而一个最便宜的磁盘阵列柜也需要几万元，如果再加上群集主机，则构建一个实验环境大约需要数十万元的投资，使用虚拟机则可以大大降低成本。

6.1.3 虚拟机的分类

1. 虚拟硬件模式

虚拟硬件模式是最传统的虚拟计算机模式。最早的虚拟硬件模式源自 IBM 大型机的逻辑分区技术，这种技术的主要特点是每一个虚拟机都是一台真实机器的完整拷贝，一个功能强大的主机可以被分割成许多个虚拟机。

虚拟硬件模式将计算机、存储设备和网络硬件建立为一个抽象的虚拟化平台，使所有的硬件被统一到一个虚拟化层中。这样，在这个平台的顶部创建的虚拟机具有同样的硬件结构，提供了更好的可迁移性。在这种模式中，每个用户都可以在他们的虚拟机上运行程序并存储数据，即使虚拟机崩溃也不会影响系统本身和其他系统用户。所以，虚拟硬件模式不仅允许资源共享，而且保护了系统资源。

目前，此类虚拟机的典型产品有 VMware 公司的 Workstation、GSX Server、ESX Server 和 Microsoft 公司的 Virtual PC、Virtual Server 以及 Parallels Workstation 等。

以上几种虚拟机都虚拟了 Intel X86 平台，可以同时运行多个操作系统和应用程序。虚拟机通过使用虚拟化层，提供了硬件级的虚拟，提供了一整套虚拟的 Intel X86 兼容硬件。这套虚拟硬件虚拟了真实服务器所拥有的全部设备，例如主板芯片、CPU、内存、IDE 磁盘设备、各种接口、显示和其他输入/输出设备。每个虚拟机都被独立地封装到一个文件中，可以实现虚拟机的灵活迁移。

虚拟硬件模式有两个显著特点，第一，无论哪款产品，都可以直接用系统处理器执行 CPU 的指令，涉及不到虚拟层；第二，实现真正的分区隔离，每个分区只能占用一定的系统资源，包括磁盘 I/O 和网络带宽，提高了系统的整体安全性。

另外，高端的虚拟服务器产品可以直接在硬件上运行虚拟机，而不需要宿主操作系统。通过相关的管理软件，可以对每个虚拟机消耗的物理资源进行精确控制。

2. 虚拟操作系统模式

虚拟操作系统模式是指基于主机操作系统创建一个虚拟层，在这个虚拟层之上，可以创建多个相互隔离的虚拟专用服务器（Virtual Private Server，VPS），这些 VPS 以最大效率共享硬件、软件许可证并管理资源。对用户和应用程序来讲，每一个 VPS 平台的运行和管理都与一台独立主机完全相同，因为每一个 VPS 均可独立启动并拥有自己的用户、IP 地址、内存、过程、文件、应用程序、系统函数库以及配置文件等。对于运行着多个应用程序和拥有实际数据的产品服务器来说，虚拟操作系统的虚拟机可以降低成本并提高系统效率。

每一个 VPS 中的应用服务都是安全隔离的，且不受同一物理服务器上其他 VPS 的影响。专用的文件系统使得文件浏览对所有 VPS 用户来说就如常规服务器一样，但却无法被该服务器上的其他 VPS 用户看到。虚拟操作系统模式能实时分配、监控、计算并控制资源级别，完成对 CPU、内存、网络输入/输出、磁盘空间以及其他网络资源的灵活管理。VPS 具有相同的虚拟硬件结构，可以在连网的服务器之间进行透明地迁移，而不产生任何宕机时间。

虚拟操作系统模式解决了在单个物理服务器上部署多个生产应用服务和存储服务器时所面临的挑战，是针对生产应用和服务器的完美虚拟化解决方案。共享的操作系统提供了更为有效的服务器资源，并且大大降低了处理损耗。通过操作系统虚拟化，上百个 VPS 可以在单个物理服务器上正常运行。

这种集中于同一操作系统的特性也决定了该类虚拟机只能在同一台物理服务器上运行同一种虚拟操作系统，流行的虚拟机软件如表 6-1 所示。

表 6-1　流行的虚拟机软件

公司	虚拟机软件	是否收费
VMware	Workstation	收费
Oracle	VirtualBox	免费
Red Hat	KVM	免费
Microsoft	Virtual PC、Hyper-V	免费

3. 宿主机

宿主机就是前面提到的主机，也就是真机，它提供了硬件环境，例如网卡、硬盘、内存、CPU 等。如图 6-3 所示，宿主机在操作系统上安装了 Workstation 虚拟机软件。

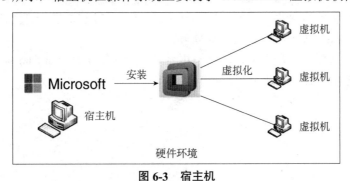

图 6-3　宿主机

Workstation 不是一个虚拟机，它仅仅是虚拟机软件。在图 6-3 中，一共有三台虚拟机，而宿主机跟虚拟机共享一套硬件环境。

6.2　安装 VMware Workstation

在真实的操作系统上安装 VMware Workstation 软件能在一台计算机上模拟若干台虚拟计算机，每台虚拟计算机独立运行而互不干扰，这样可以将一台计算机上的几个操作系统互联成一个网络。在 VMware 环境中，真实的操作系统称为主机系统，虚拟操作系统称为客户机系统或虚拟机系统。主机系统和虚拟机系统可以通过虚拟网络连接进行通信，从而实现虚拟网络实验环境。从实验者的角度来看，虚拟的网络环境与真实的网络环境并无太大区别。虚拟机系统除了能够与主机系统进行通信，还可以与实际网络环境中的其他主机进行通信。计算机硬件基本配置如表 6-2 所示。

表 6-2　计算机硬件基本配置

设备	要求
内存	建议 2GB 以上
CPU	1GHz 以上
硬盘	100GB 以上
网卡	10MB 或者 100MB 网卡
操作系统	Windows 7 以上
光盘驱动器	使用真实设备或光盘映像文件

在 VMware 环境中，主机系统可以是 Windows 操作系统或 Linux 操作系统，本节以 Windows 10 操作系统为例，讲述 VMware Workstation 15 Pro 的安装，具体操作步骤如下。

（1）在计算机上安装 Windows 10 操作系统，根据实际需要设置真实网卡的 IP 地址。如果需要虚拟机系统与真实网络进行通信，则该网卡的 IP 地址应该能够保证网络通信正常。

（2）下载 VMware Workstation 15 Pro 软件。

（3）具体的安装步骤非常简单，本处不再赘述。以 VMware Workstation 15 Pro 为例，安装完成后的启动界面如图 6-4 所示。

图 6-4　**VMware Workstation 15 Pro** 安装完成后的启动界面

6.3　设置 VMware Workstation 15 Pro 的首选项

在图 6-4 所示的启动界面中依次单击"编辑"→"首选项"，会出现"首选项"对话框，如图 6-5 所示。

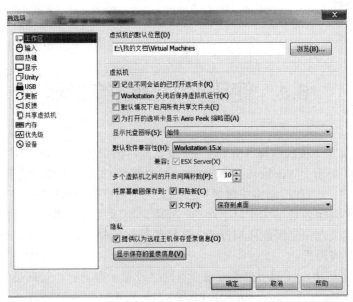

图 6-5　"首选项"对话框

（1）在"工作区"选项卡中，设置工作目录。

（2）在"输入"选项卡中，配置 Workstation 捕获主机系统输入的方式。

（3）配置热键是一个非常有用的功能，在"热键"选项卡中进行相关设置可以防止"Ctrl+Alt+Delete"这样的组合键被操作系统截获而不能发送到客户机。通过热键序列可以实现以下操作：在虚拟机之间切换、进入或退出全屏模式、释放输入、将"Ctrl+Alt+Delete"仅发送到虚拟机、将命令仅发送到虚拟机等。

（4）在"共享虚拟机"选项卡中可以进行启用或禁用虚拟机共享和远程访问、修改 VMware Workstation Server 使用 HTTPS 端口、更改共享虚拟目录等。

要更改以上设置，在 Windows 主机中，必须具有主机系统的管理特权；在 Linux 主机中，必须具有主机系统的根访问权限。表 6-3 所示为共享虚拟机的首选项设置。

表 6-3　共享虚拟机的首选项设置

设　置	描　述
启用或禁用虚拟机共享	启用虚拟机共享后，会在主机系统中启动 VMware Workstation Server，远程用户可以连接到主机系统； 禁用虚拟机共享后，会在主机系统中停止运行 VMware Workstation Server，远程用户无法连接到主机系统； 默认启用虚拟机共享
HTTPS 端口	在主机系统中，VMware Workstation Server 使用默认 HTTPS 端口 443； 在 Windows 主机中，除非已禁用远程访问和虚拟共享，否则无法更改 HTTPS 端口； 在 Linux 主机中，无法在"首选项"对话框中更改端口号，只能在安装过程中运行 Workstation 安装向导来更改端口号； 注意：如果端口号使用非默认值，远程用户必须在连接到主机系统时指定端口号
共享虚拟机位置	Workstation 储存共享虚拟机的目录； 如果主机中存在共享虚拟机，则无法更改共享虚拟目录

6.4　使用虚拟网络编辑器

在 Workstation 中，依次选择"编辑"→"虚拟网络编辑器"命令打开"虚拟网络编辑器"对话框，如图 6-6 所示。Windows 主机也可以在主机操作系统中依次选择"开始"→"程序"→"VMware"→"虚拟网络编辑器"命令来启动虚拟网络编辑器。

使用虚拟网络编辑器可以实现以下功能：查看和更改关键网络连接设置、添加和移除虚拟网络、创建自定义虚拟网络连接配置等。在虚拟网络编辑器中所作的更改会影响主机操作系统中运行的所有虚拟机。

在 Windows 主机中，任何用户都可以查看网络设置，但只有"管理员"用户可以进行更改。在 Linux 主机中，必须输入 root 用户密码才能访问虚拟网络编辑器。

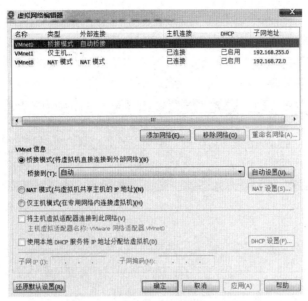

图 6-6 "虚拟网络编辑器"对话框

6.4.1 添加桥接模式虚拟网络

如果 Workstation 安装到具有多个网络适配器的主机系统，可以配置多个桥接模式虚拟网络。

在默认情况下，虚拟交换机 VMnet0 会映射到一个桥接模式的虚拟网络，可以在虚拟网络 VMnet2～VMnet7 上创建自定义桥接模式虚拟网络。在 Windows 主机中，可以使用 VMnet9；在 Linux 主机中，可以使用 VMnet0～VMnet255。

1. 前提条件

（1）确认主机系统中有可用的物理网络适配器（如果只有一个网卡，则只能有一个虚拟网络是桥接的）。在默认情况下，虚拟网络 VMnet0 会设置为使用自动桥接模式，并桥接到主机系统中所有活动的物理网络适配器。

（2）通过限制桥接到 VMnet0 的物理网络适配器，可以将物理网络适配器变为可用，方法为：首先选择"编辑"→"虚拟网络编辑器"命令，然后选择桥接模式网络 VMnet0，从"桥接到"下拉列表中，选择"自动"。

2. 设置步骤

（1）在图 6-6 所示的"虚拟网络编辑器"对话框中，单击"添加网络"按钮，会出现"添加虚拟网络"对话框，如图 6-7 所示。

图 6-7 "添加虚拟网络"对话框

（2）选择一个虚拟网络，例如 VMnet2。Workstation 将为虚拟网络适配器分配一个子网 IP

地址。

（3）从虚拟网络编辑器列表中选择新添加的虚拟网络 VMnet2，然后选择"桥接模式（将虚拟机直接连接到外部网络）"，如图 6-8 所示。在"桥接到"下拉列表中，选择所要桥接到的主机系统物理适配器，之后单击"确定"按钮保存所作的更改。

图 6-8　选择桥接模式

如果所在网络环境中有 DHCP 服务器，则可以直接获取到 IP 地址，如图 6-9 所示，这时可以通过宿主机的网卡连接到网络。

图 6-9　获取 IP 地址

6.4.2 添加仅主机模式虚拟网络

在 Windows 和 Linux 主机中,第一个仅主机模式虚拟网络是在安装 Workstation 的过程中自动设置的。在同一台计算机中设置多个仅主机模式虚拟网络的步骤如下。

(1)在图 6-6 所示的"虚拟网络编辑器"对话框中,单击"添加网络"按钮。

(2)在 Windows 和 Linux 主机中,虚拟网络 VMnet1 在默认情况下会映射到一个仅主机模式网络。Workstation 将为虚拟网络分配一个子网 IP 地址。

(3)从虚拟网络编辑器列表中选择新虚拟网络 VMnet3,然后选择"仅主机模式(在专用网络内连接虚拟机)",如图 6-10 所示。

(4)(可选)要将主机系统的物理网络连接到网络,请在"虚拟网络编辑器"对话框中选择"将主机虚拟适配器连接到此网络"。

(5)(可选)要使用本地 DHCP 服务为网络中的虚拟机分配 IP 地址,请在"虚拟网络编辑器"对话框中选择"使用本地 DHCP 服务将 IP 地址分配给虚拟机"。

(6)(可选)(仅限 Windows 主机)如果网络使用本地 DHCP 服务,要自定义 DHCP 设置,请在"虚拟网络编辑器"对话框中单击"DHCP 设置"按钮。

(7)(可选)要更改子网 IP 地址或子网掩码,请分别在"虚拟网络编辑器"对话框中的"子网 IP"和"子网掩码"文本框中修改相应的地址。

(8)单击"确定"按钮保存所作的更改。

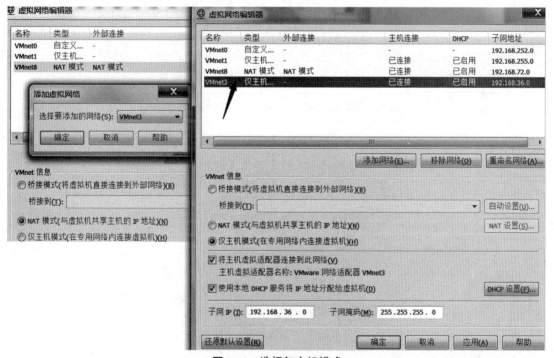

图 6-10 选择仅主机模式

对于 NAT 模式和仅主机模式,Workstation 提供了 DHCP 服务,只需要设置好相应的连接方式,就可以获取相应网段的 IP 地址。值得注意的是,在仅主机模式下,虚拟机无法访问宿主机所在的局域网。

6.4.3　在 Windows 主机中更改 NAT 设置

当把接入模式改为 NAT 模式时，宿主机会把虚拟机的 IP 地址转换成本地物理网卡的地址，让虚拟机可以通过物理网卡访问局域网，但是此结构并没有提供逆向访问的方法。

无法逆向访问是指用户可以访问其他资源，但其他用户无法访问内网资源。如图 6-11 所示，虚拟机通过 NAT 方式接入网络，它的网络请求将转换为宿主机以太网口 IP 地址的网络请求，可以访问宿主机物理网卡所在的局域网，但局域网中其他主机无法访问虚拟机。在 NAT 模式下，网络管理员会发现宿主机网卡 MAC 地址的流量异常大，这是因为这个 MAC 地址承载了多个虚拟机的流量。

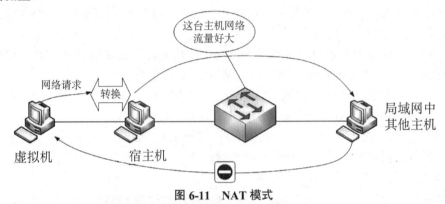

图 6-11　NAT 模式

在 Windows 主机中，用户可以更改网关 IP 地址、配置端口转发以及 NAT 网络的高级网络设置。要在 Windows 主机中更改 NAT 设置，请在"虚拟网络编辑器"对话框中选择"NAT 模式（与虚拟机共享主机的 IP 地址）"，并单击"NAT 设置"按钮，如图 6-12 所示。

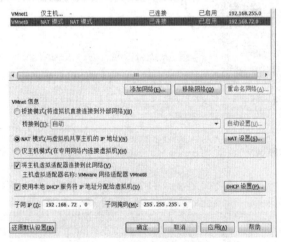

图 6-12　更改 NAT 设置

6.4.4　在 Windows 主机中更改 DHCP 设置

在 Windows 主机中，可以为使用 DHCP 服务的网络分配 IP 地址的 NAT，也可以为仅主机模式下的网络更改 IP 地址范围和 DHCP 许可证的持续时间。

要在 Windows 主机中更改 DHCP 设置，请在"虚拟网络编辑器"对话框中选择"NAT 模式（与虚拟机共享主机的 IP 地址）"或"仅主机模式（在专用网络内连接虚拟机）"，并单击"DHCP 设置"按钮。

6.4.5　设置 VMware Workstation 的联网方式

安装完成 VMware Workstation 后，会默认给主机系统增加两个虚拟网卡 VMware Network Adapter VMnet1 和 VMware Network Adapter VMnet8，这两个虚拟网卡分别用于不同的联网方式。Workstation 常用的联网方式如表 6-4 所示。

表 6-4　Workstation 常用的联网方式

设置	描述
Use Bridged Networking （使用桥接网络）	使用（连接）VMnet0 虚拟交换机，此时的虚拟机相当于网络上的一台独立计算机，与主机一样，拥有一个独立的 IP 地址
Use Network Address Translation （使用 NAT 网络）	使用（连接）VMnet8 虚拟交换机，此时的虚拟机可以通过主机单项访问网络上的其他工作站（包括互联网），其他工作站不能访问虚拟机
Use Host-Only Networking （使用主机网络）	使用（连接）VMnet1 虚拟交换机，此时虚拟机只能与虚拟机主机互联，不能访问网络上的工作网站

1. 桥接网络

如图 6-13 所示，虚拟机 A1、A2 是主机 A 中的虚拟机，虚拟机 B1 是主机 B 中的虚拟机。如果虚拟机 A1、A2 与 B1 都采用桥接模式，则虚拟机 A1、A2、B1 与主机 A、B、C 中的任意两台或多台之间都可以互相访问（需要设置同一网段），这时虚拟机 A1、A2、B1 与主机 A、B、C 身份相同，相当于插在交换机上的一台"联网"计算机。

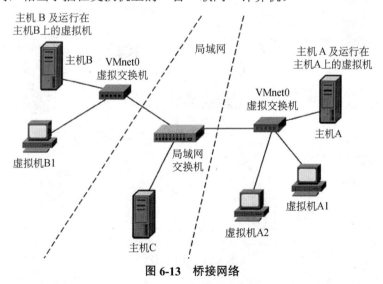

图 6-13　桥接网络

2. NAT 网络

如图 6-14 所示，"NAT 路由器"是启用了 NAT 功能的路由器，用来把 VMnet8 虚拟交换机上连接的计算机通过 NAT 功能连接到 VMnet0 虚拟交换机。如果虚拟机 A1、A2、B1 设置成 NAT 模式，则虚拟机 A1、A2 可以访问主机 B、C，但主机 B、C 不能访问虚拟机 A1、A2；虚拟机 B1 可以访问主机 A、C，但主机 A、C 不能访问虚拟机 B1；虚拟机 A1、A2 与主机 A 可以互相访问；虚拟机 B1 与主机 B 可以互相访问。

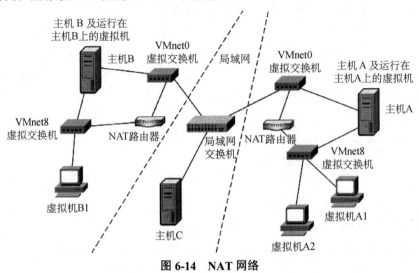

图 6-14　NAT 网络

3. 主机网络

如图 6-15 所示，如果将虚拟机 A1、A2、B1 设置成仅主机模式，则虚拟机 A1、A2 只能与主机 A 互相访问，不能访问主机 B、C，也不能被这些主机访问；虚拟机 B1 只能与主机 B 互相访问，不能访问主机 A、C，也不能被这些主机访问。

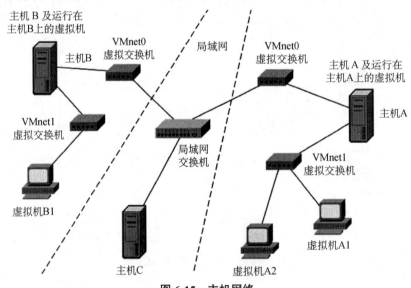

图 6-15　主机网络

在使用虚拟机"联网"的过程中，可以随时更改虚拟机连接的"虚拟交换机"，这相当于在真实的局域网环境中把网线从一台交换机插到另一台交换机上。当然，在虚拟机中改变网络要比实际上插拔网线方便得多。与真实的局域网环境一样，在更改了虚拟机的联网方式后，还需要修改虚拟机中的 IP 地址以适应联网方式的改变。

　　一般来说，桥接模式最方便，因为这种方式可以将虚拟机当作网络中的真实计算机使用，完成各种网络实验的效果也最接近于真实环境。如果没有足够的连接互联网的 IP 地址，也可以将虚拟机网络设置为 NAT 模式，从而通过物理机连接到互联网。

6.5　安装与配置 Windows Server 2016 虚拟机

6.5.1　创建虚拟机

1. 新建虚拟机

依次单击"文件"→"新建虚拟机"→"自定义（高级）"→"下一步"→"硬件兼容性"→"下一步"→"稍后安装操作系统"→"下一步"，即可新建虚拟机。

2. 选择客户机操作系统

客户机操作系统：Microsoft Windows 系统
版本：Windows Server 2016

3. 命名虚拟机

可根据需要自行命名虚拟机名称，这里使用默认名称"Windows Server 2016"。之后可以根据自己的情况选择合适的虚拟机位置，推荐存放在速度较快的磁盘（例如固态硬盘）中。虚拟机作为模拟的操作系统，启动时会占用大量的硬盘 I/O 资源，因此存放虚拟机的位置要求有较大的剩余空间。

4. 选择固件类型

固件类型选择引导项"UEFI"，处理器配置用默认配置即可。

5. 选择虚拟机内存

此虚拟机的内存大小为 2048MB。

6. 选择网络类型

网络类型为仅主机模式网络。

7. 选择 I/O 控制器类型

控制器类型选择"LSI Logic"。

8. 选择磁盘类型

虚拟磁盘类型选择"SCSI"。

9. 选择磁盘

选择"创建新虚拟磁盘"。

10. 指定磁盘容量

最大磁盘容量为60GB，类似于硬盘大小。

推荐勾选"立即分配所有磁盘空间"，如果不勾选，则虚拟机在使用过程中会一点一点扩展，初期看似很节省空间，但随着使用时间变长，会无限趋近于"最大磁盘容量"，而扩展空间所需要的代价就是占用大量CPU。

11. 指定磁盘文件

磁盘文件的位置可以随意指定，如果不指定，则默认存放在虚拟机所在位置。

12. 已经准备好创建虚拟机

这是一个全局概览，它会显示设置虚拟机时选择了什么选项。

创建好的虚拟机如图6-16所示，左侧的"库"显示了有多少个虚拟机。接下来介绍如何为虚拟机安装操作系统。

图6-16 创建好的虚拟机

6.5.2 安装Windows Server 2016虚拟机

1. 选择安装光盘

右键单击新创建的虚拟机，选择"设置"，在打开的对话框中选择"CD/DVD（SATA）"，如图 6-17 所示。选择"使用 ISO 映像文件",单击"浏览"按钮,选择已经下载好的 Windows Server 2016,然后右键单击虚拟机,选择"开启虚拟机"。

2. 进入安装程序

焦点进入虚拟机:鼠标单击进入虚拟机中。

焦点退出虚拟机:按键盘上的 Ctrl+Alt 键。

图 6-17　虚拟机设置

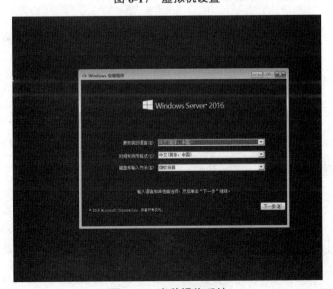

图 6-18　安装操作系统

单击"下一步"按钮，如图 6-18 所示，之后单击"现在安装"按钮。

3. 安装选择

如果没有密钥，单击"我没有产品密钥"，如图 6-19 所示，选择要安装的操作系统后进行安装。

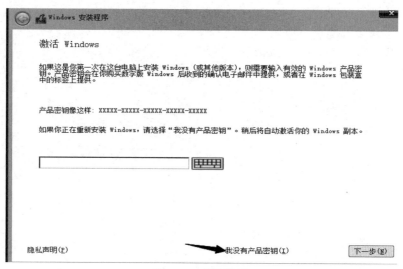

图 6-19　安装选择

4. 划分分区

如图 6-20(a)所示，单击"新建"按钮新建磁盘分区，并将其应用到全部应用；之后选择主分区进行安装，如图 6-20(b)所示。

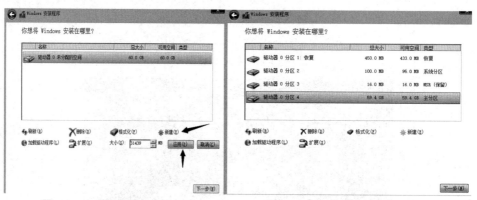

图 6-20(a)　新建磁盘分区　　　　　图 6-20(b)　选择主分区进行安装

5. 格式化分区

用 NTFS 文件系统格式化磁盘分区（块）。

6. 安装配置

进入 Windows Server 2016 后需要手工配置以下几处。

（1）区域和语言选项：默认为中文简体—美式键盘。

（2）定义个人信息：姓名和单位都填充为"Test"。

（3）产品密钥：可以联系微软公司或通过企业批量购买版本。

（4）授权模式：选择默认即可。

（5）计算机名称和管理员密码：计算机名称是根据个人信息和机器硬件动态生成的，管理员的用户名默认为"Administrator"，这里不设置密码，直接进入下一步。

（6）日期和时间设置：选择默认即可。

（7）网络设置：选择默认即可。

（8）工作组或计算机域：选择默认即可，如果环境中有 AD（Active Directory，活动目录）则可以选择"是，把此计算机作为下面域的成员"。

至此，Windows Server 2016 虚拟机就安装好了，每次启动都必须按下键盘上的组合键才能进入系统。根据屏幕提示，应按 Ctrl+Alt+Delete 键，但这个组合键在 Windows 操作系统中有特殊功能，所以不可以使用这个组合键进入操作系统，而应使用 Ctrl+Alt+Insert 组合键。

做实验时通常选择"仅主机模式"，使虚拟机与宿主机成为一个私有网络。如果需要通过局域网中的其他主机来访问虚拟机，则可以设置成"桥接模式"。在 Windows 10 操作系统环境下，推荐把自带的防火墙关掉，这样就能解决"只有宿主机才能访问虚拟机，虚拟机无法访问宿主机"的问题。

6.5.3　改变虚拟机的硬件配置

在某些应用和实验环境中，对虚拟机的硬件配置有特别的需求。例如，要完成磁盘 RAID (Redundant Array of Independent Disks，独立冗余磁盘阵列)实验，需要操作系统具备多块磁盘；而要完成一些路由和代理服务器的实验，则需要操作系统有多块网卡。在 VMware 虚拟机中，可以非常方便地完成硬件的添加和删除。

为了修改虚拟机的硬件配置，可以依次选择"虚拟机"→"设置"命令，打开"虚拟机设置"对话框，并选择"硬件"选项卡。单击该选项卡左下角的"添加"按钮，即可启动添加硬件向导。继续单击"下一步"按钮，进入如图 6-21 所示的"添加硬件向导"对话框。

在图 6-21 所示的对话框中选择要添加的硬件类型，按照提示进行操作即可完成硬件的添加。如果选择"硬盘"，可以添加多块硬盘（最多支持 4 块 IDE 硬盘和 7 块 SCSI 硬盘）。

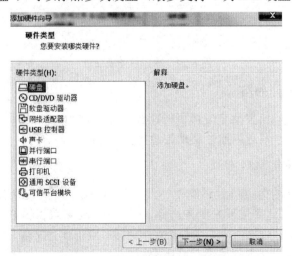

图 6-21　"添加硬件向导"对话框

另外，为了提高虚拟机系统的性能，建议将实验中不需要的硬件删除。例如，可以暂时删除软盘驱动器、声卡等设备，方法是在"虚拟机设置"对话框中选择要删除的硬件设备，并单击"移除"按钮。

6.6　虚拟机的迁移方法

虚拟机支持以复制的方式移动，例如在 VMware 中安装了一台 Windows Server 2016，如果另外一台机器同样需要使用 Windows Server 2016，那么可以把已安装好的虚拟机复制到实验环境中使用，下面进行这样的实验演示。

1. 确定待迁移的虚拟机处于关机状态

如图 6-22 所示，右侧的虚拟机详细信息中显示状态为"已关机"，配置文件的位置是"F:\VMItem\Windows Server 2016.vmx"。

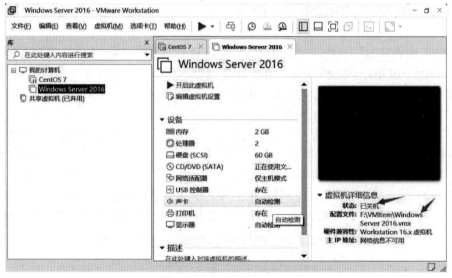

图 6-22　虚拟机详细信息

2. 确定虚拟机文件的路径

首先通过配置文件的位置确定虚拟机的路径，然后复制文件到其他目录中，如果想要复制到另外一台计算机上，则可以通过移动硬盘等方式来操作。

3. 导入虚拟机并获取所有权

复制的虚拟机在新的宿主机上需要先导入到 Vmware。如图 6-23 所示，双击"Windows Server 2016.vmx"文件，这个文件是配置文件，可以使用文本编辑器打开，从而显示各种配置信息。如果不熟悉这里的配置项，千万不要直接修改。双击配置文件之后，VMware 会识别到配置信息，并且给出警告，询问是否获取所有权。

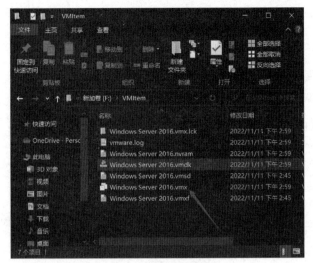

图 6-23　导入虚拟机

4. 更改硬件兼容性

依次单击"虚拟机"→"管理"→"更改硬件兼容性"→"下一步",选择相应的 VMware 版本,如图 6-24 所示。

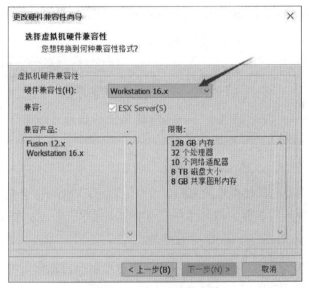

图 6-24　更改硬件兼容性

在"更改硬件兼容性向导"对话框中单击"下一步"按钮,在打开的界面中选择"更改此虚拟机",之后单击"完成"按钮。

5. 重新设置网卡

每台主机的网卡信息都是不同的,在打开虚拟机之前,需要重新设置网卡信息,做法是先把网卡删掉,再重新添加一块网卡。依次单击"虚拟机"→"设置"命令,在打开的"虚拟机设置"对话框中,选择"网络适配器",然后单击"移除"按钮即可,如图 6-25 所示。

图 6-25 "虚拟机设置"对话框

移除之后需要添加一块新的网卡,具体做法是依次选择"添加"→"网络适配器"→"下一步",选择合适的网卡进行添加即可。

6. 打开虚拟机

打开虚拟机时,需要选择虚拟机的来源。为方便管理,VMware 会把虚拟机添加到配置中心,所以需要选择虚拟机的来源,这里选择"移动此虚拟机"即可。至此,虚拟机迁移完毕。

7. 步骤总结

虚拟机的迁移步骤为:关闭源虚拟机→复制源虚拟机到目标宿主机→导入虚拟机配置→改变硬件兼容性→重新添加网卡。

6.7 虚拟机的快照功能

利用虚拟机的快照功能可以保存虚拟机的当前状态,使之能够重复返回到同一状态。使用虚拟机的快照功能时,Workstation 会捕捉虚拟机的完整状态,并可以利用快照管理器来查看和操作虚拟机的快照。

1. 使用快照保留虚拟机状态

快照的内容包括虚拟机的内存、设置以及所有虚拟磁盘的状态。恢复到快照状态时，虚拟机的内存、设置和虚拟磁盘状态都将返回到拍摄快照时的状态。

如果计划对虚拟机做出更改，则需要以线性过程拍摄快照。例如，拍摄快照后，继续使用虚拟机，一段时间之后再次拍摄快照，以此类推。如果更改不符合预期，可以恢复到之前的一个已知工作状态。对于本地虚拟机，每个线性过程可以拍摄超过 100 个快照。对于共享和远程虚拟机，每个线性过程最多可以拍摄 31 个快照。

多个快照之间为父子项关系，作为当前状态基准的快照是虚拟机的父快照。拍摄快照后，所存储的状态即为虚拟机的父快照。如果恢复到更早的快照，则该快照将成为虚拟机的父快照。在线性过程中，每个快照都有一个父项和一个子项，但最后一个快照没有子项。在过程树中，每个快照都有一个父项，但可以有不止一个子项，也可能没有子项。

2. 拍摄虚拟机快照

拍摄快照时，系统会及时保留指定时刻的虚拟机状态，而虚拟机则会继续运行。通过拍摄快照，可以反复恢复到同一个状态。

可以在虚拟机处于开启、关机或挂起状态时拍摄快照。当虚拟机中的应用程序正在与其他计算机进行通信时，尤其是在生产环境中，请勿拍摄快照。例如，如果在虚拟机正从网络中的服务器下载文件时拍摄快照，虚拟机会在拍摄完成后继续下载文件。当需要恢复到该快照状态时，虚拟机和服务器之间的通信会出现混乱，文件传输将会失败。

拍摄虚拟机快照有以下几个前提条件。

（1）虚拟机没有配置为使用物理磁盘。使用物理磁盘的虚拟机无法拍摄快照。

（2）要使虚拟机在开启时恢复到挂起、开机或关机状态，需要确保在拍摄快照之前虚拟机处于相应的状态。

（3）完成所有挂起操作。

（4）虚拟机未与任何其他计算机进行通信。

（5）为获得更高性能，可对客户机操作系统的驱动器进行碎片整理。

（6）如果虚拟机具有多个不同磁盘模式的磁盘，需要将虚拟机关闭。例如，如果有需要使用独立磁盘的配置，那么在拍摄快照之前必须将虚拟机关闭。

依次单击"虚拟机"→"快照"→"拍摄快照"即可开始拍摄快照，输入快照名称和对这个快照的描述信息后，单击"拍摄快照"按钮即可，如图 6-26 所示。

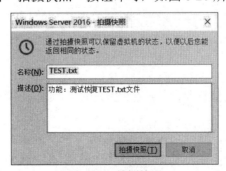

图 6-26　拍摄快照

例如，虚拟机桌面上有一个文本文件 TEST.txt。如果不小心把该文件删除了，并且回收站也没有保留，那么可以使用刚才拍摄的快照进行恢复。

3. 恢复快照

依次单击"虚拟机"→"快照"→"1 TEST.txt"即可恢复快照，如图 6-27 所示。

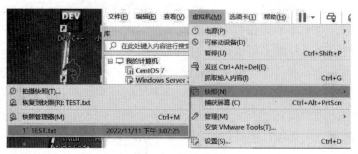

图 6-27　恢复快照

在快照管理器中可以查看快照创建时间和快照的描述信息，如图 6-28 所示。

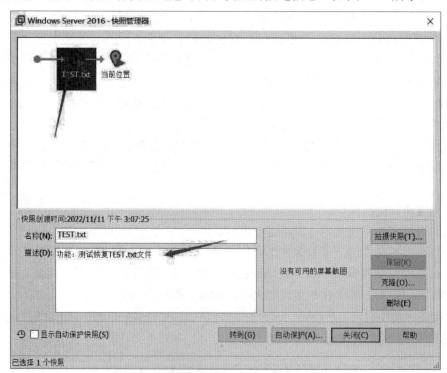

图 6-28　查看快照创建时间和快照的描述信息

4. 使用快照管理器

可以使用快照管理器来查看和操作虚拟机的快照，通过快照树可以查看虚拟机的快照以及快照之间的关系。

（1）要使用快照管理器，请依次选择"虚拟机"→"快照"→"快照管理器"命令。

（2）快照管理器中的"当前位置"图标表示虚拟机的当前状态，此外，还有自动保护快照、已开启的虚拟机的快照、已关机的虚拟机的快照、用于创建连接克隆的快照等。要对选定的快照执行操作，请单击相应的按钮。快照管理器的主要操作如表 6-5 所示。

表 6-5　快照管理器的主要操作

按钮	操作
拍摄快照	为选定的虚拟机拍摄快照； 拍摄快照不会保存物理磁盘的状态，独立磁盘的状态不受快照的影响； 注意：如果拍摄快照功能被禁用，可能是因为虚拟机具有多个不同磁盘模式的磁盘
保留	防止选定的自动保护快照被删除； 当 Workstation 拍摄的快照数达到指定的最大自动保护快照数时，系统在每次拍摄新快照时会自动删除最早的自动保护快照，除非该快照具有删除保护
克隆	启动克隆虚拟机向导来指导完成操作或创建克隆； 当需要将多个相同的虚拟机部署到一个组时，克隆功能非常有用
放大/缩小	（仅限 Linux 主机）放大或缩小快照树
删除	删除选定的快照； 删除快照不会影响虚拟机的当前状态，如果快照关联的虚拟机已被指定为克隆模板，则无法删除快照； 要删除某个快照及其所有子级对象，请右键单击该快照，然后选择删除快照及其子项； 重要提示：如果使用某个快照创建克隆，该快照会被锁定；如果删除锁定的快照，通过该快照创建的克隆将无法继续正常工作
自动保护快照	在快照树中显示自动保护快照
转到	恢复到选定的快照； 如果在为虚拟机拍摄快照后添加了任何类型的磁盘，恢复到该快照时会从虚拟机中移除该磁盘； 如果关联的磁盘文件未被其他快照使用，则会被删除； 如果将独立磁盘添加到虚拟机后拍摄快照，恢复到该快照时不会影响独立磁盘的状态
名称和描述	选定快照的名称和描述，编辑相应的文本框可以更改名称和描述

6.8　互联网应用

6.8.1　WWW 服务

WWW 即万维网（World Wide Web），可以缩写为 W3 或 Web，又称为环球信息网和环球网等。WWW 并不是独立于互联网的另一个网，而是基于超文本技术将许多信息资源连接成一个信息网,由节点和超链接组成,是方便用户在互联网上搜索和浏览信息的超媒体信息查询服务系统,是互联网提供的服务之一。

WWW 中节点的连接关系是相互交叉的,一个节点可以通过各种方式与其他节点连接。超媒体的优点是用户可以通过传递一个超链接,得到与当前节点相关的其他节点的信息。

超媒体是一个与超文本类似的概念,在超媒体中,超链接的两端可以是文本节点,也可以是图像、语音等各种媒体的数据。WWW 通过超文本传输协议 HTTP 向用户提供多媒体信息,所提供信息的基本单位是网页,每一个网页可以包含文字、图像、动画、声音等多种信息。

WWW 是通过 WWW 服务器(也叫作 Web 站点)来提供服务的。网页可存放在全球任何地方的 WWW 服务器上,只要接入互联网就可以使用浏览器访问全球任何地方的 WWW 服务器提供的信息。

1. WWW 地址

WWW 地址通常以协议名开头,后面是负责管理该站点的组织名称,后缀表示该组织的类型和所在的国家或地区。例如,地址 http://www.chsi.com.cn 提供的信息如表 6-6 所示。如果该地址指向特定的网页,那么地址中也应包括附加信息,例如端口号、网页所在的目录以及网页文件名称等。使用 HTML 编写的网页通常以".htm"或".html"扩展名结尾,例如 https://account.chsi.com.cn:80/passport/check.html,该 WWW 地址也称为网页资源的 URL,浏览网页时,该地址会显示在浏览器的地址栏中。

表 6-6　地址 http://www.chsi.com.cn 提供的信息

项目	含义
http://	这台 Web 服务器使用 HTTP 协议
www	该站点在 Web 上
chsi	属于学信网
com	属于商业组织
cn	属于中国大陆地区

2. WWW 的工作方式

WWW 系统的结构采用了客户机/服务器(Client/Server,C/S)模式,它的工作原理如图 6-29 所示。信息资源以主页(也称首页,HTML 文件)的形式存储在 WWW 服务器中,用户通过客户机(浏览器)向 WWW 服务器发出请求。WWW 服务器根据客户机的请求内容,将保存在 WWW 服务器中的某个页面发送给客户机。浏览器在接收到该页面后对其进行解释,最终将图、文、声并茂的画面呈现给用户。用户可以通过网页中的超链接方便地访问位于 WWW 服务器中的其他信息资源。

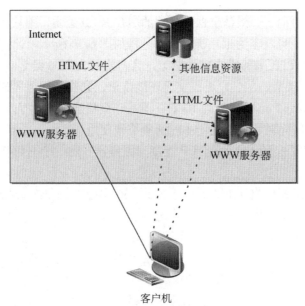

图 6-29　客户机/服务器模式的工作原理

3. WWW 浏览器

WWW 浏览器（Web Browser）也称为 Web 浏览器，是安装在客户端上的 WWW 浏览工具，其主要作用是在其窗口中显示和播放从 WWW 服务器上获取的主页文件中嵌入的文本、图形、动画、图像、音频和视频信息等，访问主页中各个超文本和超媒体链接对应的信息；此外，它也可以让用户访问和获取互联网上的其他信息服务。对于主页中涉及的各种不同格式的文件，WWW 浏览器一般通过预置的插件（Plug-in）或外部辅助应用程序（External Helper Application）直接或间接地对内容进行显示与播放。

4. HTTP 概述

HTTP 是 Web 应用的应用层协议，主要定义浏览器如何向 Web 服务器发送请求以及 Web 服务器如何向浏览器进行响应。HTTP 经历了多个版本的演变，目前广泛使用的是 HTTP/1.0 和 HTTP/1.1 两个版本，尤其以 HTTP/1.1 为主流。最新的版本是 HTTP/2.0，但是该协议目前尚未得到广泛应用。HTTP/2.0 最初称为 HTTP-NG，是 HTTP/1.1 后继结构的原型建议，重点关注性能优化以及强大的服务逻辑远程执行框架。

（1）HTTP 连接

HTTP 基于传输层的 TCP 传输报文。浏览器在向服务器发送请求之前，首先需要建立 TCP 连接，然后才能发送 HTTP 请求报文，并接收 HTTP 响应报文。根据使用 TCP 连接的策略不同，可以将 HTTP 分为非持久连接的 HTTP 和持久连接的 HTTP。

非持久连接是指 HTTP 客户与 HTTP 服务器建立 TCP 连接后，通过该连接发送 HTTP 请求报文以及接收 HTTP 响应报文，然后断开连接。HTTP/1.0 版本默认使用非持久连接，每次传输一个对象都需要重新建立一个 TCP 连接。

为了比较非持久连接与持久连接的特点，下面通过一个例子来估算 HTTP 的响应时间。假设用户在浏览器中输入了 URL 地址 http://www.nanshan.edu.cn/index.html，请求浏览引用 4

个 JPEG 图像的 Web 页面。如果基于默认模式的 HTTP/1.0 版本，则从用户请求 index.html 页面开始，到接收到完整的内容为止，请求传输过程如图 6-30 所示。

① 80 号端口是 HTTP 服务器的默认端口，客户进程向服务器 www.nanshan.edu.cn 的 80 号端口请求建立 TCP 连接。从客户进程发送连接请求，到收到服务器的连接确认，用时为 1 个往返时延（Round-Trip Time，RTT）。RTT 并不是一个精确时间，而且每次的 RTT 可能是变化的，但在估算响应时间时可以作为一个时间单位来使用。

② HTTP 客户进程基于已建立的 TCP 连接向服务器发送 1 个 HTTP 请求报文，请求报文中包含了路径名。

③ HTTP 服务器进程接收该 HTTP 请求报文，从指定的路径中检索出 index.html 文件，并封装到 1 个 HTTP 响应报文中，发送给客户进程。

④ HTTP 服务器进程通知 TCP 断开该 TCP 连接。

⑤ HTTP 客户端接收响应报文，断开 TCP 连接。浏览器从响应报文中提取出 HTML 文件，进行解析显示，并获知还有 4 个 JPEG 图像的引用。

⑥ 对每个引用的 JPEG 图像，重复前 4 个步骤。

非持久连接的 HTTP/1.0 协议每次请求传输一个对象（Web 页面或图像文件）时，都需要新建立一条 TCP 连接，并在传输结束后马上断开连接。如果忽略 HTTP 请求报文和响应报文的传输延时（即忽略报文长度），HTTP/1.0 协议使用非持久连接请求传输 Web 页面以及 4 个 JPEG 图像，共需要 10 个 RTT。另外，通过这种串行方式请求每个对象时，每次都要新建立 TCP 连接，因此要经历 TCP 拥塞控制的慢启动阶段，这使得 TCP 连接工作在较低的吞吐量状态，延迟更加明显。

为了提高或改善 HTTP 的性能，需要对 HTTP/1.0 这种默认的非持久连接方式进行优化，典型的优化技术包括以下两种。

① 并行连接。通过建立多条并行的 TCP 连接，并行发送 HTTP 请求和接收 HTTP 响应。

② 持久连接。重用已建立的 TCP 连接发送新的 HTTP 请求和接收 HTTP 响应，从而消除新建 TCP 连接的时间延迟。

（2）并行连接

通过并行连接加速或优化 HTTP 是比较典型的技术手段，目前几乎所有的浏览器都支持并行连接，但支持的并行连接数是有限制的。以请求引用 4 个 JPEG 图像的 Web 页面为例，使用并行连接的传输过程如图 6-31 所示。当客户端接收到 Web 页面后，可以并行建立 4 条 TCP 连接，然后分别利用 1 个连接请求 1 个 JPEG 图像，在忽略请求报文和响应报文长度的情况下，获取 Web 页面以及 4 个 JPEG 图像共需要 4 个 RTT。由此可见，并行连接可以有效提高 HTTP 性能，减少 Web 页面的加载时间。

（3）持久连接

客户端请求 Web 页面后，继续传输引用的图像文件，多数情况下这些图像文件所在的服务器与 Web 页面相同，即具有站点局部特性。在这种情况下，可以不断开已建立的 TCP 连接，而是利用该连接继续请求传输后续的 JPEG 图像，这种 TCP 连接称为持久连接。根据使用持久连接传输多个对象的策略不同，持久连接又分为非流水方式持久连接和流水方式持久连接。

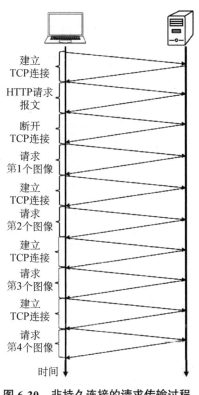

图 6-30　非持久连接的请求传输过程　　　　**图 6-31　并行连接的传输过程**

① 非流水方式持久连接也称为非管道方式持久连接，客户端必须在收到前一个响应报文后，才能发出对下一个对象的请求报文。与非持久连接相比，这种连接方式连续请求多个对象时（例如 Web 页面内引用多个图像），只需建立一次 TCP 连接，每获取一个对象只需 1 个RTT。

② 流水方式持久连接也称为管道方式持久连接，客户端在通过持久连接收到前一个对象的响应报文之前，连续依次发送对后续对象的请求报文，然后再通过该连接依次接收服务器发回的响应报文。使用流水方式持久连接时，获取一个对象的平均时间远小于 1 个 RTT。如果忽略对象传输时间，连续请求多个对象只需 1 个 RTT。

HTTP/1.1 版本在默认情况下使用流水方式持久连接，除非特别声明，否则假定所有连接均是持久的。如果希望结束持久连接，可以在报文中显式地添加 Connection:close 首部行。也就是说，如果 HTTP/1.1 版本的客户端收到的响应报文中没有包含 Connection:close首部行，则继续维持连接为打开状态。当然，不在响应报文中发送 Connection:close 首部行，并不意味着服务器将永久保持为打开状态。HTTP/1.1 版本使用持久连接的主要约束和规则如下。

① 如果客户端不期望在连接上发送其他请求，则应该在最后一条请求报文中包含Connection:close 首部行。

② 如果客户端在收到的响应报文中包含 Connection:close 首部行，则客户端不能再在这条连接上发送更多的请求。

③ 每个持久连接只适用于跳传输，HTTP/1.1 版本的代理必须能够分别管理与客户端和服

务器的持久连接。

④ HTTP/1.1 版本的代理服务器不应该与 HTTP/1.0 客户端建立持久连接。

非流水方式持久连接的请求传输过程如图 6-32 所示，传输所有对象需要的总时间约为 6 个 RTT。使用流水方式持久连接的请求传输过程如图 6-33 所示，总时间约为 3 个 RTT。

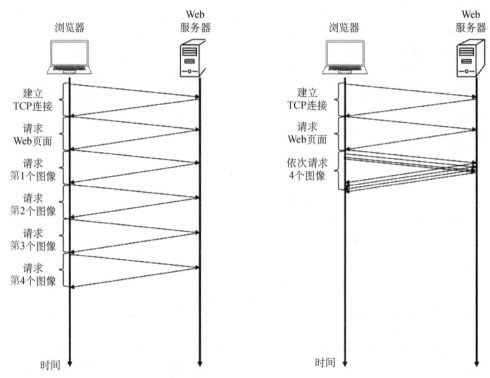

图 6-32　非流水方式持久连接的请求传输过程　　图 6-33　流水方式持久连接的请求传输过程

6.8.2　电子邮件

1. 电子邮件的基本概念

利用计算机网络来发送或接收的邮件叫作"电子邮件"，英文名为"E-mail"。对于大多数用户而言，E-mail 是互联网上使用频率最高的服务之一。

提供独立处理电子邮件业务的服务器叫作邮件服务器，它将用户发送的电子邮件承接下来并转送到指定的目的地，或将电子邮件存储到相关的网络邮件服务器的邮箱中，等待邮箱的拥有者读取。

发送与接收邮件的计算机可以属于局域网、广域网或互联网。如果某一局域网或广域网没有接入互联网，那么该网络的电子邮件只能在其网内的各个工作站（即个人计算机或终端机）间传输而不能越出网外。这种只限制在局部或全局（广域）网内传递的邮件为"办公室电子邮件"（Office E-mail），而那些能够在世界范围内（即互联网）传递的电子邮件则称为"Internet 电子邮件"（Internet E-mail）。

2. 电子邮件的地址

互联网上的电子邮件服务采用客户机/服务器方式。电子邮件服务器其实就是一个电子邮局，它全天候、全时段运行着电子邮件服务程序，并为每个用户开设一个电子邮箱，用以存放任何时候从世界各地发送给该用户的邮件，等待用户在任何时刻上网获取。用户在自己的个人计算机上运行电子邮件客户程序，例如 Outlook Express、Foxmail 等，用以发送、接收和阅读邮件等。

要发送电子邮件，必须知道收件人的 E-mail 地址（电子邮件地址）。E-mail 地址是由 ISP 向用户提供的，或者是互联网上的某些网站向用户免费提供的，是一种"虚拟邮箱"，即 ISP 的邮件服务器硬盘上的一个存储空间。在日益发展的信息社会中，E-mail 地址的作用和电话号码一样重要，逐渐成为一个人的电子身份。报刊、杂志、电视台等单位也常提供 E-mail 地址以方便与用户进行联系。

E-mail 地址的含义是"在某电子邮件服务器上的某用户"，格式为"用户名@电子邮件服务器域名"，例如"luynglan@126.com"。用户名由英文字符组成，用于鉴别用户身份，又叫作注册名，但不一定是用户的真实姓名。"@"的含义和读音与英文介词"at"相同，表示"位于"之意。电子邮件服务器域名是用户的电子邮箱所在电子邮件服务器的域名，在邮件地址中不区分大小写。

3. 电子邮件传输协议

(1) 简单邮件传输协议

TCP/IP 协议栈提供两个电子邮件传输协议，分别是邮件传输协议（Mail Transfer Protocol，MTP）和简单邮件传输协议（Simple Mail Transfer Protocol，SMTP）。顾名思义，后者比前者简单。

SMTP 是互联网上传输电子邮件的标准协议，用于提交和传输电子邮件，规定了主机之间传输电子邮件的标准交换格式和邮件在链路上的传输机制。SMTP 通常用于把电子邮件从客户机传输到服务器或者从某一服务器传输到另一个服务器上。互联网中的大部分电子邮件都是由 SMTP 发送的，这种传输协议的最大特点就是简单，它只定义邮件如何在邮件传输系统中通过发送端和接收端之间的 TCP 连接传输，而不规定其他任何操作。

在正式发送邮件之前，SMTP 要求客户端与服务器之间建立一个连接，然后发送端可以发送若干报文。发送完成后，终端推出 SMTP 进程，也可以请求服务器交换收、发双方的位置，进行反方向传输。

(2) 邮局协议

每个具有邮箱功能的计算机系统必须运行邮件服务器程序来接收并将邮件放入正确的邮箱。TCP/IP 协议专门设计了一个对电子邮件信箱进行远程读取的协议，允许用户的邮箱位于邮件服务器上，并允许从个人计算机对邮箱的内容进行读取，这个协议就是邮局协议（Post Office Protocol）。邮局协议目前已发展到第三版，称为 POP3（Post Office Protocol-Version 3）

POP3 是互联网上传输电子邮件的第一个标准协议，也是一个离线协议。它提供信息存储功能，负责为用户保存收到的电子邮件，并从邮件服务器上下载和读取邮件。

POP3 为客户机提供了身份认证信息（用户名和口令），可以规范对电子邮件的访问过程。这样，邮件服务器上要运行两个服务器程序，一个是 SMTP 服务器程序，它使用 SMTP 协议与客户端程序进行通信；另一个是 POP 服务器程序，它与用户计算机中的 POP 客户程序通过 POP3 协议进行通信，如图 6-34 所示。

图 6-34　邮件服务器上运行的两个服务器程序

（3）网际消息访问协议

当电子邮件客户机通过慢速的电话线访问互联网和邮件服务器时，网际消息访问协议（Internet Message Access Protocol，IMAP）比 POP3 更为适用。使用 IMAP 时，用户可以选择性地下载电子邮件，甚至只下载邮件的部分内容。

4. 电子邮件的传输过程

电子邮件系统是一种典型的客户机/服务器模式的系统，互联网中有很多电子邮件服务器，它们是整个电子邮件系统的核心。

电子邮件服务器的工作过程如下。

（1）客户端将待发送的电子邮件通过 SMTP 发往目的地的邮件服务器。

（2）邮件服务器接收别人发给本地计算机用户的电子邮件，并保存在用户的邮箱里。

（3）用户打开邮箱时，邮件服务器将用户邮箱的内容通过协议传至用户的个人计算机中，完成用户收取电子邮件的过程。

收、发邮件的过程如图 6-35 所示。

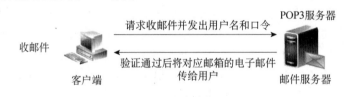

（a）收邮件的过程

（b）发邮件的过程

图 6-35　收发邮件的过程

6.8.3　文件传输服务

1. FTP 概述

文件传输协议（File Transfer Protocol，FTP）是互联网文件传输的基础。通过该协议，用户可以将文件从一台计算机传输到另一台计算机上，并保证传输的可靠性。

FTP 在传输过程中不对文件进行复杂的转换，具有很高的效率。不过，这也造成了 FTP 的一个缺点：用户在文件下载到本地之前无法了解文件的内容。互联网和 FTP 的完美结合让每个联网的计算机都拥有了一个容量巨大的备份文件库。

FTP 是一种实时联机服务，在进行工作时用户首先要登录到对方的计算机上，进行文件搜索和文件传输。使用 FTP 几乎可以传输文本文件、二进制可执行程序、图像文件、声音文件、数据压缩文件等任何类型的文件。

与大多数互联网服务一样，FTP 也是一个客户机/服务器系统。用户通过一个支持 FTP 协议的客户机程序连接到远程主机上的 FTP 服务器程序，通过客户机程序向服务器程序发出命令，服务器程序执行用户发出的命令，并将执行的结果返回到客户机。例如，用户发出一条命令，要求服务器向用户传输某文件的一份副本，服务器会响应这条命令，将指定文件送至用户的机器上。

在 FTP 的使用过程中，用户会经常遇到两个概念：下载（Download）和上传（Upload）。下载是指从远程主机复制文件到本地计算机上；上传是指将文件从本地计算机复制到远程主机上，如图 6-36 所示。

图 6-36　文件的下载和上传

2. FTP 的工作过程

FTP 服务使用的是 TCP 端口 20 和 21，一个 FTP 服务器进程可以同时为多个客户端进程提供服务，端口 21 始终处于监听状态。

当用户发起通信时，客户机请求与服务器的端口 21 建立 TCP 连接，该连接用于发送和接收 FTP 控制信息，所以又称为控制连接。

当需要传输数据时，客户机再打开连接服务器端口 20 的第二个端口，建立另一个连接。服务器的端口 20 只用于发送和接收数据，在传输数据时打开，在传输结束时关闭，所以该连接又称为数据连接。

3. FTP 的访问

FTP 支持授权访问，即允许用户使用合法账号访问 FTP 服务器。使用 FTP 前必须首先登录，在远程主机上获得相应的权限后，方可上传或下载文件。也就是说，要想与一台计算机传输文件，就必须具有这台计算机的授权。换言之，除非有用户 ID 和口令，否则无法传输文件，这种方式有利于提高服务器的安全性，但违背了互联网的开放性原则。互联网上 FTP 主机的数量成千上万，不可能要求每个用户在每一台主机上都拥有账号，所以在许多情况下，允许匿名 FTP 访问。

用户可通过匿名 FTP 连接到远程主机上并下载文件而不必成为其注册用户。系统管理员建立了一个特殊的用户 ID 和口令（用户 ID：anonymous；口令：guest），通过 FTP 程序连接匿名 FTP 服务器的方式与连接普通 FTP 服务器的方式差不多，只是在要求提供用户 ID 时必须输入 "anonymous"，该用户 ID 的口令一般为 "guest"。值得注意的是，匿名 FTP 并不适用于所有互联网服务器，它只适用于那些提供了匿名服务的服务器。

当远程主机提供匿名 FTP 服务时，会指定某些目录向公众开放并允许匿名存取，其他目录则处于隐匿状态。作为一种安全措施，大多数匿名 FTP 服务器允许用户从其下载文件，而不允许用户向其上传文件，即使有些匿名 FTP 服务器确实允许用户上传文件，用户也只能将文件上传至某一指定的目录中。

互联网上有成千上万台匿名 FTP 服务器，这些服务器上存放着数不清的文件，供用户免费下载。实际上，几乎所有类型的信息都可以在互联网上找到。

6.8.4　DHCP

动态主机配置协议（Dynamic Host Configuration Protocol，DHCP）是一个局域网的应用层协议，主要作用是给网内主机自动分配 IP 地址。在小型网络中，IP 地址的分配一般采用静态方式，但在大型网络中，为数量巨大的计算机分配静态 IP 地址将极大地增加网络管理员的负担，而且容易导致分配错误。因此，采用 DHCP 动态分配 IP 地址是目前大、中型网络广泛使用的 IP 地址分配方法。

1. DHCP 的功能

DHCP 采用客户机/服务器模式，当 DHCP 服务器接收到来自网络主机申请地址的信息时，才会向网络主机发送相关的地址配置信息，以实现网络主机地址信息的动态配置。DHCP 具有以下几种功能。

（1）保证服务范围内的主机的 IP 地址唯一。

（2）允许给用户分配永久固定的 IP 地址。

（3）允许用户用其他方法获得 IP 地址（例如静态配置 IP 地址的主机）。

（4）为用户动态分配 IP 地址、子网掩码、默认网关、DNS 服务器地址等网络配置参数。

（5）为用户指定一个有限租期的 IP 地址，到期后可指定给其他主机。

2. DHCP 的工作过程

（1）DHCP 服务器被动打开 UDP 端口 67，等待 DHCP 客户端发来的请求报文。

（2）客户端向服务器的 UDP 端口 67 以广播形式发送 DHCP 发现报文 DHCP Discover，该报文的源地址为 0.0.0.0，目的地址为 255.255.255.255。该报文试图找到网络中的服务器，以便从服务器获得一个 IP 地址。

（3）收到 DHCP 发现报文的服务器通过 UDP 端口 68 发出 DHCP 提供报文 DHCP Offer，因此客户端可能收到多个 DHCP 提供报文。

（4）客户端从多个服务器中选择一个，通常采用最先到达的 DHCP Offer 报文中服务器所提供的 IP 地址。

（5）被选择的 DHCP 服务器发送确认报文 DHCP ACK，DHCP 客户端就可以使用这个 IP 地址，租用期默认为 8 天。

（6）租用期过了一半时（即 50%），DHCP 客户端向服务器单播一个 DHCP Request 报文要求更新租用期。若 DHCP 不响应此报文，则在租用期的 87.5%时，DHCP 客户端必须重新发送 DHCP Request 报文。

（7）DHCP 客户可以随时提前终止服务器所提供的租用期，这时只需要向 DHCP 服务器发送释放报文 DHCP Release。

6.8.5 域名

为了便于记忆，在互联网上用一串字符来表示主机地址，这串字符称为域名。例如，IP 地址 211.151.242.180 和域名"www.chsi.com.cn"都指向中国高等教育学生信息网（学信网）。域名相当于一个人的名字，IP 地址相当于身份证号，一个域名对应一个 IP 地址。用户在访问某主机时，可以在地址栏中输入该主机的 IP 地址，也可以输入该主机的域名。如果输入的是 IP 地址，计算机可以直接找到目的主机。如果输入的是域名，则需要通过域名服务系统（Domain Name System，DNS）将域名转换成 IP 地址，再通过 IP 地址找到目的主机。

1．域名结构

DNS 域名系统是一个以分级的、基于域的命名机制为核心的分布式命名数据库系统。DNS 将整个互联网视为一个域名空间（Name Space），一个域代表该网络中要命名资源的管理集合，这些资源通常代表工作站、PC、路由器等，理论上可以表示任何设备。不同的域由不同的域名服务器来管理，域名服务器负责管理存放主机名和 IP 地址的数据库文件，以及域中的主机名和 IP 地址映射。每个域名服务器只负责整个域名数据库中的一部分信息，所有域名服务器中的数据库文件中的主机和 IP 地址集合组成 DNS 域名空间。域名服务器分布在不同的地方，它们之间通过特定的方式进行联络，这样可以保证用户可以通过本地的域名服务器查找到互联网上所有的域名信息。

DNS 的域名空间是由树状结构的分层域名组成的集合，学信网的域名"www.chsi.com.cn"由树状结构的分层域名组成，如图 6-37 所示。

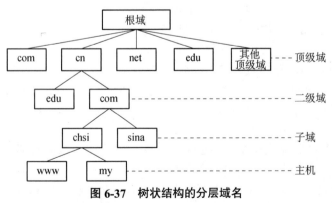

图 6-37 树状结构的分层域名

树状结构的顶端是域名空间的根域，根域没有名字，用"."表示；接下来是顶级域，如com、cn、net、edu 等。在互联网中，顶级域由国际互联网络信息中心（InterNIC）负责管理和维护，部分顶级域名及其含义如表 6-7 所示。

表 6-7 部分顶级域名及其含义

域名	含义	域名	含义
com	商业组织	gov	政府机构
edu	教育、学术机构	mil	军事机构
net	网络服务机构	ma	中国澳门特别行政区
org	非营利性组织、机构	tw	中国台湾地区
int	国际组织	uk	英国
cn	中国大陆	us	美国
hk	中国香港特别行政区	au	澳大利亚

二级域表示顶级域中的一个特定的组织名称。在互联网中，各国的网络信息中心负责对二级域名进行管理和维护，以保证二级域名的唯一性。

在二级域下面创建的域称为子域，一般由各个组织根据自己的要求进行创建和维护。域名空间的最下面一层是主机，被称为完全合格的域名。

2. 域名服务器

一个服务器所负责管辖（有权限）的范围叫作区。区是域名空间树状结构的一部分，它将域名空间根据用户的需要划分为较小的区域，以便于管理，所以区是 DNS 系统管理的基本单位。

（1）域名服务器提供的资源记录

域名服务器中提供了多种资源记录，主要包括以下 8 种。

① MX（邮件交换器）：表示一个邮件服务器与其对应的 IP 地址的映射关系及优先级。

② SOA（授权开始）：表示一个资源记录集合（授权区段）的开始。

③ NS（域名服务器）：本区域权限域名服务器的名字。

④ PTR（指针）：将 IP 地址映射到指定域名等。

⑤ A（主机地址）：将指定域名映射到 IP 地址。

⑥ CNAME（别名）：将别名映射到标准 DNS 域名。

⑦ HINFO（主机描述）：通过 ASCII 字符串对 CPU 和 OS 等主机配置信息进行说明。

⑧ TXT（文本）：ASCII 字符串等。

（2）域名服务器的分类

互联网上的域名服务器系统是按照区来安排的，每个域名服务器都只对域名体系中的一部分进行管辖。域名服务器划分为四种不同的类型。

① 主域名服务器。主域名服务器是特定域中所有信息的权威信息源。

② 辅助域名服务器。当主域名服务器出现故障、关闭或负载过重时，辅助域名服务器作为主域名服务器的备份提供域名解析服务。辅助域名服务器与主域名服务器不同的是，它的数据不是直接输入的，而是从其他 DNS 服务器（主域名服务器或其他辅助域名服务器）中复制过来的，只是一个副本，其数据无法被修改。

③ 缓存域名服务器。缓存域名服务器是一种特殊的 DNS 服务器，它本身并不管理任何区

域，但 DNS 客户端仍可以向它提出查询请求。缓存域名服务器类似于代理服务器，没有自己的域名数据库，而是将所有查询转发到其他 DNS 服务器处理。当缓存域名服务器从其他 DNS 服务器收到查询结果后，除了返回给客户机，还会将结果保存在自身的高速缓存中。当下一次 DNS 客户端再查询相同的域名数据时，就可以从高速缓存里得到结果，从而加快对 DNS 客户端的响应速度。若在局域网中建立一台缓存域名服务器，则可以提高客户机 DNS 的查询效率并减少内部网络与互联网的通信流量。

④ 转发域名服务器。转发域名服务器负责所有非本地域名的本地查询，转发域名服务器自身无法完成域名解析，而是将该 DNS 查询请求依次转发到指定的域名服务器。

（3）域名解析的过程

域名解析有递归解析和迭代解析两种方法。递归解析要求域名服务器系统一次性完成全部域名的地址转换，用户主机和本地域名服务器发送的域名解析请求条数均为 1 条。迭代解析则是每次请求一个服务器，用户主机和本地域名服务器发送的域名解析请求条数分别为 1 条和多条。

【例 6-1】假设域名为 "nanshan.edu.cn" 的主机打算访问主机 "chsi.com.cn"。请给出域名 "chsi.com.cn" 迭代解析的过程。

【解】域名迭代解析的过程如下。

① 主机 "nanshan.edu.cn" 先向本地 DNS 服务器 "dns.hbeutc.cn" 提出域名解析请求，如有记录则返回目标主机 "chsi.com.cn" 的 IP 地址，否则本地 DNS 服务器向根域名服务器提出解析 ".cn" 域名的请求。

② 根域名服务器返回 ".cn" 域服务器的 IP 地址，本地 DNS 服务器向 ".cn" 域服务器提出解析 ".com.cn" 域名的请求。

③ ".cn" 域服务器返回 ".com.cn" 域服务器的 IP 地址，本地 DNS 服务器向 ".com.cn" 域服务器提出解析 "chsi.com.cn" 域名的请求。

④ ".com.cn" 域服务器返回 "chsi.com.cn" 域服务器的 IP 地址，本地 DNS 服务器将此 IP 地址返回给主机 "nanshan.edu.cn"，并将结果保存在高速缓存中。

⑤ 主机 "nanshan.edu.cn" 根据本地域名服务器返回的 IP 地址访问主机 "chsi.com.cn"。

6.8.6 简单网络管理协议

1. 网络管理的基本概念

随着计算机网络的发展，新技术、新业务、新概念层出不穷，网络规模不断扩大，网络的复杂性不断增长，导致网络的管理费用不断上升，管理问题日益突出，网络管理的研究和应用日趋重要。网络管理的目标是保证网络的有效性、可靠性、开放性、综合性、安全性和经济性，为网络经营者和网络用户提供一个能集成多个厂商生产的网络设备，并保证这些设备稳定运转，以提供安全可靠、经济实惠且保证服务质量的综合业务计算机网络。

一般说来，网络管理是指通过某种方式对网络状态进行调整，使网络能正常、高效地运行。网络管理的目的很明确，就是使网络中的各种资源得到更加高效的利用，当网络出现故障时，能及时做出报告和处理，并保持网络的高效运行等。

2. 网络管理的功能

国际标准化组织把网络管理的目标分解为以下五部分。

（1）配置管理（Configuration Management）

配置管理允许网络管理者对网络进行初始化和配置，使其能够提供网络服务。它通过定义、收集、管理和使用配置信息，控制网络资源配置以减轻拥塞，使系统达到现有网络环境下能提供的最好服务质量。配置管理的典型功能有：

① 定义配置信息（描述网络资源的特征与属性）；

② 设置和修改设备属性（被管对象的管理信息值）；

③ 定义和修改网络元素间的互联关系；

④ 启动和终止网络运行；

⑤ 发行软件（给系统装载软件、更新软件版本和配置软件参数等）；

⑥ 检查参数值和互联关系；

⑦ 报告配置现状。

（2）性能管理（Performance Management）

性能管理是指监视被管网络，对系统资源的运行状况、通信效率及其所提供的服务性能等系统性能进行分析，根据分析结果确定是否触发某个诊断测试过程或重新配置网络以维持网络的性能。性能管理的典型功能有：

① 收集统计信息；

② 维护并检查系统状态日志；

③ 确定自然状况和人工状况下系统的性能；

④ 改变系统操作模式以进行系统性能管理。

（3）故障管理（Fault Management）

故障管理为操作决策提供依据，以确保网络的可用性。故障管理的主要功能是分析网络故障的原因，当网络中某个部件失效时，迅速查找到故障并及时排除。故障管理包括故障检测、故障隔离、故障纠正和故障记录。故障管理的典型功能有：

① 维护并检查错误日志；

② 接收错误检测报告并做出响应；

③ 跟踪和辨认错误；

④ 执行诊断测试；

⑤ 纠正错误。

（4）安全管理（Security Management）

安全管理用于降低运行网络及网络管理系统的风险。安全管理通过对授权机制、访问控制、加密机制和加密关键字的管理，防止入侵者非法获取网络数据、非法访问网络资源和在网络上发送错误信息。安全管理的典型功能有：

① 维护、检查防火墙和安全日志；

② 创建、删除、控制安全服务和机制；

③ 提供各种级别的警告或报警。

（5）计费管理（Accounting Management）

计费管理为成本计算和收费提供依据，它记录网络资源的使用情况并提出计费报告，为网络资源核算成本并提供收费依据。计费管理可以通过控制网络服务和网络应用等资源来控制用户的最大使用费用，提高网络资源的利用率。

3. 网络管理系统

为实现更优质的网络环境，网络管理系统（Network Management System，NMS）能够通过监测计算机系统和其他网络设备的状态，获得用于分析网络性能的各种原始数据。这就要求每个被管理的设备运行一个在设备非正常运转时能判别错误类型并发出警告信息的软件模块，这种软件模块通常称为代理（Agent）。代理运行于被管理的设备中，用于收集该设备的有关信息并存入管理信息库（Management Information Base，MIB）中，并通过某种网络管理协议向网络管理者（Network Manager）提供数据。

NMS 接收代理所提供的监测数据，并运用各种模型对这些数据进行运算，分析并判断网络的状态，根据状态分析的结果和预定的管理策略对各种管理实体做出具体的响应，执行一个或一组管理操作，包括操作员通知、事件日志登录、系统关闭以及自动进行系统修复等。

通过上面的讨论不难看出网络管理系统应由四部分组成：多个位于被管理设备中的代理、至少一个网络管理员、一种通用的网络管理协议以及一个或多个管理信息库。网络管理员通过和被管设备代理交换管理信息来获取网络状态。在工作过程中，网络管理员定期轮询各网络设备代理，被管代理监听和响应来自网络管理员的网络管理查询和命令。信息交换通过网络管理协议来实现，这些网络状态信息分别驻留在管理工作站和被管理对象的 MIB 中，这种网络模式通常称为管理者—代理（Manager-Agent）模式。

4. 简单网络管理协议

（1）网络管理协议概述

网络管理系统中最重要的部分就是网络管理协议，它定义了网络管理员与被管代理间的通信方法。在网络管理协议产生之前，网络管理员要学习各种从不同网络设备获取数据的方法，因为不同的生产厂商提供的数据采集方法可能大相径庭。在这种情况下，制定一个行业标准的紧迫性越来越明显。

首先开始研究网络管理通信标准问题的是国际标准化组织 ISO，其对网络管理的标准化工作始于 1979 年，主要针对 OSI 参考模型的传输环境。

ISO 的成果是通用管理信息服务（Common Management Information Services，CMIS）和通用管理信息协议（Common Management Information Protocol，CMIP）。CMIS 支持管理进程和管理代理之间的通信要求，CMIP 则是提供管理信息传输服务的应用层协议，CMIS 和 CMIP 规定了 OSI 参考模型的网络管理标准。

后来，IETF 为了管理以几何级数增长的互联网，决定采用基于 OSI 模型的 CMIP 协议作为互联网的管理协议，并对它做了修改，修改后的协议被称为 CMOT（Common Management Over TCP/IP）。但由于 CMOT 迟迟未能出台，IETF 决定把已有的简单网关监控协议进一步修改作为临时的解决方案，即著名的简单网络管理协议（Simple Network Management Protocol，SNMP）。

SNMP 最大的特点是简单、容易实现且成本低。此外，SNMP 还有以下几个特点。

① 可伸缩性。SNMP 可管理绝大部分符合 TCP/IP 体系结构的设备。

② 可扩展性。通过定义新的被管理对象，SNMP 可以非常方便地扩展管理能力。

③ 健壮性。即使在被管理设备发生严重错误时，SNMP 也不会影响管理者的正常工作。

（2）SNMP 的网络管理组织结构

SNMP 已经成为事实上的标准网络管理协议，它被设计成与协议无关的，可以在 IP、IPX、AppleTalk 以及其他用到的传输协议上使用。SNMP 采用 UDP 提供的数据报服务传递信息，这是因为 UDP 实现网络管理的效率较高。

SNMP 的体系结构分为 SNMP 管理员（SNMP Manager）、SNMP 代理（SNMP Agent）和网络管理系统。每一个支持 SNMP 的网络设备都包含一个代理，此代理随时记录网络设备的各种情况，网络管理程序再通过 SNMP 通信协议查询或修改代理所记录的信息。SNMP 的网络管理组织结构如图 6-38 所示。

如果网络设备使用的不是 SNMP 而是另一种网络管理协议，那么 SNMP 就无法控制该设备，这时可以使用委托代理（Proxy Agent）对被管对象进行管理。

SNMP 定义了管理员与代理之间交换报文的格式，SNMP 的操作通常只有两种基本的管理功能，"读"操作用 Get 报文来检测各被管对象的状况，"写"操作用 Set 报文来改变各被管对象的状况。当代理收到一个 Get 报文时，如果有一个值不能提供，则返回下一个值。

SNMP 提供了一种从网络上的设备中收集网络管理信息的方法。从被管理设备中收集数据有两种方法，一种是轮询方法，另一种是基于中断的方法。

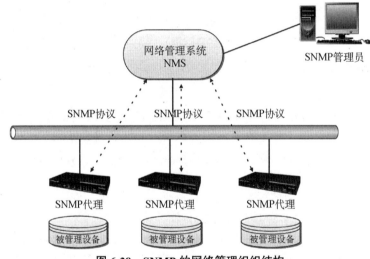

图 6-38 SNMP 的网络管理组织结构

SNMP 使用嵌入到网络设备中的代理软件来收集网络的通信信息和有关网络设备的统计数据。代理软件不断地收集统计数据，并把这些数据记录到 MIB 中。SNMP 管理员通过向代理的 MIB 发出查询信号可以得到这些信息，这个过程就叫轮询（Polling）。为了能全面地查看一天的通信流量和变化率，网络管理员必须不断地轮询 SNMP 代理，每分钟就轮询一次。这样，网络管理员可以使用 SNMP 来评价网络的运行状况，并揭示出通信的趋势，例如哪一个网段接近通信负载的最大能力等。先进的 SNMP 网络管理工作站甚至可以通过编程来自动关闭端口或采取其他矫正措施来处理历史网络数据。

轮询方法的缺陷在于信息的实时性，尤其是错误的实时性。多久轮询一次、轮询时选择什么顺序的设备等都会对轮询的结果产生影响。如果轮询的间隔太小，会产生太多不必要的通信量；如果间隔太大且顺序不对，那么关于一些大的灾难性事件的通知又会太慢，这就违背了积极主动的网络管理目的。

　　与轮询方法相比，当有异常事件发生时，基于中断的方法可以立即通知网络管理员，实时性很强。但这种方法也有缺陷，如果自陷指令必须转发大量的信息，那么被管理设备可能不得不消耗更多的事件和系统资源，这将会影响到网络管理的主要功能。

　　【例 6-2】图 6-39 是某被管理对象的树结构，其中 Private 子树是为私有企业管理信息准备的，目前这个子树只有一个子节点 enterprise(1)。某私有企业向互联网编码机构申请到一个代码 920，该企业为它生产的路由器赋予的代码为 3，求该路由器的对象标识符。

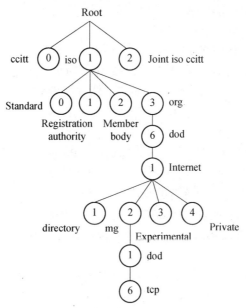

图 6-39　某被管理对象的树结构

　　【解】由树结构可知，Private 节点的对象标识符为 1.3.6.1.4。由于 Private 子树只有一个子节点 enterprise(1)，而某私有企业所申请到的企业代码为 920，如果该企业为它生产的路由器赋予的代码为 3，则该路由器的对象标识符是 1.3.6.1.4.1.920.3。

　　请扫描下方二维码学习 Windows 2016 服务器搭建操作步骤。

Windows 2016 服务器配置

本章习题

6-1　下列域名中不属于通用顶级域名的是（　　　）。

A. net　　　　　　　　　B. com　　　　　　　　　C. int　　　　　　　　　D. edu

6-2　下列关于域名系统 DNS 的表述中错误的是（　　　）。

A. DNS 是一个集中式数据库系统　　　　　B. 域名的各分量之间用小数点分隔

C.互联网域名由 DNS 统一管理　　　　　　D. 域名中的英文字母不区分大小写

6-3　超文本传输协议 HTTP 表示被操作资源的方法是采用（　　　）。

A. IP 地址　　　　　B. URL　　　　　　C. MAC 地址　　　　　D. 域名

6-4　以下关于域名服务器的说法中错误的是（　　　）。

A. 每个域名服务器存储部分域名信息

B. 一个服务器负责管辖的范围叫作区

C. 域名服务器的管辖范围以域为单位

D. 主机一般会配置默认域名服务器

6-5　在 Web 应用中，寻址一个 Web 页面或 Web 对象需要通过一个（　　　）。

A. 访问协议　　　　　B. URL 地址　　　　C. 域名解析　　　　　D. 文件路径

6-6　在典型的 HTTP 请求方法中，最常见的方法是（　　　）。

A. HEAD　　　　　　B. PUT　　　　　　C. POST　　　　　　D. GET

6-7　假设你在浏览某网页时单击了一个超链接，该超链接的 URL 为 http://www.nanshan.edu.cn/index.html，且该 URL 对应的 IP 地址在你的计算机上没有缓存；文件 index.html 引用了 10 个图像。在域名解析过程中，无等待的一次 DNS 解析请求与响应时间记为 RTTd，HTTP 请求传输 Web 页面的一次往返时间记为 RTTh，请回答下列问题。

（1）你的浏览器解析到 URL 对应 IP 地址的最短时间是多少？最长时间是多少？

（2）若浏览器没有配置并行 TCP 连接，则基于 HTTP/1.0 获取 Web 页面的完整内容（包括引用的图像，下同）需要多长时间（不包括域名解析时间，下同）？

（3）若浏览器配置 5 个并行 TCP 连接，则基于 HTTP/1.0 获取 Web 页面的完整内容需要多长时间？

（4）若浏览器没有配置并行 TCP 连接，则基于非流水方式的 HTTP/1.1 获取 Web 页面的完整内容需要多长时间？基于流水方式的 HTTP/1.1 获取 Web 页面的完整内容需要多长时间？

第7章　无线网络

随着计算机技术、网络技术和通信技术的飞速发展，人们对网络通信的需求不断提高，希望能随时随地进行包括数据、话音、图像等所有内容的通信，并希望能实现主机在网络中自动漫游。在这样的情况下，无线网络应运而生，它是对有线网络的扩展，是新一代的网络。凡是采用无线传输介质的计算机网络都可称为无线网络。

无线网络有很多种，包括无线个域网（WPAN）、无线局域网（WLAN）、无线网桥、无线城域网（WMAN）和无线广域网（WWAN）等。在本章中我们主要研究的是无线局域网，它是目前应用最为广泛的一种无线网络。

7.1　无线局域网概述

无线局域网（Wireless Local Area Network，WLAN）是指应用无线通信技术将计算机设备互联起来，构成可以互相通信和实现资源共享的网络体系。无线局域网的本质特点是不再使用通信电缆将计算机与网络连接起来，而是通过无线的方式连接，使网络的构建和终端的移动更加灵活。

无线局域网利用射频（Radio Frequency，RF）技术，使用电磁波取代双绞线等有线介质，在空中进行通信连接，能利用简单的存取架构达到"信息随身化、便利走天下"的理想境界。

1. IEEE 802.11 标准

IEEE 802.11 是目前无线局域网通用的标准，主要对网络的物理层和 MAC 子层进行了规定。由于 IEEE 802.11 标准在速率和传输距离上都不能满足人们的需要，随后 IEEE 又相继推出了 IEEE 802.11x 系列标准，常见的 IEEE 802.11x 标准如下。

（1）IEEE 802.11a 是 IEEE 802.11 标准的一个修订标准，于 1999 年推出，它工作在 5GHz 频段，最大原始数据传输速率为 54Mbps。

（2）IEEE 802.11b 是无线局域网的一个标准，其载波频率为 2.4GHz，可提供 1Mbps、2Mbps、5.5Mbps 及 11Mbps 的多重传输速率。

（3）IEEE 802.11g 于 2003 年推出，它工作在 2.4GHz 频段，原始数据传输速率为 54Mbps。IEEE 802.11g 的设备向下与 IEEE 802.11b 兼容。

（4）IEEE 802.11i 是为了改进 IEEE 802.11 脆弱的有线等效保密功能（Wired Equivalent Privacy，WEP）而制定的修正标准，于 2004 年完成，定义了全新加密协议 CCMP（Counter CBC-MAC Protocol）。

（5）IEEE 802.11n 于 2009 年推出，该标准增加了对多输入多输出技术（Multiple-Input

Multiple-Output，MIMO）的支持。IEEE 802.11n 允许 40MHz 的无线频宽，最大传输速率理论值为 600Mbps。

（6）IEEE 802.11ac 是一个正在发展中的通信标准，它通过 5GHz 频带进行无线局域网通信。理论上，IEEE 802.11ac 能进行最少 1Gbps 带宽的多站式无线局域网通信，或最少 500Mbps 的单一连线传输带宽。

（7）IEEE 802.11ad 致力于通过高频载波（60GHz 频带）进行通信，支持近 7Gbps 的吞吐量。IEEE 802.11ad 完全可以用来实现设备之间的文件传输和数据同步功能，其最主要的用途是实现高清信号的传输。

2. 移动自组织网络

IEEE 802.11 标准定义的移动自组织网络是由无线移动节点组成的对等网络，可自由、动态地自组织成任意、临时的网络拓扑，允许人和设备在没有任何通信基础设施的区域内无缝联网。在这种网络中，每一个节点既是主机，又是路由器，它们之间相互转发分组，形成一种移动自组织网络。

与传统的有线网络相比，移动自组织网络有以下几个特点。

（1）网络拓扑结构是动态变化的，由于无线终端的频繁移动，可能导致节点的位置和连接关系难以稳定。

（2）无线信道提供的带宽较小，而信号衰落和噪声干扰的影响却很大。由于各个终端信号覆盖范围或地形地物的影响，还可能存在单向信道。

（3）无线终端携带的电源能量有限，应采用最节能的工作方式，因而要尽量减小网络通信开销，并根据通信距离的变化随时调整发射功率。

（4）由于无线链路的开放性，容易招致网络窃听、欺骗、拒绝服务等恶意攻击的威胁，所以需要特殊的安全防护措施。

根据覆盖范围，移动自组织网络可划分为人体域网（Body Area Network，BAN）、个域网（PAN）、局域网（LAN）和广域网（WAN）四类。BAN 是指可穿戴式计算机的部件（如头戴式显示器、话筒、耳机等）分布于人体相应部位，BAN 具有连通性、自动配置、业务集成和与其他 BAN 互通的能力。

PAN 是工作于个人周围环境的网络，其覆盖范围一般在 100 米以内，用于用户携带的移动设备与其他移动设备或固定设备之间的连接。PAN 通常选用 2.4GHz 的 ISM 频段，采用扩频技术降低干扰并利用带宽。

LAN 的通信范围一般为 100 米～500 米，不需要固定控制器，而是在参与通信的所有移动节点之间动态地选择控制器。与 BAN 和 PAN 一样，LAN 属于单跳（Single-Hop）网络，IEEE 802.11 标准是实现单跳 LAN 的良好平台。

由于移动自组织网络的特殊性，在媒体接入控制、选路、服务质量保障、连接和流量管理、节能和安全性等方面的问题仍需进一步研究解决。由于移动自组织网络可根据需要随时随地灵活建网，在军事、抗灾、会议以及各种应急通信中有很大的应用潜力。

3. Wi-Fi 和 WAPI

Wi-Fi 是 WLAN 的一种技术，实质上是一种商业认证，具有 Wi-Fi 认证的产品符合 IEEE 802.11b 无线网络规范。

　　无线局域网鉴别和保密基础结构（Wireless LAN Authentication and Privacy Infrastructure，WAPI）是我国自行研制的一种 WLAN 传输技术。2009 年 6 月，在日本召开的 ISO/IEC JTC1/SC6 会议上，WAPI 获得了 10 余个与会国家成员体的一致同意，以单独文本形式推进为国际标准。

　　与 Wi-Fi 相比，WAPI 具有明显的安全和技术优势。WAPI 只用于接入，通俗地讲，其应用就是给终端上网，弥补网络带宽不足的缺点，但是不能保证最佳的带宽。

　　Wi-Fi 应用于局域网，是取代有线网络的一种形式，可以用作数据交换、文件共享、终端接入等应用，而且可以根据不同的需求选用不同的设备和不同的架设方式，提供不同等级的网络质量，以满足各类应用。

7.2　无线局域网组网元素

　　在组建无线局域网时需要用到的设备有无线客户适配器（无线网卡）、无线接入点、无线天线和无线路由器等。

7.2.1　无线局域网终端

　　无线局域网终端即 WLAN 网卡，按支持的协议分类，有 802.11b 网卡、802.11g 网卡、802.11b/802.11g 兼容网卡等；按在 PC 中放置的位置分类，有外置网卡和内置网卡等；按支持的业务分类，有单模网卡和多模网卡等；按接口分类，目前符合 IEEE 802.11 标准的无线网卡有 USB 无线网卡、PCMCIA 无线网卡和 PCI 无线网卡等。

1. USB 无线网卡

　　USB 无线网卡适用于笔记本电脑和台式机，支持热插拔。USB 无线网卡的体形一般比较细小，便于携带和安装。为了便于收发信号，USB 无线网卡一般带有一个可折叠的小天线，使用和安装很方便，如图 7-1 所示。

图 7-1　USB 无线网卡

2. PCMCIA 无线网卡

　　PCMCIA 无线网卡主要适用于笔记本电脑，支持热插拔，可以非常方便地实现移动式无线接入。PCMCIA 无线网卡也属于即插即用型，当搜索到可用的无线网络时，网卡上的信号灯就会亮起来。图 7-2 所示为两款不同的 PCMCIA 无线网卡。

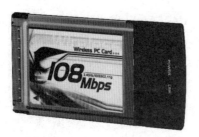

图 7-2　PCMCIA 无线网卡

3. PCI 无线网卡

台式机一般没有 PCMCIA 接口，只有 USB 或 PCI 接口，除了使用 USB 无线网卡，还可以使用 PCI 无线网卡。PCI 无线网卡与常见的声卡、显卡的外形很相似，只占据一个 PCI 插槽就可以让台式计算机接入无线局域网。台式机专用的 PCI 无线网卡如图 7-3 所示。

图 7-3　PCI 无线网卡

无线网卡的作用、功能与普通计算机网卡一样，是用来连接到局域网的。无线网卡只是一个信号收发的设备，只有在找到互联网的出口时才能实现与互联网的连接，所有无线网卡只能局限在已布有无线局域网的范围内。

无线网卡的作用、功能相当于有线的调制解调器，也就是我们俗称的"猫"，它可以在无线电话信号覆盖的任何地方利用手机的 SIM 卡连接互联网。从网络来看，无线网卡主要分为 GPRS 无线网卡和 CDMA 无线网卡两种，其速度会受到墙壁等各种障碍物和其他无线信号的干扰。

7.2.2　无线局域网的网络设备

1. 工作站（Station，STA）

STA 是一个配备了无线网络设备的网络节点，如图 7-4 所示。具有无线网络适配器的个人计算机称为无线客户端，无线客户端能够直接进行互相通信或通过无线接入点进行通信。

图 7-4　STA 示例

2．无线接入点

无线接入点（Access Point，AP）是用于无线网络的无线交换机，也是无线网络的核心元素之一。无线 AP 是移动计算机用户进入有线网络的接入点，主要用于宽带家庭、大楼内部以及园区内部，覆盖距离为几十米至上百米。

无线 AP 的工作原理是经过编译将网络信号转换为无线电信号发送出来，形成无线网覆盖。如图 7-5 所示，无线 AP 相当于基站，是连接有线网络和无线网络的桥梁，主要作用是将无线网络接入以太网。无线 AP 还能将各无线网络客户端连接到一起，相当于以太网的集线器，使计算机通过 AP 共享有线局域网甚至广域网的资源，一个无线 AP 能够在几十米至上百米的范围内连接多个无线用户。

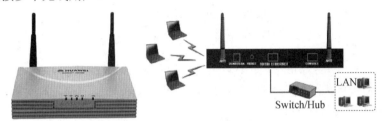

图 7-5　无线 AP 及无线 AP 连接

3．接入控制器

接入控制器（Access Controller，AC）相当于无线局域网与传输网之间的网关，将来自不同无线 AP 的数据进行业务汇聚，或者将来自业务网的数据分发给不同的无线 AP，此外还负责用户的接入认证功能。如图 7-6 所示，以华为 MA5200F 为例，AC 提供的业务和功能有支撑平台、路由管理、接入认证、地址管理、用户计费、业务控制、安全管理、增值业务、网络管理、系统维护等。

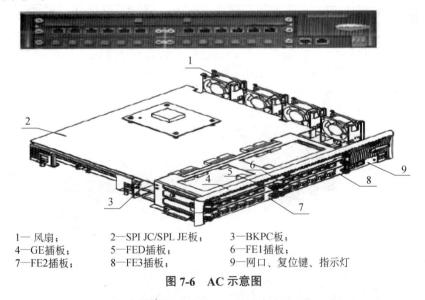

1— 风扇；	2—SPI JC/SPL JE 板；	3—BKPC 板；
4—GE 插板；	5—FED 插板；	6—FE1 插板；
7—FE2 插板；	8—FE3 插板；	9—网口、复位键、指示灯

图 7-6　AC 示意图

4．无线天线

当计算机与无线 AP 或其他计算机相距较远时，信号会减弱，传输速率会明显下降，此时必须借助无线天线对所接收或发送的信号进行增益。无线天线的功能是将载有源数据的高频电流转换成电磁波发送出去，发送的距离和功率与天线的增益呈正相关关系。

无线天线有许多类型，常见的有两种，一种是室内天线，一种是室外天线，如图 7-7 所示。

全向天线 定向天线

图 7-7 室内天线和室外天线

5. 无线桥接器

无线桥接器（Wireless Bridge）主要用来进行长距离传输（例如在两栋大楼之间传输），由无线 AP 和高增益定向天线组成。无线局域网的 AP 天线可选择定向型和全向型两种，图 7-8 所示为一款室外型的无线桥接器。

图 7-8 室外型的无线桥接器

6. 无线宽带路由器

无线宽带路由器集成了有线宽带路由器和无线 AP 的功能，既能实现宽带接入共享，又能轻松拥有无线局域网的功能。

通过与各种无线网卡配合，无线宽带路由器以无线方式连接成不同拓扑结构的局域网，从而共享网络资源，形式灵活方便，图 7-9 所示为两款不同的无线宽带路由器。

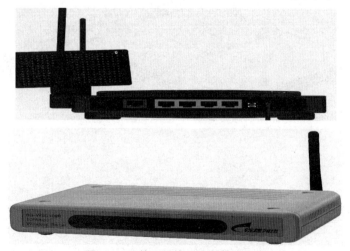

图 7-9 两款不同的无线宽带路由器

7.3　无线局域网组网结构

根据无线接入点的功能不同，WLAN 可以实现不同的组网方式，目前有点对点模式、基础架构模式、无线网桥模式、多 AP 模式、无线中继器模式、对等无线局域网六种。

1. 点对点（Peer-to-Peer）模式

点对点模式由无线工作站组成，用于一台无线工作站和另一台或多台其他无线工作站的直接通信，该网络无法接入到有线网络中，只能独立使用，不需要无线 AP，如图 7-10 所示。

图 7-10　点对点模式

2. 基础架构（Infrastructure）模式

基础架构模式由无线接入点、无线工作站以及分布式系统构成，覆盖的区域称作基本服务区。无线接入点在无线工作站和有线网络之间接收、缓存和转发数据，所有的无线通信都经过无线 AP 完成。无线接入点通常能够覆盖几十至几百个用户，覆盖半径达上百米。无线 AP 可以连接到有线网络，实现无线网络和有线网络的互联，如图 7-11 所示。

图 7-11　基础架构模式

3. 无线网桥（Wireless Bridge）模式

两个无线 AP 通过无线网桥模式来连通两个不同的局域网，这个模式不会发射无线信号给其他的无线客户，适合在两栋建筑物之间进行无线通信，如图 7-12 所示。

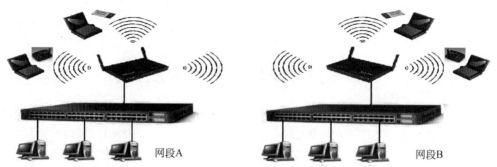

图 7-12　无线网桥模式

4. 多 AP 模式

多 AP 模式支持两个以上的无线 AP 进行无线桥接，适合在多栋建筑物之间进行无线通信，如图 7-13 所示。

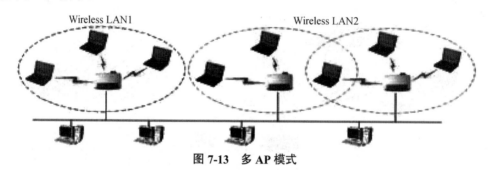

图 7-13　多 AP 模式

5. 无线中继器模式

无线中继器模式支持两台无线 AP 之间用中继器增强无线距离，只要其他无线 AP 或无线路由接上宽带，它就可以接收无线信号，把无线信号放大发送出去，如图 7-14 所示。

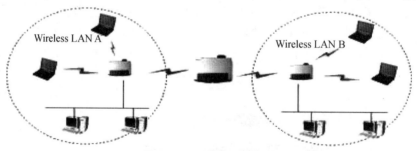

图 7-14　无线中继器模式

6. 对等无线局域网

如果几台计算机只安装了无线网卡而没有交换机或路由器等装置，这几台计算机可以通过无线网卡组建一个简单的对等无线局域网，彼此之间可以互通。在家庭中如果既有笔记本电脑也有台式机，在没有相应设备的情况下也可以组建对等无线局域网来实现共享上网，如图 7-15 所示。

图 7-15 组建对等无线局域网

7.4 家庭无线局域网的组建

7.4.1 无线网络的高级设置

1. 加密设置

为了更安全、方便地使用无线局域网，可以对其进行加密设置，如图 7-16 所示。给无线网络进行加密时，首先要进入"无线路由器"设置界面，在无线参数的基本设置中勾选"开启安全设置"选项，单击"安全类型"按钮后有三种选项：WEP、WPA/WPA2、WPA-PSK/WPA2-PSK2。为了保证无线数据的传输安全，程序提供了 64 位、128 位和 152 位三种加密方式（选择 64 位密钥需输入 10 个十六进制数或 5 个 ASCII 码；选择 128 位密钥需输入 26 个十六进制数或 13 个 ASCII 码；选择 152 位密钥需输入 32 个十六进制数或 16 个 ASCII 码），可以根据自己的需要选择适当的密钥，之后再使用无线网卡时只有输入密钥才能使用。

2. 使用 DHCP 自动配置 IP 地址

在路由器中可以通过自动配置 IP 地址的方式自动分配给使用该路由器的每台计算机相应的 IP 地址。配置时首先要登录"无线路由器"设置界面，单击左侧菜单中的"DHCP 服务器"下面的"DHCP 服务"按钮，进入 DHCP 服务设置界面，如图 7-17 所示。在"DHCP 服务器"选项中选择"启用"，随后在"地址池开始地址"中设置为局域网内计算机分配 IP 地址时开始的值，如 192.168.1.100。也就是说，第一台向路由器发出申请的计算机获取的 IP 地址是 192.168.1.100，第二台获取的 IP 地址则是 192.168.1.101，依此类推。随后在"主 DNS 服务器"文本框中输入本地的 DNS 服务器地址，单击"保存"按钮即可。设置后可以进入客户端列表界面查看分配情况，如图 7-18 所示。

3. MAC 地址过滤

无论怎样加密，都有很多破解方法能轻易破解出路由器密码，因此通过 MAC 地址来限制非法上网更加安全。在无线网络 MAC 地址过滤设置界面中启用"MAC 地址过滤功能"即可限制非法上网，如图 7-19 所示。

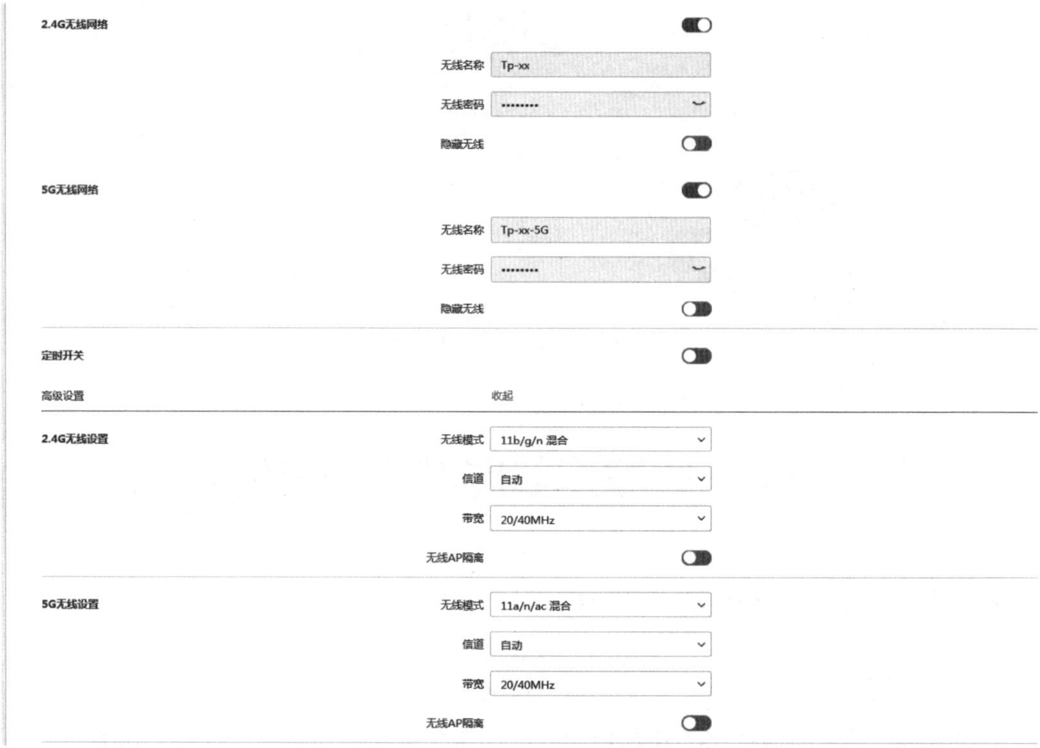

2.4G无线网络

无线名称　Tp-xx

无线密码　••••••••

隐藏无线

5G无线网络

无线名称　Tp-xx-5G

无线密码　••••••••

隐藏无线

定时开关

高级设置　　　　　　　　　　　　　收起

2.4G无线设置　　　无线模式　11b/g/n 混合

　　　　　　　　　信道　　　自动

　　　　　　　　　带宽　　　20/40MHz

　　　　　　　　　无线AP隔离

5G无线设置　　　　无线模式　11a/n/ac 混合

　　　　　　　　　信道　　　自动

　　　　　　　　　带宽　　　20/40MHz

　　　　　　　　　无线AP隔离

图 7-16　加密设置（部分）

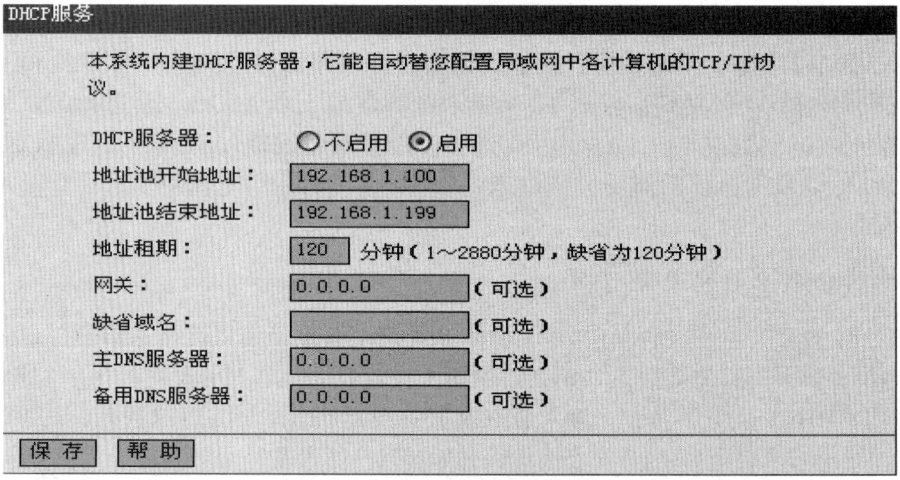

DHCP服务

本系统内建DHCP服务器，它能自动替您配置局域网中各计算机的TCP/IP协议。

DHCP服务器：　　　○不启用　●启用

地址池开始地址：　192.168.1.100

地址池结束地址：　192.168.1.199

地址租期：　　　　120　分钟（1～2880分钟，缺省为120分钟）

网关：　　　　　　0.0.0.0　　（可选）

缺省域名：　　　　　　　　　　（可选）

主DNS服务器：　　0.0.0.0　　（可选）

备用DNS服务器：　0.0.0.0　　（可选）

保　存　　帮　助

图 7-17　DHCP 服务设置界面

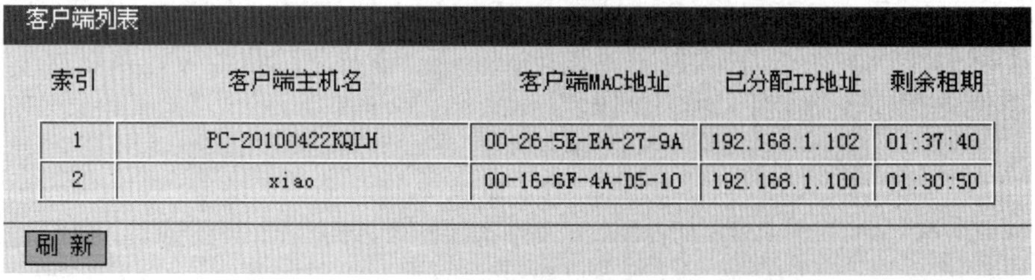

客户端列表

索引	客户端主机名	客户端MAC地址	已分配IP地址	剩余租期
1	PC-20100422KQLH	00-26-5E-EA-27-9A	192.168.1.102	01:37:40
2	xiao	00-16-6F-4A-D5-10	192.168.1.100	01:30:50

刷　新

图 7-18　客户端列表界面

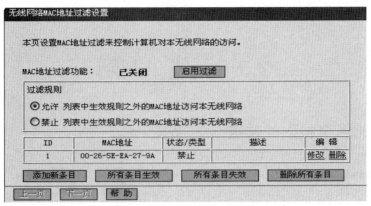

图 7-19　无线网络 **MAC** 地址过滤设置界面

7.4.2　有线接入方式搭建无线局域网

1. 设备连接

在局域网的基础上搭建无线网络与 ADSL 拨号架设无线网络的原理相同，但设置方法有些不同。使用有线接入方式搭建无线局域网，不需要 ADSL 调制调解器设备，也不需要在无线路由器中进行虚拟拨号设置，只需要用网线将无线路由器的 WAN 接口与局域网网络接口连接即可。

2. 无线路由器设置

在局域网的基础上搭建无线网络需要在无线路由器中进行简单设置。首先进入"无线路由器"设置向导界面，选择"以太网宽带，网络服务商提供的固定 IP 地址（静态 IP）"，然后单击"下一步"按钮，如图 7-20 所示。

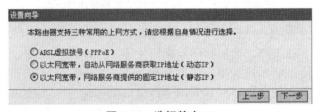

图 7-20　选择静态 IP

之后，为无线路由器设置 IP 地址、子网掩码、网关、DNS 服务器等。IP 地址和子网掩码都要和局域网设置在同一网段，如图 7-21 所示。

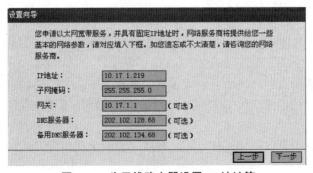

图 7-21　为无线路由器设置 IP 地址等

7.5 无线个域网

7.5.1 无线个域网的特点

个域网（Personal Area Network，PAN）是一种范围较小的计算机网络，主要用于计算机设备之间的通信，还包括电话和个人电子设备等。PAN 的通信范围往往仅为几米，也可用于连接多个网络，被看作是"最后一米的解决方案"。

无线个域网（Wireless PAN，WPAN）是一种采用无线连接的个域网，主要通过无线电或红外线代替传统的有线电缆，实现个人信息终端的互联，组建个人信息网络。无线个域网是在个人周围空间形成的无线网络，尤其是能在便携式电子设备和通信设备之间进行短距离特别连接的自组织网。WPAN 设备具有价格便宜、体积小、易操作和功耗低等优点。

WPAN 是一种与无线广域网（WWAN）、无线城域网（WMAN）、无线局域网（WLAN）并列但覆盖范围更小的无线网络，这四种无线网络之间的关系和通信范围如图 7-22 所示。

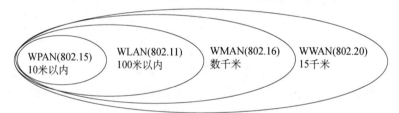

图 7-22 四种无线网络之间的关系和通信范围

WPAN 有以下几个特点。

（1）高数据速率并行链路，数据传输速率可大于 100Mbps。

（2）邻近终端之间的短距离连接，典型距离为 1m～10m。

（3）标准无线或电缆桥路与外部互联网或广域网的连接。

（4）典型的对等式拓扑结构。

（5）中等用户密度。

7.5.2 无线个域网的分类

通常将无线个域网按传输速率分为低速 WPAN、高速 WPAN 和超高速 WPAN 三类，如图 7-23 所示。

低速 WPAN 主要为近距离网络互联而设计，采用 IEEE 802.15.4 标准。低速 WPAN 结构简单、数据速率低、通信距离近、功耗低、成本低，被广泛用于工业监测、办公和家庭自动化及农作物监测等。

高速 WPAN 适合大量多媒体文件、短时视频和音频流的传输，能实现各种电子设备间的多媒体通信。

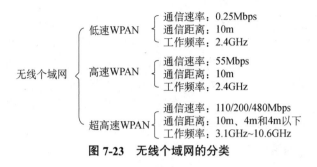

图 7-23 无线个域网的分类

超高速 WPAN 支持 IP 语音、高清电视、家庭影院、数字成像和位置感知等信息的高速传输，具备近距离的高速率、较远距离的低速率和低功耗、共享环境下的高容量和高可扩展性等特点。

7.5.3 无线城域网和无线广域网

无线城域网（WMAN）主要用于解决城域网的接入问题，覆盖范围为几千米到几十千米，除提供固定的无线接入外，还提供具有移动性的接入能力，包括多信道多点分配系统（Multichannel Multipoint Distribution System，MMDS）、本地多点分配系统（Local Multipoint Distribution System，LMDS）、IEEE 802.16 和 ETSI HiperMAN 技术等。

随着计算机和通信技术的迅猛发展，全球信息网络正在快速向以 IP 为基础的下一代网络（Next Generation Network，NGN）演进。结合未来全球个人多媒体通信的全面覆盖要求及下一代宽带无线的概念与发展趋势看，宽带无线接入技术日益呈现出其重要性。运用宽带无线接入技术，可以将数据、互联网、语音、视频和多媒体应用传输到商业和家庭用户中。基于 IEEE 802.16 系列标准的宽带无线城域网技术又以能够提供高速数据无线传输乃至实现移动多媒体宽带业务等优势，引起广泛关注。

无线广域网（WWAN）是指覆盖全国或全球范围的无线网络，提供更大范围内的无线接入。与 WPAN 和 WMAN 相比，WWAN 更加强调快速移动性。WWAN 采用无线网络把物理距离极为分散的局域网连接起来，典型例子是全球移动通信系统和卫星通信系统。

7.6 移动通信网

移动通信是指移动用户与固定用户或移动用户之间的通信方式，通信双方有一方或两方处于运动中，包括陆、海、空移动通信，采用的频段遍及低频、中频、高频、甚高频和特高频。移动通信系统由移动台、基台、移动交换局组成。若要同某移动台通信，移动交换局通过各基台向全网发出呼叫，被叫台收到后发出应答信号，移动交换局收到应答后分配一个信道给该移动台并从信道中传输信令使其振铃。

移动通信是进行无线通信的现代化技术，这种技术是电子计算机与移动互联网发展的重要成果之一。移动通信延续着每十年一代技术的发展规律，已经历 1G、2G、3G、4G、5G 的发展，每一次代际跃迁和技术进步都极大地促进了产业升级和经济社会发展。从 1G 到 2G，实现了模拟通信到数字通信的过渡，使移动通信走进了千家万户；从 2G 到 3G、4G，实现了语音业务到数据业务的转变，使传输速率成百倍提升，促进了移动互联网的普及和繁荣。

当前，移动网络已融入社会生活的方方面面，深刻改变了人们的沟通、交流乃至整个生活方式。4G 网络造就了繁荣的互联网经济，解决了人与人随时通信的问题。随着移动互联网的快速发展，新服务、新业务不断涌现，移动数据业务流量爆炸式增长，4G 移动通信系统难以满足未来移动数据流量暴涨的需求，目前已经迈入了 5G 阶段。

1. 蜂窝移动通信系统

蜂窝移动通信系统是一种移动通信硬件架构，分为模拟蜂窝系统和数字蜂窝系统。构成系统覆盖的各通信基站的信号覆盖呈六边形，使整个覆盖网络像一个蜂窝，因而得名"蜂窝移动通信系统"。

在蜂窝移动通信系统中，信号覆盖区域分成若干个称为蜂窝的小区，它的形状可以是六边形、正方形、圆形或其他形状，通常是六角蜂窝状，每个小区被分配了多个频率且具有相应的基站。在其他分区中可使用重复的频率，但相邻的分区不能使用相同频率，因为这会引起同信道干扰。

2. 第二代移动通信系统（2G）

2G 网络标志着移动通信技术从模拟时代走向了数字时代，这个引入了数字信号处理技术的通信系统诞生于 1992 年，第一次引入了用户身份识别卡（SIM 卡）。主流的 2G 接入技术是 CDMA 和 TDMA 技术。GSM 是一种非常成功的 TDMA 网络，从 2G 的时代到现在一直被广泛使用。2.5G 网络出现于 1995 年之后，它引入了合并包交换技术，对 2G 网络进行了扩展。

3. 第三代移动通信系统（3G）

3G 网络除了支持更快的数据传输速率，还提供多媒体服务，同时采用了电路交换和包交换策略。主流的 3G 接入技术有 TDMA、CDMA、宽频带 CDMA（WCDMA）、CDMA2000 和时分同步 CDMA（TD-SCDMA）等。

TD-SCDMA 技术由中国第一次提出，并在无线传输技术的基础上与国际合作完成，成为 CDMA TDD 标准的一员，这是中国移动通信界的一次创举，也是中国对第三代移动通信发展的贡献。在与欧洲、美国各自提出的 3G 标准的竞争中，中国提出的 TD-SCDMA 已正式成为全球 3G 标准之一，这标志着中国在移动通信领域已经进入世界领先之列。

4. 第四代移动通信系统（4G）

4G 移动通信技术是在 3G 技术上的一次改良，其优势是将 WLAN 技术和 3G 通信技术进行了结合，使图像的传输速度更快，让图像看起来更加清晰。在智能通信设备中应用 4G 通信技术能使用户的上网速度更加迅速，速度可以高达 100Mbps。

4G 网络性能指标是指与网络覆盖、容量、业务质量相关的一些指标，例如覆盖率、小区吞吐量、边缘速率、无线接通率、切换成功率等。

（1）室外基站一般要求参考信号接收功率 RSRP>-110dBm 的概率大于 90%，室内基站要求 RSRP>-105dBm 的概率大于 90%。

（2）容量指标主要包括单小区吞吐量、小区边缘用户速率等。考虑最极端的条件，在 TD-LTE 组网时，一般要求在 50% 的网络负荷下，单小区平均吞吐量上行可达 5Mbps，下行可达

20Mbps；小区边缘速率上行可达 150kbps，下行可达 500kbps。在网络空载时，一般要求小区边缘速率上行可达 250kbps，下行可达 1Mbps。

（3）业务质量指标包括接通率、掉话率、切换成功率等。在同频组网时，网络负荷在 50% 的条件下，要求无线接通率大于 95%，掉话率小于 4%，系统内切换成功率大于 95%。同时要求在 90% 的无线网络覆盖区域内，99% 的时间可以接入网络，开展的数据业务块差错率小于 10%。

5. 第五代移动通信系统（5G）

5G 移动通信技术是具有高速率、低时延和大连接特点的新一代宽带移动通信技术，是实现人、机、物互联的网络基础设施。国际电信联盟定义了 5G 移动通信技术的三大应用场景，分别是增强移动宽带（eMBB）、超高可靠低时延通信（uRLLC）和海量机器类通信（mMTC）。eMBB 主要面向移动互联网流量爆炸式增长，为移动互联网用户提供更加极致的应用体验；uRLLC 主要面向工业控制、远程医疗、自动驾驶等对时延和可靠性具有极高要求的垂直行业应用需求；mMTC 主要面向智慧城市、智能家居、环境监测等以传感和数据采集为目标的应用需求。

为满足多样化的应用场景需求，5G 移动通信技术的关键性能指标也更加多元化。用户体验速率达 1Gbps，时延低至 1ms，用户连接能力达百万连接/平方千米。5G 移动通信技术有以下几个关键性能指标。

（1）峰值速率需要达到 10Gbps～20Gbps，以进行高清视频、虚拟现实等大数据量传输。

（2）空中接口时延低至 1ms，满足自动驾驶、远程医疗等实时应用需求。

（3）具备百万连接/平方千米的设备连接能力，满足物联网通信的要求。

（4）频谱效率比 LTE 网络提升 3 倍以上。

（5）在连续广域覆盖和高移动性下，用户体验速率达到 100Mbps。

（6）流量密度达到 10Mbps/m^2 以上。

（7）支持 500km/h 的高速移动。

本章习题

7-1　关于无线网络中使用的扩频技术，下面描述中错误的是（　　　）。

A. 用不同的频率传播信号扩大了通信的范围

B. 扩频通信减少了干扰并有利于通信保密

C. 每一个信号比特可以用 n 个码片比特来传输

D. 信号散布到更宽的频带上降低了信道阻塞的概率

7-2　正在发展的第四代移动通信系统推出了多个标准，下列选项中不属于 4G 标准的是（　　　）。

A. LTE　　　　　　　　B. WiMAX 2　　　　　　C. WCDMA　　　　　　D. UMB

7-3　IEEE 802.16 提出的无线接入系统空中接口标准是（　　　）。

A. GPRS　　　　　　　B. UMB　　　　　　　　C. LTE　　　　　　　　D. WiMAX 2

7-4 在 IEEE 802.11 标准中使用了扩频通信技术，下面有关扩频通信技术的说法中正确的是（　　）。

A. 扩频通信技术是一种带宽很宽的红外线通信技术

B. 扩频通信技术用伪随机序列对代表数据的模拟信号进行调制

C. 扩频通信系统的带宽随着数据速率的提高而不断扩大

D. 扩频通信技术扩大了频率许可证的使用范围

7-5 Wi-Fi 联盟制定的安全认证方案 WPA（Wi-Fi Protected Access）是（　　）标准的子集。

A. IEEE 802.11　　　　B. IEEE 802.11a　　　　C. IEEE 802.11b　　　　D. IEEE 802.11i

7-6 什么是无线局域网？有哪些类型？

7-7 无线局域网使用的协议有哪些？各协议的特点是什么？

7-8 无线局域网使用的设备有哪些？各设备的特点是什么？

7-9 简述家庭无线局域网的配置过程。

第8章 计算机网络安全

互联网的迅速发展给社会生活带来了前所未有的便利,这主要得益于互联网的开放性和匿名性。计算机犯罪、黑客、有害程序等问题严重威胁着网络的安全,使网络安全成为网络技术的一个主要研究课题。同时,网络规模越来越大,结构越来越复杂,需要一种端到端的网络管理措施使系统和网络的故障时间减到最小,管理员可以通过网管工具检测系统和网络的运行状况,进行网络流量分析与统计,从而为网络安全策略的制定提供有力的依据。

8.1 网络安全的基本概念

8.1.1 什么是网络安全

网络安全是指网络系统的硬件、软件以及系统中的数据受到保护,不会由于偶然或恶意的原因遭到破坏、更改、泄露等,系统能连续正常运行,网络服务不中断。由此可以将计算机网络安全理解为:通过各种技术和管理措施,使网络系统正常运行,从而确保网络数据的可用性、完整性和保密性。所以,建立网络安全保护措施的目的是确保经过网络传输和交换的数据不会发生泄露、篡改、丢失和假冒等。网络安全问题从本质上讲是网络信息的安全问题,凡是涉及网络信息的保密性、完整性、可用性、真实性和可控性的相关技术和理论都是网络安全的研究领域。

8.1.2 网络安全威胁

1. 网络安全威胁的类型

网络安全威胁是对网络缺陷的潜在利用,这些缺陷可能导致非授权访问、信息泄露、资源耗尽、资源被盗或被破坏等。网络安全所面临的威胁来自很多方面,并且随着时间的变化而变化,主要有以下几类。

(1)窃听。窃听是指未经授权的攻击者非法访问网络、窃取信息,一般可以通过在不安全的传输通道上截取正在传输的信息或利用协议和网络的弱点来实现。

(2)假冒。假冒是指伪造源于一个可信任地址的数据使机器信任另一台机器的攻击手段。

(3)重放。重放是指重复一份报文或报文的一部分,以便产生一个被授权效果。

(4)通信量分析。通信量分析是指通过对网上信息流的观察和分析推断出传输的有用信息，例如传输的数量、方向和频率等。由于报文头部信息不能加密，所以即使数据进行了加密处理，也可以进行有效的流量分析。

（5）篡改。篡改是指有意或无意地修改或破坏信息系统，或者在非授权和不能监测的情况下对数据进行修改。

（6）拒绝服务。拒绝服务会破坏系统的正常运行，最终使系统的部分互联网连接和网络系统失效。

（7）资源的非授权使用。非授权使用是指与定义的安全策略不一致的使用方式。

（8）诽谤。诽谤是指利用计算机信息系统的广泛互联性和匿名性散布错误的消息，以达到诋毁某个对象的形象和知名度的目的。

（9）社会工程学攻击。社会工程学攻击是指利用说服或欺骗的方式，让网络内部的人员提供必要的信息从而获得系统的访问权限，攻击的对象一般是安全意识薄弱的公司职员。

（10）恶意代码攻击。恶意代码攻击对信息系统的威胁最大，包括计算机病毒、蠕虫、特洛伊木马程序、移动代码及间谍软件等。

① 计算机病毒是一段附着在其他程序上的可以实现自我繁殖的程序代码，可以在用户不知道的情况下改变计算机的运行方式。计算机病毒必须满足两个条件：能够自我复制和自动执行。

② 蠕虫与传统病毒类似，但它不利用文件来寄生，可在系统之间复制自身的程序。

③ 特洛伊木马程序是具有欺骗性的文件，它不能自我复制，其程序包含能够在触发时导致数据丢失甚至被窃的恶意代码。

④ 移动代码是能够从主机传输到客户计算机上并执行的代码。

⑤ 间谍软件是一种能够在用户不知情的情况下偷偷进行安装，安装后很难找到其踪影，并悄悄把截获的一些信息发给第三者的软件。

2. 网络安全漏洞

入侵者通常寻找网络存在的安全漏洞，从缺口处无声无息地进入网络。黑客反击武器的思想是找出网络中的安全漏洞，演示、测试这些安全漏洞，指出应如何堵住安全漏洞。当前，信息系统的安全性非常弱，操作系统、计算机网络和数据库管理系统都存在安全隐患，这些安全隐患表现在以下几方面。

（1）物理安全性。凡是能够让非授权机器物理接入的地方都会存在潜在的安全问题，也就是能让接入用户做本不允许做的事情。

（2）软件安全漏洞。"特权"软件中带有恶意的程序代码，可以获得额外的权限。

（3）不兼容使用安全漏洞。当系统管理员把软件和硬件捆绑在一起时，从安全的角度来看，可以认为系统有可能产生严重的安全隐患。

（4）选择合适的安全策略。完美的软件、受保护的硬件和兼容部件并不能保证系统正常、有效地工作，除非用户选择了适当的安全策略并打开了能增强系统安全性的部件。

3. 网络攻击

网络攻击可分为故意攻击（例如系统入侵）和偶然攻击（例如将信息发到错误的地址）两

类。故意攻击又可进一步分为被动攻击和主动攻击两类。

（1）被动攻击是指在信息传输过程中进行监听并从中获取信息。被动攻击只对信息进行监听，而不对其进行修改和破坏。当截获了信息后，如果信息未进行加密则可以直接得到信息的内容；如果信息进行了加密，则要对信息的通信量进行分析，得到相关信息，最后析出信息内容，如图 8-1 所示。

图 8-1　被动攻击图解

截获是指非法用户在信息的发送者和接收者都不知道的情况下，通过非法手段获得不应该获得的信息，给信息的发送者和接收者带来巨大损失，如图 8-2 所示。

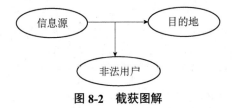

图 8-2　截获图解

（2）主动攻击是指对信息进行故意篡改和破坏，使合法用户得不到可用信息。主动攻击主要有三种类型：中断信息的发送过程使其失去可用性；篡改信息使其失去完整性；假冒他人伪造虚假信息流，使信息失去真实性，如图 8-3 所示。

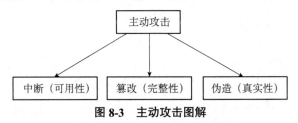

图 8-3　主动攻击图解

① 中断也称为拒绝服务攻击，是对信息可用性的攻击，表现为使用各种方法使信息不能到达目的地，如图 8-4 所示。

图 8-4　中断图解

② 篡改是对信息完整性的攻击，非法用户首先截获其他用户的信息，然后对信息进行修改，再发送给该信息的接收者，信息的发送者和接收者都不知道该信息已经被修改，所以篡改的危害是巨大的，如图 8-5 所示。

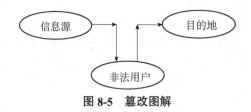

图 8-5　篡改图解

③ 伪造是对信息真实性的攻击，非法用户伪造他人向目标用户发送信息，达到欺骗目标用户的目的，如图 8-6 所示。

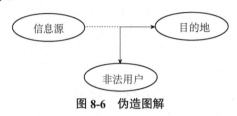

图 8-6　伪造图解

8.1.3　网络安全的内容

任何形式的网络服务都会产生安全方面的风险，重点是如何将风险降低到最低程度，目前的网络安全措施有数据加密、数字签名、报文摘要、身份认证、防火墙和入侵检测等。

（1）数据加密。数据加密是指对信息重新组合，使得只有收发双方才能解码并还原信息。随着相关技术的发展，数据加密正逐步被集成到系统和网络中。

（2）数字签名。数字签名可以用来证明信息确实是由发送者发出的。

（3）报文摘要。报文摘要方案是计算认证码，附加在信息后面发送，可以根据认证码检验报文是否被篡改。

（4）身份认证。有多种方法来认证用户的合法性，例如密码技术、利用人体生理特征进行识别、智能 IC 卡和 USB 盘等。

（5）防火墙。防火墙是位于两个网络之间的屏障，一边是内部网络（可信赖的网络），另一边是外部网络（不可信赖的网络），按照系统管理员预先定义好的规则控制数据的进出。

（6）入侵检测。入侵检测是指从网络中的关键地点收集信息并对其进行分析，从中发现违反安全策略的行为和遭到入侵攻击的迹象，并自动做出响应。

8.2　数据加密

安全立法对保护网络系统有不可替代的重要作用，但法律也阻止不了攻击者对网络数据的各种威胁。加强行政管理、加强人事管理、采取物理保护措施等都是保障系统安全运行不可缺少的措施，但有时也会受到各种环境、费用、技术以及系统工作人员素质等条件的限制。采用访问控制、系统软件/硬件保护等方法保护网络系统资源，简单易行，但也存在系统内部某些职员可以轻松越过这些障碍而进行计算机犯罪等问题。

采用密码技术保护网络中存储和传输的数据，是一种非常实用、经济、有效的方法。对信息进行加密保护可以防止攻击者窃取网络机密信息，也可以检测插入、删除、修改及滥用数据等多种行为。

对网络数据进行加密要用到密码学方面的知识。密码学有着悠久的历史。在计算机发明之前就有人利用加密的方法传递信息，军事人员、外交使者们都曾利用加密方法来传递机密、隐私的信息。

数据加密的目的是确保通信双方相互交换的数据是保密的，即使这些数据在传输过程中被第三方截获，也会由于不知道密码而无法了解该信息的真实含义。如果一个加密算法或加密机制能够满足这种条件，则可以认为该算法是安全的，这是衡量一个加密算法好坏的主要依据。

8.2.1　密码学的发展历史

密码学已有几千年历史，它的发展可大致分为三个阶段。1949 年之前是密码学发展的第一阶段——古典密码体制。古典密码体制是通过某种方式的文字置换进行的，这种置换一般通过某种手工或机械方式进行转换，同时简单地使用数学运算。

1949 年～1975 年是密码学发展的第二阶段。1949 年 Shannon 发表了题为《保密通信的信息理论》的文章，证明了密码学能够置于坚实的数学基础之上，为密码系统建立了理论基础，从此密码学成了一门科学，这是密码学的第一次飞跃。由于计算机技术的发展，密码算法从机械时代进入了电子时代，复杂程度和安全程度得到很大提升。

1976 年之后，密码学得到了迅速发展。著名的密码学专家 Diffie 和 Hellman 在《密码编码学新方向》一文中提出了公开密钥的思想，使密码学产生了第二次飞跃，开创了公钥密码学的新纪元。传统的密码体制是加密、解密双方都用相同的密钥和加密函数，每个用户都需要一个专用密钥。当保密用户比较多时，密钥的产生、分配和管理是一个很严重的问题。公钥密码体制一改传统做法，将加密、解密密钥甚至加密、解密算法分开，用户只保留解密密钥，而将加密密钥和加密算法公之于众，任何人都可以加密，但只有持解密密钥的用户才能解密，这样就省去了密钥管理的麻烦，特别适用于大容量通信。

公钥密码体制不仅能完成加密和解密功能，而且还具有数字签名、认证、鉴别等多项功能。随着计算技术、通信和数学理论的发展，密码学迅速发展成一门包括密码编码、密码分析、密钥管理、鉴别、认证等多方面的独立学科，密码技术已成为信息安全的核心技术。当前使用较为普遍的加密算法有 DES、RSA 和 PGP 等机制。

8.2.2　密码学的基本概念

1. 明文和密文

明文指人们能看懂的语言、文字与符号。明文可能是位序列、文本文件、位图、数字化的语音序列或数字化的视频图像等。明文经过加密后称为密文，非授权者无法看懂。

2. 加密和解密

明文加工成密文的运算称为加密运算。一个加密运算由一个算法类组成，这个算法类中不同的运算可以用不同的参数来表示，这些参数分别代表不同的加密算法，称为密钥。密钥

参数的取值范围叫作密钥空间。用解密密钥把密文恢复成明文的运算称为解密运算，如图 8-7
所示。

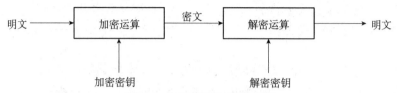

图 8-7　加密运算和解密运算

假设用 E 表示加密运算，D 表示解密运算，若加密运算和解密运算都使用同一密钥 k，那
么加密算法作用于明文 m 得到密文 c，用数学表达式可表示为：

$$E_k(m) = c$$

相反地，解密函数作用于密文 c 得到明文 m，用数学表达式可表示为：

$$D_k(c) = m$$

先加密后解密，将恢复明文，故一定有以下等式成立：

$$D_k(E_k(m)) = m$$

3. 密码体制

密码体制一般由以下五部分组成。

（1）明文空间 M：全体明文的集合。

（2）密文空间 C：全体密文的集合。

（3）密钥空间 K：全体密钥的集合，其中每一个密钥 k 均由加密密钥 k_e 和解密密钥 k_d 组
成，即 $k=(k_e, k_d)$。

（4）加密算法 E：一组由明文 M 到密文 C 的加密变换，$C=E(M, k_e)$。

（5）解密算法 D：一组由密文 C 到明文 M 的解密变换，$M=D(C, k_d)$。

所有加密变换的安全性都基于密钥的安全性，而不是基于加密算法的安全性。加密算法
是公开的，是可以被人们分析的。也就是说，如果攻击者知道加密算法，但不知道密钥，就不
能获得明文。

4. 密码体制的分类

密码体制从原理上可以分为对称密码体制和非对称密码体制两大类。对称密码体制又称
为单钥或私钥密码体制，非对称密码体制又称为双钥或公钥密码体制。

对称密码体制的加密和解密均采用同一密钥，即 $k=k_e=k_d$，通信双方都必须获得这一密钥，
并保持密钥的秘密。对称密码体制的模型如图 8-8 所示。

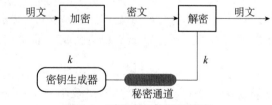

图 8-8　对称密码体制的模型

非对称密码体制的加密和解密使用不同的密钥，每个用户保存一对密钥，即公钥 PK 和私钥 SK，PK 是公开信息，用作加密密钥，而 SK 由用户自己保存，用作解密密钥。非对称密码体制的模型如图 8-9 所示，假定用户 A 向用户 B 发送明文，用户 A 首先用公钥 PK$_B$ 加密明文，然后传输密文给用户 B，用户 B 用自己的私钥 SK$_B$ 解密，从而得到明文。

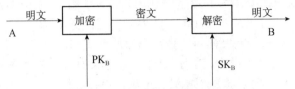

图 8-9　非对称密码体制的模型

虽然在非对称密码体制中 PK 和 SK 是成对出现的，但却不能根据 PK 计算出 SK。与对称密码体制相比，非对称密码体制可以适应网络的开放性要求，密钥管理要简单得多，尤其可以方便地实现数字签名和认证，但算法相对复杂，加密数据的速度较慢。

5. 密码分析

密码分析是在不知道密钥的情况下，从密文恢复出明文甚至密钥的过程。密码分析攻击都是被动攻击，在攻击者知道密码系统的条件下，常用的密码分析攻击有以下几种。

（1）唯密文攻击：攻击者只有部分密文，且这些密文都是采用同一种加密方法生成的。

（2）已知明文攻击：攻击者知道部分明文和对应的密文。

（3）选择明文攻击：攻击者不仅知道部分明文和对应的密文，而且还可以选择被加密的明文。

（4）选择密文攻击：攻击者能选择不同的密文得到对应的明文。

6. 密码体制的基本准则

密码体制的基本准则是指在进行密码体制设计或评估时应考虑的基本原则，常用的基本准则有以下几个。

（1）密码体制是不可破的。不可破准则是指密码体制在理论和实际上都是不可破的。理论上不可破是指密钥变化的范围是一个无穷大盘，用任何方法都无法破译，这是一种理想的密码体制。实际使用的密码体制都是实际上不可破的密码体制，例如要破译的实际计算量（计算时间和费用）十分巨大以致实际上要破译是无法实现的，或者要破译该密码体制所需要的计算时间超过该信息保密的有效时间，或者费用超过该信息的价值以致不值得去破译等。

（2）密码体制的安全性不依赖于加密算法的保密，而依赖于密钥的保密。密钥的空间要足够大，使攻击者无法得到密钥。

（3）密码体制要便于实现、使用。密码体制不能独立存在，必须在计算机或通信系统中使用。因此，密码体制要易于在计算机和通信系统实现，并且使用简单、费用低。

8.2.3　对称密码体制

对称密码体制又称为传统密码体制，是从传统的简单置换、替代密码发展而来的。对称密码体制的安全性主要取决于密钥的安全性，如何产生满足要求的密钥、如何将密钥安全可靠地分配给通信双方是设计和实现的主要课题。对称密码体制的最大优点是算法实现速度快，容易结合到通信、网络等多种系统和产品中。

1. 分组密码

分组密码是将明文编码表示后的数字序列划分成 x 个组，即 $m=(m_1,m_2,\cdots,m_x)$，各组分别在密钥 $k=(k_1,k_2,\cdots,k_x)$ 控制的加密算法加密下变换为 n 组密文 $C=(C_1,C_2,\cdots,C_n)$。

在分组密码中，一般每组密文的每一位都与对应明文组的所有位有关。若 M 为明文的字母表，C 为密文的字母表，K 为密钥空间，则分组密码的加密算法就是 $M\times K\rightarrow C$。对每个密钥空间中的 k，$E(m,k)$ 是从 M 到 C 的一个映射。可见，设计分组密码的问题在于找到一种算法，以便能在密钥控制下从一个足够大且足够好的密钥置换子集合中，简单而迅速地寻找出一个映射。一个好的分组密码应该既难破译又容易实现，即加密函数和解密函数都必须容易计算，但要从这些函数中求出密钥应该是几乎不可能的。

分组密码的优点是容易标准化和实现同步，一个密文组的传输错误不会影响其他组，丢失一个密文组也不会对随后解密的正确性产生影响。分组密码的主要缺点是分组加密不能隐蔽数据模式，即相同的密文组对应相同的明文组，容易受到攻击。

典型的分组密码有数据加密标准（Data Encryption Standard，DES）和高级加密标准（Advanced Encryption Standard，AES）等，下面将详细介绍 DES 算法。

2. DES 算法

DES 算法是迄今为止最为广泛使用和流行的一种分组密码算法，由美国 IBM 公司研制，是早期 Lucifer 密码的一种发展和修改。DES 算法对推动密码理论的发展和应用起了重大作用，对于掌握分组密码的基本理论、设计思想和实际应用有着重要的参考价值。

（1）DES 算法及其基本思想。

DES 算法是一种最典型的对称加密算法，是按分组方式进行工作的算法，通过反复使用替换和换位两种基本的加密组块达到加密目的。

DES 算法将输入的明文分成 64 位的数据组块进行加密，密钥长度为 64 位，有效密钥长度为 56 位（其他 8 位用于奇偶校验）。其加密过程大致分成三个步骤：初始置换、迭代变换和逆置换，如图 8-10 所示。

首先，将 64 位的明文经过初始置换运算（这里记为 P）后，分成左右各 32 位的两部分进入迭代过程。在每一轮的迭代过程中，先将右半部分的 32 位扩展为 48 位，然后与由 64 位密钥生成的 48 位的某一子密钥进行异或运算，将得到的 48 位数据压缩为 32 位。这 32 位数据经过置换后，再与左半部分的 32 位数据进行异或运算，最后得到新一轮迭代的右半部分。同时，将该轮迭代输入数据的右半部分作为这一轮迭代输出数据的左半部分。这样，就完成了一轮迭代变换。通过 16 轮这样的迭代变换后，产生了一个新的 64 位数据。进行最后一次迭代变换后，所得结果的左半部分和右半部分不再交换，这样做是为了使加密和解密过程使用同一个算法。最后，将 64 位数据进行逆置换，就得到了 64 位的密文。

可见，DES 算法的核心是 16 轮的迭代变换过程，这个过程如图 8-11 所示。

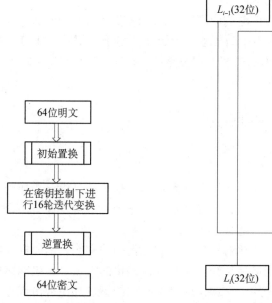

图 8-10　DES 算法的加密过程 　　　　图 8-11　DES 算法的迭代变换过程

从图 8-11 中可以看出，对于每轮迭代变换过程，其左半部分和右半部分的输出分别为：

$$R_{i-1} \to L_i$$
$$L_{i-1} \to R_i$$
$$L_{i-1} \oplus f(R_{i-1}, k_i) \to R_i$$

其中，i 表示迭代的轮次，$\oplus$ 表示异或运算，f 是指包括扩展变换 E、密钥产生、S 盒压缩变换、置换运算 P 等在内的加密运算。

这样，可以将整个 DES 加密过程用数学符号简单表示为：

$$P（64 \text{ 位明文}）\to L_1 R_1$$
$$R_{i-1} \to L_i$$
$$L_{i-1} \to R_i$$
$$L_{i-1} \oplus f(R_{i-1}, k_i) \to R_i$$
$$P^{-1}(L_{16} R_{16}) \to 64 \text{ 位密文}$$

DES 的解密过程与加密过程类似，只是在 16 轮的迭代过程中使用的子密钥与加密过程中的相反，即第一轮迭代时采用加密时最后一轮（第 16 轮）的子密钥，第 2 轮迭代时采用加密时第 15 轮的子密钥，依次类推。

（2）DES 算法的安全性分析

DES 算法体系是公开的，其安全性完全取决于密钥的安全性。该算法经过了 16 轮的替换和换位的迭代变换，使得密码的分析者无法通过密文获得该算法的一般特性以外的更多信息。对于这种算法，唯一的破解途径是尝试所有可能的密钥。对于 56 位长度的密钥，可能的组合达到 $2^{56}=7.2 \times 10^{16}$ 种，用穷举法来确定某一个密钥的成功概率是很小的。

为了进一步提高 DES 算法的安全性，可以采用加长密钥的方法。国际数据加密算法（International Data Encryption Algorithm，IDEA）将密钥的长度加大到 128 位，每次对 64 位的数据组块进行加密，进一步提高了算法的安全性。

（3）DES 算法在网络安全中的应用

DES 算法在网络安全中有比较广泛的应用，通常将 DES 等对称加密算法和其他算法结合起来使用，形成混合加密体系。在电子商务中，用于保证电子交易安全性的 SSL 协议的握手信息也用到了 DES 算法来保证数据的机密性和完整性。另外，在 UNIX 系统中也使用了 DES 算法用于保护和处理用户密码的安全。

8.2.4　公开密钥密码体制

1. 公开密钥密码体制的特点

公开密钥密码体制使用不同的加密密钥和解密密钥，是一种"由已知加密密钥推导出解密密钥在计算上是不可行的"密码体制。公开密钥密码体制的产生主要有两个原因，一是常规密钥密码体制的密钥分配问题，二是对数字签名的需求。

在常规密钥密码体制中，加密和解密双方使用的是相同的密钥。但怎样才能做到这一点呢？一种是事先约定，另一种是用信使传输。在高度自动化的大型计算机网络中，用信使传输密钥显然是不合适的。如果事先约定密钥，就会给密钥的管理和更换带来极大不便。若使用高度安全的密钥分配中心（Key Distribution Center，KDC），会使得网络成本增加。

在公开密钥密码体制中，加密密钥（即公开密钥）PK 是公开信息，而解密密钥（即私有密钥）SK 是需要保密的，因此私有密钥也叫作秘密密钥。加密算法 E 和解密算法 D 也都是公开的，虽然私有密钥 SK 是由公开密钥 PK 决定的，但却不能根据 PK 计算出 SK。

公开密钥密码体制的特点如下。

（1）发送者用加密密钥 PK 对明文 m 加密后，接收者用解密密钥 SK 解密，即可恢复出明文，或写为 $D_{SK}(E_{PK}(m))=m$。此外，加密和解密的运算可以对调，即 $E_{PK}(D_{SK}(c))=c$。

（2）加密密钥不能用来解密，即 $D_{PK}(E_{SK}(m))\neq m$。

（3）在计算机上可以很容易地产生成对的 PK 和 SK。

（4）实际上，从已知的 PK 不可能推导出 SK，即从 PK 到 SK "在计算上是不可能的"。

（5）加密算法和解密算法都是公开的。

公开密钥密码体制的过程如图 8-12 所示。

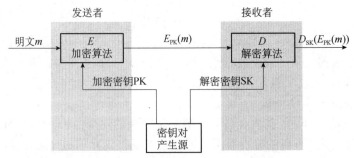

图 8-12　公开密钥密码体制的过程

2. RSA 算法及其基本思想

RSA 算法是第一个提出的公开密钥算法，是至今为止最为完善的公开密钥算法之一。RSA 算法的安全性基于大数分解的难度，其公钥和私钥是一对大素数的函数，从一个公钥和密文中恢复出明文等价于分解两个大素数的乘积。

下面通过具体的例子说明 RSA 算法的基本思想。

首先，用户秘密地选择两个大素数，这里为了计算方便，假设这两个素数为：$p=7$、$q=17$，计算出 $n=p×q=7×17=119$，将 n 公开。

再计算出欧拉函数 $\Phi(n)=(p-1)×(q-1)=6×16=96$，在 1 到 $\Phi(n)$ 之间选择一个和 $\Phi(n)$ 互素的数 e 作为公开的加密密钥（公钥），这里选择 5。

计算解密密钥 d，使 $(d×e) \bmod \Phi(n)=1$，这里可以得到 d 为 77。

之后，将 $p=7$ 和 $q=17$ 丢弃；将 $n=119$ 和 $e=5$ 公开，作为公钥；将 $d=77$ 保密，作为私钥。这样就可以使用公钥对发送的信息进行加密，接收者如果拥有私钥，就可以对信息进行解密。

例如，要发送的信息为 $m=19$，那么可以通过以下计算得到密文：

$$c=m^e \bmod n=19^5 \bmod 119=66$$

将密文发送给接收者，接收者在接收到密文信息后，可以使用私钥恢复出明文：

$$m=c^d \bmod n=66^{77} \bmod 119=19$$

可以看出，由 p 和 q 计算 n 的过程非常简单，但由 $n=119$ 计算出 $p=7$、$q=17$ 并不太容易。在实际应用中，p 和 q 将是非常大的素数（上百位的十进制数），那样，通过 n 找出 p 和 q 的难度将非常大，甚至接近不可能。所以这种大数分解素数的运算是一种"单向"运算，单向运算的安全性就决定了 RSA 算法的安全性。

3. RSA 算法的安全性分析

如上所述，RSA 算法的安全性取决于分解出 p 和 q 的困难程度。因此，如果能找出有效的素数分解方法，将是破解 RSA 算法的一个锐利的"矛"。密码分析学家和密码编码学家一直在寻找更锐利的"矛"和更坚固的"盾"。为了增强 RSA 算法的安全性，最实际的做法就是增加 n 的长度，随着 n 的位数增加，素数分解将变得非常困难。

随着计算机硬件水平的发展，对一个数据进行 RSA 加密的速度越来越快，另一方面，对 n 进行素数分解的时间也有所缩短。但总体来说，计算机硬件的迅速发展对 RSA 算法的安全性是有利的，也就是说，硬件计算能力的增强使得人们可以给 n 加大位数，而不至于放慢加密和解密运算的速度。

4. 数字签名技术

在计算机网络上进行通信时，不像书信或文件传输那样可以通过亲笔签名或印章来确认身份。经常会发生这样的情况：发送端不承认自己发送过某一个文件、接收端伪造一份文件并声称是对方发送的、接收端对接收到的文件进行篡改等。那么，如何对网络上传输的文件进行身份验证呢？这就是数字签名要解决的问题。

一个完善的数字签名技术应该解决以下三个问题。

（1）接收端能够核实发送端对报文的签名，如果当事双方对签名真伪发生争议，能在第三方面前通过验证签名来确认真伪。

（2）发送端事后不能否认自己对报文的签名。

（3）除了发送端，其他任何人不能伪造签名，也不能对接收或发送的信息进行篡改与伪造。

满足上述三个条件的数字签名技术可以解决对网络上传输的报文进行身份验证的问题。数字签名采用了密码技术，其安全性取决于密码体系的安全性。现在经常采用公钥密钥算法实现数字签名，特别是采用 RSA 算法。下面简单介绍数字签名技术的实现过程。

假设发送者 A 要发送一个报文信息 m 给接收者 B，那么 A 采用私钥 SKA 对报文 m 进行 D 运算（D 运算只是把报文变换为某种不可读的密文，并不是解密运算），实现对报文的数字签名，然后将结果 $D_{SKA}(m)$ 发送给接收者 B。B 在接收到 $D_{SKA}(m)$ 后，采用已知发送者 A 的公钥 PKA 对报文进行 E 运算（ E 运算并不是加密运算）并进行签名验证，如图 8-13 所示。

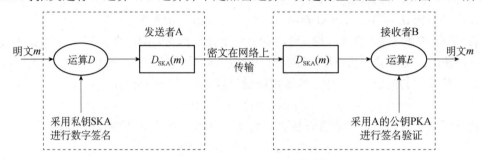

图 8-13　数字签名的实现过程

对上述过程的分析如下。

（1）除了发送者 A 没有其他人知道 A 的私钥 SKA，所以没有人能生成 $D_{SKA}(m)$，因此，接收者 B 就相信报文 $D_{SKA}(m)$ 是 A 签名后发送出来的。

（2）如果 A 要否认报文 m 是其发送的，那么 B 可以将 $D_{SKA}(m)$ 和报文 m 在第三方面前出示，第三方很容易利用已知的公钥 PKA 证实报文 m 确实是 A 发送的。

（3）如果 B 将报文 m 篡改、伪造，那么 B 就无法在第三方面前出示 $D_{SKA}(m)$，这就证明 B 伪造了报文 m。

上述过程实现了对报文 m 的数字签名，但报文 m 并没有进行加密。如果其他人截获了报文 $D_{SKA}(m)$ 并知道了发送者的身份，就可以通过查阅文档得到发送者的公钥 PKA，并获取报文 m 的内容。

为了达到加密的目的，可以采用这样的模型：在将报文 $D_{SKA}(m)$ 发送出去之前，先用 B 的公钥 PKB 对报文进行加密；B 在接收到报文后先用私钥 SKB 对报文进行解密，然后再验证签名。这样，就可以达到加密和签名的双重效果。

公开密钥算法解决了对称加密算法中的加密和解密密钥都需要保密的问题，在网络安全中得到了广泛的应用。

以 RSA 算法为主的公开密钥算法也存在一些缺陷，例如算法比较复杂。在加密和解密的过程中，需要进行大数的幂运算，其运算量一般是对称加密算法的几百倍、几千倍甚至上万倍，这就导致了加密、解密速度比对称加密算法慢很多。所以在网络上传输信息时，一般没有必要都采用公开密钥算法对信息进行加密，一般采用的方法是混合加密体系。

在混合加密体系中，使用对称加密算法（例如 DES 算法）对要发送的数据进行加密和解密，同时使用公开密钥算法（例如 RSA 算法）来加密对称加密算法的密钥。这样，就可以综合发挥两种加密算法的优点，既加快了加密和解密的速度，又解决了对称加密算法中密钥保存和管理存在的困难，是目前解决信息传输安全性较好的解决方法。

8.3　认证技术

认证分为实体认证和消息认证。实体认证是指识别通信对方的身份，防止假冒，可以使用数字签名的方法。消息认证是指验证消息在传输或存储过程中有没有被篡改，通常使用报文摘要的方法。下面介绍三种实体认证的方法以及互联网中数字证书的基本概念。

8.3.1　基于共享密钥的认证协议

如果通信双方有一个共享的密钥，则可以确认对方的真实身份，这种算法依赖于一个双方都信赖的密钥分配中心（KDC），如图 8-14 所示。其中的 A 和 B 分别代表发送者和接收者，K_A、K_B 分别表示 A、B 与 KDC 之间的共享密钥。

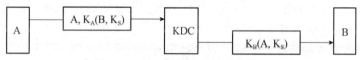

图 8-14　基于共享密钥的认证协议

认证过程如下：A 向 KDC 发送信息 A,K_A(B,K_S)，说明自己要和 B 通信，并指定了与 B 会话的密钥 K_S。注意，这个信息中的一部分(B,K_S)是用 K_A 加密了的，所以第三者不能了解信息的内容。KDC 知道了 A 的意图后构造一个信息 K_B(A,K_S)发送给 B。B 用 K_B 解密后就得到了 A 和 K_S，然后就可以与 A 用 K_S 会话了。

然而，主动攻击者可能对这种认证方式进行重放攻击。重放攻击就是把以前窃听到的数据原封不动地重新发送给接收端，例如，有的系统会将鉴别信息进行简单加密后传输，这时攻击者虽然无法窃听密码，但却可以首先截取加密后的口令然后将其重放，从而利用这种方式进行有效的攻击。

8.3.2　Needham–Schroeder 认证协议

Needham-Schroeder 认证协议是多次提问—响应协议，可以对付重放攻击，每一个会话回合都有一个新的随机数在起作用，其应答过程如图 8-15 所示。首先，A 向 KDC 发送报文 1，表明要与 B 通信，KDC 以报文 2 回答。报文 1 中加入了由 A 指定的随机数 R_A，KDC 的回答报文中也有 R_A，它的作用是保证报文 2 是"新鲜"的，而不是重放的。报文 2 中的 K_B(A,K_S)是 KDC 交给 A 的"入场券"，其中有 KDC 指定的会话键 K_S，并且用 B 和 KDC 之间的密钥加密，A 无法打开，只能发送给 B。在发送给 B 的报文 3 中，A 又指定了新的随机数 R_{A2}，但是 B 发出的报文 4 中不能返回 K_S(R_{A2})，而必须返回 K_S($R_{A2}-1$)，因为 K_S(R_{A2})可能被攻击者窃听，这时 A 可以肯定通信对方确实是 B。要让 B 确信通信对方是 A，还要进行一次提问。报文 4 中有 B 指定的随机数 R_B，A 返回的报文中有 R_{B-1}，证明这是对前一报文的应答。至此，通信双方都确认了对方的身份，可以用 K_S 进行会话。这个认证协议似乎是天衣无缝的，但也不是不可攻击的。

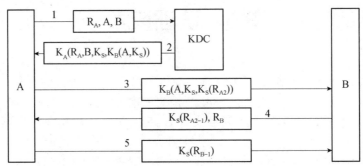

图 8-15　Needham-Schroeder 认证协议的应答过程

8.3.3　基于公钥的认证协议

1. 基于公钥的认证过程

基于公钥的认证过程如图 8-16 所示，A 向 B 发送 $E_B(A,R_A)$，该报文用 B 的公钥加密。B 返回 $E_A(R_A,R_B,K_S)$，该报文用 A 的公钥加密。这两个报文中分别有 A 和 B 指定的随机数 R_A 和 R_B，因此能排除重放的可能性。通信双方都用对方的公钥加密，用各自的私钥解密，所以应答比较简单。

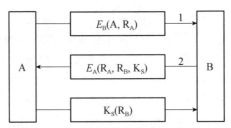

图 8-16　基于公钥的认证过程

2. 数字证书

（1）数字证书的概念

数字证书是指在互联网通信中标志通信各方身份信息的数字认证，人们可以用它来识别对方的身份。数字证书对网络用户在计算机网络交流中的信息和数据等以加密或解密的形式保证了信息和数据的完整性与安全性。

数字证书的基本架构是公钥基础设施（Public Key Infrastructure，PKI），即利用一对密钥实施加密和解密。密钥包括私钥和公钥，私钥主要用于签名和解密，由用户自定义，只有用户自己知道；公钥用于签名验证和加密，可被多个用户共享，公钥技术解决了密钥发布的管理问题。一般情况下，数字证书中还包括密钥的有效时间、发证机构（证书授权中心）的名称以及证书的序列号等信息。数字证书的格式遵循 ITU-T X.509 国际标准。

用户的数字证书由某个可信的证书发放机构（Certification Authority，CA）创建，并由 CA 或用户将其放入公共目录中，以供其他用户访问。目录服务器本身并不负责为用户创建数字证书，其作用仅仅是为用户访问数字证书提供方便。

在 ITU-T X.509 国际标准中，数字证书格式中包括的数据如下。

① 版本号：用于区分 ITU-T X.509 标准的不同版本。

② 序列号：由同一 CA 发放的每个证书的序列号是唯一的。

③ 签名算法：签署证书所用的算法及参数。

④ 发行者：建立和签署证书的 CA 的名字。

⑤ 有效期：证书有效期的起始时间和终止时间。

⑥ 主体名：证书持有者的名称及有关信息。

⑦ 公钥：有效的公钥以及其使用方法。

⑧ 发行者 ID：表示证书的发行者。

⑨ 主体 ID：表示证书的持有者。

⑩ 发证机构的签名：CA 对证书的签名。

（2）数字证书的获取

CA 为用户创建的证书应具有以下特性。

① 只要得到 CA 的公钥，就能由此得到 CA 为用户签署的公钥。

② 除 CA 外，其他任何人员都不能以不被察觉的方式修改证书的内容。

如果所有用户都由同一 CA 签署证书，则这一 CA 必须取得所有用户的信任。用户证书除了能放在公共目录中供他人访问，还可以由用户直接把证书转发给其他用户。用户 B 得到 A 的证书后，可相信用 A 的公钥加密的信息不会被他人知道，还可信任用 A 的私钥签署的信息不是伪造的。

如果用户数量很多，仅一个 CA 负责为所有用户签署证书可能不现实，通常有多个 CA，每个 CA 为一部分用户发行和签署证书。

假设用户 A 已从 CA1 处获取了证书，用户 B 已从 CA2 处获取了证书。如果 A 不知道 CA2 的公钥，则 A 虽然能读取 B 的证书，但却无法验证用户 B 的证书中 CA2 的签名，因此 B 的证书对 A 来说是没有用的。然而，如果两个证书发放机构 CA1 和 CA2 已经安全地交换了公开密钥，则 A 可以获取 B 的公钥。

对每一个 CA 来说，由其他 CA 建立的所有证书都应存放在目录中，并使得用户知道所有证书之间的连接关系，从而可获取另一用户的公钥证书。ITU-T X.509 标准建议将所有的 CA 以层次结构组织起来，用户 A 可从目录中得到相应的证书，建立到 B 的证书链，并通过该证书链获取 B 的公开密钥。

（3）数字证书的吊销

从数字证书的格式可以看出，每个证书都有一个有效期，然而有些证书还未到截止日期就会被发放该证书的 CA 吊销，这可能是由于用户的私钥已被泄露，或者该用户不再由该 CA 来认证，或者 CA 为该用户签署证书的私钥已经泄露。为此，每个 CA 还必须维护一个证书吊销列表（Certificate Revocation List，CRL），用于存放所有未到期而被提前吊销的证书，包括该 CA 发放给用户和其他 CA 的证书。

每个用户收到他人信息的证书时都必须通过目录检查这一证书是否已经被吊销，为避免搜索目录引起的延迟以及因此增加的费用，用户自己也可维护一个有效证书和被吊销证书的局部缓冲区。

8.4　报文摘要

　　用于差错控制的报文校验是指根据冗余位检查报文是否受到信道干扰影响，与之类似的报文摘要方案是指计算密码校验和（固定长度的认证码）并附加在信息后面发送，根据认证码检验报文是否被篡改。报文摘要是原报文唯一的压缩表示，代表了原报文的特征，所以也叫作数字指纹（Digital Fingerprint）。

　　散列（Hash）算法将任意长度的二进制串映射为固定长度的二进制串，即散列值，散列值是数据唯一、紧凑的表示形式。如果对一段明文更改一个字母，随后的散列变换将产生不同的散列值。要找到散列值相同的两个不同的明文是不可能的，所以数据的散列值可以检验数据的完整性。

　　通常的实现方案是对任意长度的明文进行单向散列变换，计算固定长度的散列值，作为报文摘要，对 Hash 函数 $H(m)$ 的要求如下。

　　（1）可用于任意大小的数据块。

　　（2）能产生固定大小的输出。

　　（3）在软件和硬件上容易实现。

　　（4）对于任意 m，找出 x，满足 $H(x)=m$，是不可计算的。

　　（5）对于任意 x，找出 $y \neq x$，使得 $H(x)=H(y)$，是不可计算的。

　　（6）找出 (x,y)，使得 $H(x)=H(y)$，是不可计算的。

　　前三项要求显而易见是实际应用和实现的需要；第四项要求是所谓的单向性要求，这个条件使得攻击者不能由窃听到的 m 得到原来的 x；第五项要求是为了防止伪造攻击，使得攻击者不能用自己制造的假信息 y 冒充原来的信息 x；第六项要求是为了防止生日攻击。

　　图 8-17 所示为报文摘要使用的过程。在发送端，明文 m 通过报文摘要算法 H 得到报文摘要 MD，报文摘要 MD 经过共享密钥 K 进行加密，附在明文 m 的后面发送。

　　在接收端，首先将明文 m 和报文摘要 MD 分离，将加密过的报文摘要进行解密，得出原始 MD。之后将明文 m 通过报文摘要算法 H 得到报文摘要，与原始 MD 进行比较，如果一致，说明明文 m 没有被篡改，反之则说明明文 m 被篡改。

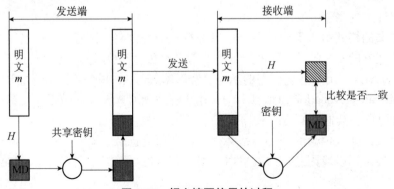

图 8-17　报文摘要使用的过程

　　当前使用最广泛的报文摘要算法是 MD5 信息摘要算法,其基本思想是用足够复杂的方法把报文充分"弄乱",使每一个输出位都受到每一个输入位的影响。安全散列算法(Secure Hash Algorithm,SHA)是另一个众所周知的报文摘要算法。这些函数做的工作几乎一样,即由任意长度的输入消息计算出固定长度的加密校验和。

　　MD5 信息摘要算法的安全性可以解释为:由于算法的单向性,要找出具有相同 Hash 值的两个不同报文是不可计算的。如果采用野蛮攻击法,寻找具有给定 Hash 值的报文的计算复杂性为 2^{128},若每秒试验 10 亿个报文,需要 $1.07×10^{22}$ 年。如果采用生日攻击法,寻找相同 Hash 值的两个报文的计算复杂性为 2^{64},用同样的计算机需要 585 年。从实用性考虑,MD5 信息摘要算法用 32 位软件可高速实现,所以有着广泛应用。

8.5　防火墙技术

8.5.1　防火墙的基本概念

　　随着互联网的广泛应用,信息越来越容易被污染和破坏,这些安全问题主要由以下几个因素造成。

　　(1)计算机操作系统本身有一些缺陷。

　　(2)各种服务存在安全漏洞。

　　(3)TCP/IP 协议几乎没有考虑安全因素。

　　(4)追查黑客的攻击很困难,因为攻击可能来自互联网的任何地方。

　　出于对以上因素的考虑,应该把被保护的网络从开放的、无边界的网络环境中孤立出来,使其成为可管理、可控制、安全的内部网络。要做到这点,最基本的隔离手段就是防火墙。

　　防火墙是保护计算机网络安全的一种重要技术措施,它利用硬件平台和软件平台在内部网络和外部网络之间构造一个保护障碍,用来检测所有的网络连接,限制外部网络对内部网络的非法访问或内部网络对外部网络的非法访问,并保障系统本身不受信息穿越的影响。换句话说,防火墙通过在网络边界上设立的响应监控系统来实现对网络的保护功能,属于被动式防卫技术。防火墙的结构如图 8-18 所示。

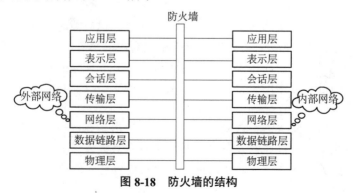

图 8-18　防火墙的结构

不同防火墙的侧重点不同，一种防火墙体现一种网络安全策略，即决定哪类信息可以通过，哪类信息不可以通过。

1. 防火墙的功能

（1）保护内部网络信息。防火墙可以过滤不安全的服务项目，降低非法攻击的风险。

（2）控制特殊站点访问。防火墙可以封锁某些外部站点，禁止内部网络对其访问，例如封锁某些反动言论站点和色情站点等。

（3）集中安全管理。可以将安全软件集中存放在防火墙上，而不是分散在内部网络站点上。

（4）对网络访问进行记录统计。所有网络连接必须经过防火墙记录与统计访问者的实际情况。

2. 防火墙的优点

当一个内部网络与互联网连接时，如果没有防火墙，内部网络上的每个主机都有可能受到来自互联网上其他主机的攻击。内部网络的安全取决于每个主机的安全性能"强度"，只有当这个最薄弱的系统自身安全时，整个网络才安全。

防火墙允许网络管理员在网络中定义一个控制点，将未经授权的用户（例如黑客、攻击者、破坏者、间谍等）阻挡在受保护的内部网络之外，禁止易受攻击的服务进出受保护的网络，并防止各类路由攻击。互联网防火墙通过加强网络安全简化网络管理。

防火墙是一个监听互联网安全和预警的方便端点。网络管理员必须记录和审查进出防火墙的所有值得注意的信息，通过防火墙掌握互联网连接费用和带宽拥塞的详细情况，并提供一个减轻部门负担的方案。

在过去几年中，互联网经历了地址空间危机，注册的 IP 地址没有足够的地址资源，一些想连接互联网的机构无法获得足够的注册 IP 地址来满足其用户总数的需要。防火墙则是设置网络地址翻译器的最佳位置，有助于缓解地址空间不足的问题，并可以使机构更换互联网服务提供商时不必重新编号。

3. 防火墙的局限性

目前的防火墙存在许多局限性。例如，互联网防火墙不能防范不经过防火墙产生的攻击，如果允许内部网络上的用户通过调制解调器不受限制地向外拨号，就可以形成直接的 SLIP 连接或 PPP 连接，这种连接绕开了防火墙直接连接到外部网络（互联网）上，形成潜在的后门攻击渠道。

防火墙不能防范由于内部用户不注意而造成的威胁，也不能防止内部网络用户将重要的数据复制到移动存储器上。另外，防火墙很难防止受到病毒感染的软件或文件在网络上传输。目前病毒、操作系统以及加密和压缩文件的种类繁多，不能期望防火墙逐个扫描每份文件来查找病毒。因此，内部网络中的每台计算机设备都应该安装反病毒软件，以防止病毒从移动硬盘或其他渠道流入。

最后着重说明一点，防火墙很难防止数据驱动式攻击。有些表面看起来无害的数据被邮寄或复制到互联网主机上并被执行发起攻击时，会发生数据驱动式攻击。一次数据驱动式攻击可以修改与安全有关的文件，从而使入侵者下一次更容易入侵该系统。

8.5.2　防火墙的类型

防火墙有多种形式，有的以软件形式运行在普通计算机上，有的以硬件形式设计在路由器中，但一般可以分为两种类型，即网络级防火墙和应用级防火墙。

1. 网络级防火墙

网络级防火墙又称为包过滤型防火墙，是基于数据包过滤的防火墙。在互联网这种信息包交换网络上，所有信息都被分割为很多一定长度的包，其中包括源地址、目标地址、输入端口和输出端口等。路由器会读取目标地址并选择一条物理通路发出去，当所有的信息到达目的地后再重新组合还原。

首先，网络级防火墙可以将从数据包中获取的信息（源地址、目标地址、所用端口等）与规则列表进行比较。规则列表中定义了同意数据包通过的各种规则，网络级防火墙会检查每一条规则直至发现包中的信息与某规则相符，如果没有相符的规则，防火墙就会使用默认规则并丢弃该包。其次，通过定义基于 TCP 或 UDP 数据包的端口号，防火墙能够判断是否允许建立特定的连接。

一个路由器就是一个"传统"的网络级防火墙，大多数路由器都能通过检查这些信息来决定是否将所收到的包进行转发，下面是某一网络级防火墙的访问控制规则。

（1）允许网络 123.1.0.0 使用 FTP（端口 21）访问主机 210.52.0.1。

（2）允许 IP 地址为 202.103.1.18 和 202.103.1.14 的用户使用 Telnet（端口 23）连接到主机 210.52.0.2 上。

（3）允许任何地址的 E-mail（端口 25）进入主机 210.52.0.3。

（4）允许任何 WWW 数据（端口 80）通过。

（5）不允许其他数据包进入。

网络级防火墙简洁、速度快、费用低，最大的优点就是对用户来说是透明的，不需要任何用户名和密码进行登录，速度快且易于维护，常作为内部网络的第一道防线。但它的缺点也非常明显，对网络的保护很有限，主要表现为以下三点。

（1）网络级防火墙没有用户的使用记录，也不能从访问记录中发现黑客的攻击记录（对于黑客来说，攻击单纯的包过滤型防火墙是比较容易的，例如采取 IP 欺骗的方法）。网络级防火墙可以阻止非法用户进入内部网络，但不会记录究竟都有谁来过，或者谁从内部进入了外部网络。

（2）定义包过滤器比较复杂，网络管理员需要对各种互联网服务、包格式以及每个域的意义有非常深入的理解，如果必须支持非常复杂的过滤，过滤规则集合会非常大，难于管理和理解；另外，规则配置好之后，几乎没有什么工具可以用来验证过滤规则的正确性。

（3）网络级防火墙只检查地址和端口，无法理解更高协议层的信息。

2. 应用级防火墙

应用级防火墙又称为应用级网关，另外一个名称是代理服务器。代理服务器隔离在外部网络与内部网络之间，内外网络不能直接交换数据，而是由代理服务器"代理"完成，内部用户对外发出的请求由代理服务器审核，如果符合网络管理员设定的条件，代理服务器就会像客户机一样去相应站点取回所需信息转发给用户。例如，代理服务器能代理内部主机访问外部不安全网络的站点，并对代理连接的 URL 进行检查，禁止内部主机访问非法站点；代理内部邮件服务器与外部邮件服务器进行连接，并对邮件的大小、数量、发送者、接收者进行检查；认证用户身份，代理合法用户 Telnet 或 FTP 连接内部服务器，在权限范围内修改服务器内容并上传和下载文件。这些服务都有一个详细的记录，代理服务器像一堵真正的墙一样阻挡在内部用户和外部网络之间，从外部只能看到代理服务器而看不到内部资源（例如某个用户的 IP 地址），从而有效地保护内部网络不受侵害。

应用级防火墙比单一的网络级防火墙更可靠，内部用户感觉不到它的存在，可以自由地访问外部站点，对外部用户可开放单独的内部连接，可以提供极好的访问控制、登录能力及地址转换功能。代理服务器对提供的服务会产生一个详细记录，如果发现非法入侵会及时报警，这一点非常重要。

但代理服务器也有不尽如人意之处，每增加一种新的媒体应用，就必须对代理服务器进行设置；处理通信量方面也存在瓶颈，比简单的包过滤型防火墙要慢得多。

8.5.3 防火墙的配置

设计系统防火墙时需要从以下几个方面进行全面考虑。

1. 防火墙的安全模型

为网络建立防火墙时，首先需要决定采用哪种安全模型。防火墙的安全模型有以下两种。

（1）禁止没有被列为允许访问的服务

该安全模型需要确定所有可以被提供的服务以及它们的安全性，开放这些服务并封锁所有未被列入的服务。此模型能提供较高的安全性，但比较保守，即只提供能够穿过防火墙的服务，无论是数量还是类型都将受到很大的限制。

（2）允许没有被列为禁止访问的服务

该安全模型与第一个模型相反，它首先需要确定哪些是不安全的服务并封锁这些服务，除此之外的其他服务则认为是安全的并允许访问。此模型能提供较灵活的服务方案，但安全风险性较大，随着网络规模的扩大，其监控难度会更大。

2. 机构的安全策略

防火墙并不是孤立的，它是系统安全中不可分割的组成部分。安全策略必须建立在安全分析、风险评估和商业需求分析的基础之上，如果一个机构没有完备的安全策略，防火墙可能形同虚设，使整个内部网络暴露给攻击者。

3. 防火墙的费用

防火墙的费用取决于它的复杂程度以及需要保护的系统规模。一个简单的包过滤型防火墙可能费用很低，因为包过滤本身就是路由器标准功能的一部分，也就是说，一台路由器本身就可以兼作一个防火墙。商业防火墙系统提供的安全性更高，价格也非常昂贵。如果一个机构内部有防火墙的专业人员，可以采用公开的软件自行研制防火墙，但从系统开发和设置所需的时间看，其代价太高。另外，所有防火墙均需要持续的管理支持、一般性维护、软件升级、安全策略修改和事故处理等，这也会产生一定的费用。

4. 防火墙的体系结构

在对防火墙的基本准则、安全策略和预算问题做出决策后，就可以决定防火墙的设计标准。防火墙是由一组硬件设备组合而成的，其中所用的计算机通常被称为堡垒主机。由于网络结构是多种多样的，各站点的安全要求也不尽相同，目前还没有一种统一的防火墙设计标准。防火墙的体系结构有很多种，在设计过程中应该根据实际情况进行考虑，下面介绍几种主要的防火墙体系结构。

（1）屏蔽路由器体系结构

屏蔽路由器是防火墙最基本的配置，可以由厂家专门生产的路由器实现，也可以用主机来实现。屏蔽路由器作为内/外网络连接的唯一通道，要求所有数据都必须在此通过检查。在路由器上安装分组过滤软件，可以实现分组过滤的功能。

这种体系结构简单，容易实现，但实现的控制功能较少，而且易受到攻击，一旦攻破，整个网络就会暴露。

（2）双宿主主机体系结构

双宿主主机是指有两个网络接口的计算机系统，一个接口连接内部网络，另一个接口连接外部网络。在这种体系结构中，双宿主主机位于内部网络和外部网络之间，起到隔离内外网络的作用。一般说来，这种机器上需要安装两块网卡，对应两个 IP 地址，分别属于内、外两个不同的网络。

防火墙内部的系统能与双宿主主机进行通信，防火墙外部的系统也能与双宿主主机进行通信，但内部系统与外部系统不能直接通信。这种体系结构非常简单，能提供级别很高的控制，但也存在一些缺点，用户账号本身会带来很多安全问题，登录过程也会使用户感到麻烦。

（3）被屏蔽主机体系结构

堡垒主机是指网络上一台配置了安全防范措施的计算机，为网络之间的通信提供了一个阻塞点。如果没有了堡垒主机，网络之间将不能互相访问。在这种体系结构中，堡垒主机被安排在内部局域网中，同时在内部网络和外部网络之间配备屏蔽路由器，外部网络必须通过堡垒主机才能访问内部网络中的资源，而内部网络中的计算机可以通过屏蔽路由器访问外部网络中的资源。

通常在路由器上设立过滤规则，使堡垒主机成为从外部网络唯一可以直接到达的主机，这样就确保了内部网络不受未授权的外部用户的攻击。如果堡垒主机与其他主机在同一个子网中，一旦堡垒主机被攻破或被越过，内部网络和堡垒主机之间就没有任何阻挡，将完全暴露在外部网络中。因此，堡垒主机必须是高度安全的计算机系统并安排在内部网络中。

被屏蔽主机体系结构保证了网络层和应用层的安全，比单独的包过滤型或应用级防火墙更安全。在这一结构中，屏蔽路由器是否配置正确是防火墙安全与否的关键，如果路由器遭到破坏，堡垒主机就可能被越过，使内部网络完全暴露。

（4）被屏蔽子网体系结构

与被屏蔽主机体系结构相比，被屏蔽子网体系结构添加了周边网络，在外部网络与内部网络之间加上了额外的安全层。在这种体系结构中，有内、外两个路由器，每一个都连接到周边网络上，一般对外的公共服务器和堡垒主机放在该子网中，使这一子网与互联网及内部网络分离。

内部网络和外部网络均可访问屏蔽子网，但禁止它们穿过屏蔽子网通信。在这一配置中，即使堡垒主机被入侵者控制，内部网络仍受到内部包过滤路由器的保护，而且可以设置多个堡垒主机运行各种代理服务，更有效地提供服务。在被屏蔽子网体系结构中，堡垒主机和屏蔽路由器共同构成了整个防火墙的安全基础，黑客如果想入侵这种体系结构的内部网络，必须通过两个路由器，这就增加了一定难度。

8.6　入侵检测系统

入侵检测系统（Intrusion Detection System，IDS）作为防火墙之后的第二道安全屏障，从网络中的关键地点收集信息并对其进行分析，从中发现违反安全策略的行为和遭到入侵攻击的迹象，并自动做出响应。IDS 的主要功能包括监测和分析用户及系统行为、检查和扫描系统安全漏洞、评估重要文件的完整性、识别已知攻击行为、统计分析异常行为模式、审计跟踪操作系统、检测违反安全策略的用户行为等。入侵检测通过实时监控入侵事件，在造成系统损坏或数据丢失之前组织进一步的行动，使系统能尽快恢复正常工作，同时还要收集有关入侵的技术资料，用于改进和增强系统抵抗入侵的能力。

1. IDS 的组成

美国国防部高级研究计划局（DARPA）提出的公共入侵检测框架（Common Intrusion Detection Framework，CIDF）由四个模块组成，如图 8-19 所示。

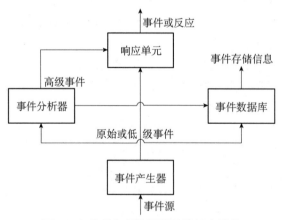

图 8-19　公共入侵检测框架的四个模块

（1）事件产生器（Event Generator）负责采集数据，并将收集到的原始数据转换为事件，向系统中的其他模块提供与事件有关的信息。入侵检测要在网络中的若干关键点（不同网段和不同主机）收集信息，并通过多个采集点的信息比较来判断是否存在可疑迹象或入侵行为。入侵检测所利用的信息一般来自四个方面：系统和网络的日志文件、目录和文件中不期望的改变、程序执行中不期望的行为、物理形式的入侵信息。

（2）事件分析器（Event Analyzer）接收事件信息并对其进行分析，判断是否为入侵行为或异常现象，有以下三种分析方法。

① 模式匹配。将收集到的信息与已知的网络入侵数据库进行比较，从而发现违背安全策略的行为。

② 统计分析。首先给系统对象（例如用户、文件、目录和设备等）建立正常使用时的特征值，这些特征值将被用来与网络中发生的行为进行比较。当观察值超出正常值范围时，就认为有可能发生入侵行为。

③ 数据完整性分析。主要关注文件或系统对象的属性是否被修改，这种方法往往用于事后的审计分析。

（3）响应单元（Response Unit）是对分析结果做出反应的功能单元，可以做出切断连接、改变文件属性等强烈反应，也可以只进行简单报警。

（4）事件数据库（Event Database）是存放有关事件的各种中间和最终数据的地方的统称，可以是复杂的数据库，也可以是简单的文本文件。

2. IDS 的部署方式

IDS 是一个监听设备，没有连接在任何链路上，不需要流经网络流量就可以工作。因此，对 IDS 部署的唯一要求是：IDS 应当连接在所关注流量必须流经的链路上。"所关注流量"指的是来自高危网络区域的访问流量和需要进行统计、监听的网络报文。目前的网络都是交换式的拓扑结构，因此，IDS 在交换式网络中的位置一般选择在尽可能靠近攻击源或受保护资源的位置，通常在服务器区域的交换机上、互联网接入路由器之后的第一台交换机上或重点保护网段的局域网交换机上。

3. IDS 的分类

根据入侵检测系统的信息来源，IDS 可分为以下三类。

（1）主机入侵检测系统（HIDS）是对针对主机或服务器的入侵行为进行检测和响应的系统。

（2）网络入侵检测系统（NIDS）是针对整个网络的入侵检测系统，包括对网络中所有主机和交换机设备进行入侵行为的检测和响应，其特点是利用工作在混杂模式下的网卡来实时监听整个网段上的通信业务。

（3）分布式入侵检测系统（DIDS）由分布在网络各个部分的多个协同工作的部件组成，完成数据采集、数据分析和入侵响应等功能，并通过中央控制部件进行入侵检测数据的汇总和数据库的维护，协调各个部分的工作，这种系统比较庞大，成本较高。

4. IDS 的检测方法

入侵检测系统可以根据入侵检测的行为分为两种模式：异常检测和误用检测。前者先要建立一个系统访问正常行为的模型，凡是不符合这个模型的行为将被断定为入侵；后者则相反，先要将所有可能发生的不可接受的行为归纳建立一个模型，符合这个模型的行为将被断定为入侵。

这两种模式的安全策略是完全不同的，而且各有长处和短处。异常检测的漏报率很低，但是不符合正常行为模式的行为并不见得就是恶意攻击，因此这种策略的误报率较高。误用检测直接匹配不可接受的行为模式，因此其误报率较低，但恶意行为千变万化，可能没有被收集在行为模式库中，因此其漏报率很高。这就要求用户必须根据系统的特点和安全要求来制定策略，通常采取两种模式相结合的策略。

（1）异常检测方法

① 基于贝叶斯推理的检测法是指在任何给定的时刻测量变量值，推理判断系统是否发生入侵事件。

② 基于特征选择的检测法是指从一组物理属性中挑选出能检测入侵的属性，用它来对入侵行为进行预测或分类。

③ 基于贝叶斯网络的检测法用图形方式表示随机变量之间的关系。通过与邻接节点相关的一个小概率集来计算随机变量的连接概率分布，按给定的全部节点组合，根节点的先验概率和分支节点概率构成这个集。贝叶斯网络是一个有向图，"弧"表示父子节点之间的依赖关系。当随机变量的值变为已知时，就允许将它吸收为证据，为其他随机变量的值判断提供计算框架。

④ 基于模式预测的检测法是指事件序列不是随机发生的而是遵循某种可辨别的模式，只关心少数相关安全事件是该检测法的最大优点。

⑤ 基于统计的异常检测法是指根据用户对象的活动为每个用户建立一个特征轮廓表，通过对当前特征和以前已建立的特征进行比较，来判断当前行为的异常性。特征轮廓表要根据审计记录情况不断更新，其中的指标值根据经验值或一段时间内的统计得出。

⑥ 基于机器学习的检测法是指根据离散数据临时序列学习获得网络、系统和个体的行为特征，并提出实例学习法（Instance-Based Learning，IBL），该方法通过新的序列相似度计算将原始数据（例如离散事件流和无序的记录）转化成可度量的空间。应用 IBL 技术和一种新的基于序列的分类方法能够发现异常事件，从而检测入侵行为。其中，成员分类的概率由阈值的选取决定。

⑦ 数据挖掘检测法可以从审计数据中提取有用的知识，然后用这些知识检测异常入侵和已知的入侵。通常采用的方法是 K 近邻算法，其优点是善于处理大量数据并进行数据关联分析，但实时性较差。

⑧ 基于应用模式的异常检测法是指根据服务请求类型、服务请求长度、服务请求包的大小分布计算网络服务的异常值，通过实时计算的异常值与所训练的阈值比较，从而发现异常行为。

⑨ 基于文本分类的异常检测法是指将系统产生的进程调用集合转换为"文档"，利用聚类文本分类算法计算文档的相似性。

（2）误用检测方法

① 模式匹配法常常被用于入侵检测技术中，是指把收集到的信息与网络入侵和系统误用模式数据库中的已知信息进行比较，从而发现违背安全策略的行为。模式匹配法可以显著减少系统负担，有较高的检测率和准确率。

② 专家系统法的思想是把安全专家的知识表示成规则知识库，再用推理算法检测入侵，主要针对有特征的入侵行为。

③ 基于状态转移分析的检测法是将攻击看成一个连续的、分步骤的并且各个步骤之间有一定关联的过程，在网络中发生入侵时及时阻断入侵行为，防止可能还会进一步发生的类似攻击行为。在状态转移分析方法中，一个渗透过程可以看作是由攻击者做出的一系列行为导致系统从某个初始状态变为某个被危害状态。

8.7　虚拟专用网

8.7.1　虚拟专用网的工作原理

虚拟专用网（Virtual Private Network，VPN）能够利用廉价的互联网或其他公共网络传输数据，使远程用户只要能连接上互联网就能随时随地接入企业内部网络，还可以充分利用宽带接入的速度。实现 VPN 的关键技术主要有以下几种。

（1）隧道技术（Tunneling）。隧道技术是一种使用互联网基础设施在网络之间传递数据的方式。隧道协议将其他协议的数据包重新封装在新的包头中发送，新的包头提供了路由信息，从而使封装的负载数据能够通过互联网传递。在互联网上建立隧道可以在不同的协议层实现，例如数据链路层、网络层或传输层等，这是 VPN 特有的技术。

（2）加密技术（Encryption and Decryption）。VPN 可以利用已有的加密/解密技术实现保密通信，保证公司业务和个人通信的安全。

（3）密钥管理技术（Key Management）。建立隧道和保密通信都需要密钥管理技术的支撑，密钥管理负责密钥的生成、分发、控制、跟踪，以及验证密钥的真实性。

（4）身份认证技术（Authentication）。加入 VPN 的用户都要通过身份认证，通常使用用户名、口令、智能卡等来实现用户的身份认证。

VPN 技术实现远程接入的拓扑结构如图 8-20 所示。对于 VPN 技术，可以把它理解成虚拟出来的企业内部专线，可以通过特殊的加密通信协议在互联网不同位置的两个或多个企业之间建立专有的通信线路，就好像架设了一条专线一样，但并不需要真正铺设光缆之类的物理线路。VPN 技术最早是路由器的重要功能之一，交换机、防火墙等设备甚至 Windows 操作系统也支持 VPN 功能。总之，VPN 的核心就是利用公共网络资源为用户建立虚拟的专用网络。

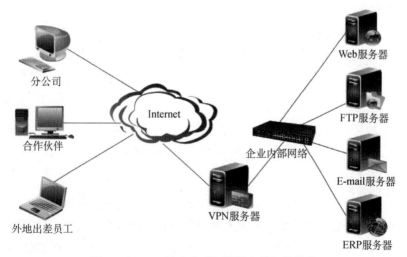

图 8-20　VPN 技术实现远程接入的拓扑结构

虚拟专用网是一种网络新技术，它不是真的专用网络，却能够实现专用网络的功能。虚拟专用网指的是依靠 ISP 和其他网络服务提供商，在公用网络中建立专用的数据通信网络的技术。在虚拟专用网中，任意两个节点之间的连接并没有传统专用网的端到端的物理连接，而是利用某种公共数据线路，使用互联网公共数据网络的长途数据线路。

VPN 是专线式专用广域网的替代方案，代表了当今网络发展的最新趋势。VPN 并非改变原有广域网的一些特性，如多重协议的支持、高可靠性及高扩充性等，而是在更符合成本和利益的基础上达到这些特性。

通过以上分析，我们可以从通信环境和通信技术层面给出 VPN 的详细定义。

（1）在 VPN 通信环境中，数据存取受到严格控制，只有被确认是同一个公共体的内部同层（对等层）连接时，才允许它们进行通信。VPN 环境的构建是通过对公共通信基础设施的通信介质进行某种逻辑分割来实现的。

（2）VPN 通过共享通信基础设施为用户提供定制的网络连接服务，这种定制的连接要求用户共享相同的安全性、优先级服务、可靠性和可管理性策略，在共享的基础通信设施上采用隧道技术和特殊配置技术，仿真点到点的连接。

总之，VPN 可以构建在两个端系统之间、两个组织机构之间、组织机构内部的多个端系统之间、跨越全球性互联网的多个组织之间，为企业之间的通信构建一个相对安全的数据通道。

8.7.2　VPN 系统的组成

一般来说，两台具有独立 IP 地址并连接互联网的计算机，只要知道对方的 IP 地址就可以进行直接通信。但是，如果两台计算机所在的私有网络和公有网络使用了不同的地址空间或协议，就会导致网络之间不能直接访问。由于 VPN 连接的特点，私有网络的通信内容会在公共网络上进行传输，出于安全和效率的考虑，一般通信内容需要加密或压缩。通信过程的打包和解包工作必须通过一个双方协商好的协议进行，这样在两个私有网络之间建立 VPN 通道需要一个专门的过程，依赖于一系列不同的协议。这些设备及协议组成了一个 VPN 系统，一个完整的 VPN 系统一般包括以下三个单元。

1. VPN 服务器

VPN 服务器是能够接收和验证 VPN 连接请求，并处理数据打包和解包工作的计算机或设备。VPN 服务器的操作系统可以选择 Windows 操作系统，相关组件为系统自带的组件即可。完整的 VPN 系统要求 VPN 服务器已经接入互联网，并且拥有一个独立的公有 IP 地址。

2. VPN 客户端

VPN 客户端是能够发起 VPN 连接请求，也可以进行数据打包和解包工作的计算机或设备。VPN 客户机的操作系统可以为 Windows 操作系统，要求已经接入互联网。

3. VPN 数据通道

VPN 数据通道是一条建立在公共网络上的数据链路。假设有一台主机想通过互联网（公共网络）接入公司的内部网络，首先该主机通过拨号等方式连接到互联网，然后再通过 VPN 拨号方式与公司的 VPN 服务器建立一条隧道，在建立隧道的过程中，双方必须确定采用的 VPN 协议和连接线路的路由路径等。用隧道技术实现 VPN 的过程如图 8-21 所示。

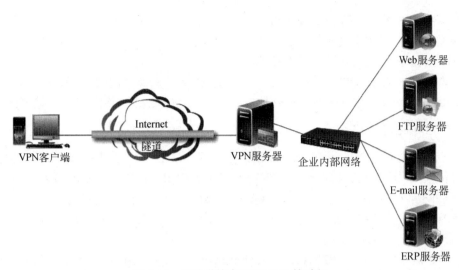

图 8-21　用隧道技术实现 VPN 的过程

当隧道建立完成后，用户与公司内部网络之间要利用该虚拟专用网进行通信，发送端会根据所使用的 VPN 协议，对所有的通信信息进行加密，并重新添加数据包的首部，封装成在公共网络上发送的外部数据包，通过公共网络将数据发送至接收端。接收端在接收到该信息后也根据所使用的 VPN 协议对数据进行解密。

在隧道中传输的外部数据包的数据部分（即内部数据包）是加密的，因此在公共网络上经过的路由器都不知道内部数据包的内容，确保了通信数据的安全。同时，在传输过程中会对数据包进行重新封装，实现了其他通信协议数据包在 TCP/IP 网络中传输。

8.7.3　VPN 协议

隧道技术是 VPN 协议的基础，在建立隧道的过程中，隧道的客户机和服务器双方必须使用相同的隧道协议。

按照 OSI 参考模型，隧道技术可以分为第二层和第三层隧道协议。第二层隧道协议使用帧作为数据交换单位，PPTP、L2TP 和 L2F 等都属于第二层隧道协议，它们是将数据封装在点对点协议（PPP）的帧中通过互联网发送的。IP over IP 和 IPSec 隧道模式属于第三层隧道协议，它们将数据封装在附加的 IP 报头中通过 IP 网络传输。下面介绍几种常见的隧道协议。

1．点对点协议

点对点协议（Point to Point Protocol，PPP）可以在点对点链路上传输多种上层协议的数据包，是数据链路层协议，最早替代 SLIP 协议在同步链路上封装 IP 数据报，后来也可以承载注入 DECnet、Apple Talk 等协议的分组。PPP 是一组协议，主要包含下列协议。

（1）封装协议。PPP 封装协议提供了在同一链路上传输各种网络层协议的多路复用功能，能与各种常见的支持硬件保持兼容。

（2）链路控制协议（Link Control Protocol，LCP）。LCP 通过以下三类 LCP 分组来建立、配置和管理数据链路层的链路。

① 链路配置分组用于建立和配置链路。

② 链路终结分组用于终止链路。

③ 链路维护分组用于链路管理和排错。

（3）网络控制协议。PPP 链路建立过程的最后阶段将选择承载的网络层协议，例如 IP、IPX 或 Apple Talk 等。PPP 只传输选定的网络层分组，任何没有入选的网络层分组将被丢弃。

2. 点对点隧道协议

点对点隧道协议（Point to Point Tunneling Protocol，PPTP）是 PPP 的扩展，并协调使用 PPP 的身份验证、压缩机制和加密机制等。PPTP 允许对 IP、IPX 或 NetBEUI 数据流进行加密并通过互联网等公共网络发送，从而实现多功能通信，有以下两种逻辑设备。

① PPTP 网络服务器（PPTP Network Server，PNS）。PNS 运行 TCP/IP 协议，可以使用任何 LAN 和 WAN 接口硬件实现。

② PPTP 接入集中器（PPTP Access Concentrator，PAC）。PAC 可以连接一条或多条 PSTN 或 ISDN 拨号线路，能够进行 PPP 操作并处理 PPTP 协议。PAC 可以与一个或多个 PNS 实现 TCP/IP 通信，或者通过隧道传输其他协议的数据。

PPTP 只在 PNS 和 PAC 之间实现，与其他设备无关，连接到 PAC 的拨号网络也与 PPTP 无关，标准的 PPP 客户端软件仍然可以在 PPP 链路上进行操作。

PPP 分组必须先经过通用路由封装协议（Generic Routing Encapsulation，GRE）封装后才能在 PAC-PNS 之间的隧道中传输。GRE 是在网络层协议上封装另一种网络协议的协议，GRE 封装的协议经过了加密处理，VPN 之外的设备无法探测其中的内容。PPP 分组封装和传输的过程如图 8-22 所示，响应 VPN 客户端和 VPN 服务器的源 IP 地址及目的 IP 地址位于 IP 报头中。

图 8-22　PPP 分组封装和传输的过程

3. 第二层隧道协议

第二层隧道协议（Layer 2 Tunneling Protocol，L2TP）用于把各种拨号服务集成到 ISP 的服务提供点。PPP 定义了一种封装机制，可以在点对点链路上传输多种协议的分组。L2TP 扩展了 PPP，允许第二层连接端点和 PPP 会话端点置于由分组交换网连接的不同设备中。

L2TP 报文分为控制报文和数据报文。控制报文用于建立、维护和释放隧道并呼叫；数据报文用于封装 PPP 帧，以便在隧道中传输。

使用 UDP 和一系列 L2TP 信息对隧道进行维护，同时使用 UDP 将 L2TP 封装的 PPP 帧通过隧道发送，可以对封装在 PPP 帧中的数据进行加密或压缩。L2TP 报文的封装如图 8-23 所示。

图 8-23　L2TP 报文的封装

PPTP 和 L2TP 都使用 PPP 对数据进行封装,尽管两个协议非常相似,但仍然存在以下区别。

(1)PPTP 要求互联网为 IP 网络,L2TP 只要求隧道媒介提供面向数据的点对点链接。L2TP 可以在 IP 网络、帧中继永久虚电路、X.25 虚电路或 ATM 网络上使用。

(2)PPTP 只能在两端点间建立单一隧道,L2TP 支持在两端点间使用多个隧道。使用 L2TP 的用户可以针对不同的服务质量创建不同的隧道。

(3)L2TP 可以提供数据包的压缩,压缩时占用 4 字节,而 PPTP 要占用 6 字节。

(4)L2TP 支持隧道验证,而 PPTP 不支持隧道验证。

4. 互联网安全协议

互联网安全协议(Internet Protocol Security,IPSec)是由 IETF 定义的一套在网络层保证 IP 安全性的协议,主要用于确保网络层之间的安全通信。该协议使用 IPSec 协议集保护 IP 网络和非 IP 网络上的 L2TP 业务。在 IPSec 协议中,一旦建立 IPSec 通道,通信双方网络层之上的所有协议(例如 TCP、UDP、SNMP、HTTP、POP 等)都要经过加密。

(1)IPSec 协议集提供的安全服务

① 保持数据的完整性,防止未经授权地生成、修改或删除数据。

② 保证接收的数据与发送的数据相同,保证实际发送者是声称的发送者。

③ 保证传输的数据是经过加密的,只有预定的接收者知道发送的内容。

④ 任何网络和网络应用都可以不经修改地从标准 IP 转向 IPSec,同时,IPSec 通信也可以透明地通过现有的 IP 路由器。

(2)IPSec 的功能

① 认证头(Authentication Header,AH)用于数据完整性认证和数据源认证,但不提供保密服务。

② 封装安全负荷(Encapsulating Security Payload,ESP)提供数据保密性和数据完整性认证,包括防止重放攻击的顺序号。

③互联网密钥交换协议(Internet Key Exchange,IKE)用于生成和分发在 AH 和 ESP 中使用的密钥,也对远程系统进行初始认证。

5. 安全套接层协议

安全套接层(Secure Socket Layer,SSL)协议是美国 Netscape 公司于 1994 年开发的传输层安全协议,用于实现 Web 安全通信。1996 年,由 Netscape 和 Paul Kocher 共同设计的版本 SSL 3.0 协议发布,获得广泛认可和支持。1999 年,IETF 推出了传输层安全标准(Transport Layer Security,TLS),对 SSL 进行了改进,SSL/TLS 已经得到了广泛应用。

SSL 的基本目标是实现两个实体之间安全可靠的通信。SSL 协议分为两层,即底层和应用层,底层是 SSL 记录协议,运行在 TCP 之上,用于封装各种上层协议。SSL 协议栈如图 8-24 所示。

图 8-24　SSL 协议栈

（1）SSL 握手协议负责调整客户端和服务器的会话状态，使其能够协调地进行操作。会话状态的密码参数是在 SSL 握手阶段产生的。

（2）SSL 记录协议首先把上层的数据划分为 2^{14} 字节的字段，然后进行无损压缩、计算 MAC 地址并进行加密，最后发送出去。

（3）SSL 改变密码协议用于改变安全策略和密码报文，由客户端或服务器发送密码报文，通知对方后续记录将采用新的密码列表。

（4）SSL 警告协议对当前传输中的错误发出警告，使当前的会话失效，避免产生新的会话。

SSL 协议对应用层是独立的，高层协议可以透明地运行在 SSL 协议之上，SSL 协议提供的安全连接具有以下特性。

（1）连接是保密的，用握手协议定义了对称密钥之后，所有通信都被加密传输。

（2）对等实体可以利用对称加密算法相互认证。

（3）连接是可靠的，报文传输期间利用安全散列函数进行数据的完整性检验。

SSL 和 IPSec 各有特点，SSL VPN 与 IPSec VPN 都使用 RSA 或握手协议来建立秘密隧道。SSL 和 IPSec 都使用了预加密、数据完整性和身份认证技术。IPSec VPN 在网络层建立安全隧道，适用于建立固定的虚拟专用网，而 SSL 的安全连接是通过应用层的 Web 连接建立的，更适合移动用户远程访问公司的虚拟专用网。

SSL/TLS 协议在 Web 安全通信中被称为 HTTPS，也可以用在其他非 Web 应用中。在虚拟专用网中，SSL 可以承载 TCP 通信，也可以承载 UDP 通信。SSL 工作在传输层，所以 SSL VPN 的控制更加灵活，既可以对传输层进行访问控制，也可以对应用层进行访问控制。

8.7.4　VPN 的解决方案

1. 企业内联网

企业内联网（Intranet）是指利用 VPN 技术构建的一个企业、组织或者部门内部的提供综合性服务的互联网。Intranet 能使用户随时随地以所需的方式访问企业内部的网络资源，最适合用于公司内部经常有流动人员远程办公的情况。基于 Intranet 的企业内部网络与传统的企业内部网络相比，具有以下优点。

（1）使用统一的 TCP/IP 标准，技术成熟、系统开放、开发难度低、应用方案充足。

（2）操作界面统一且亲切友好，使用、维护、管理和培训都十分简单。

（3）具有良好的性价比，能充分保护和利用已有的资源，通信传输以及信息系统的开发和管理费用低。

（4）技术先进，能适应未来信息技术的发展方向，代表了未来企业运作和管理的方向。

（5）网络服务多种多样，能够提供 WWW 信息发布与浏览、文件传输、电子邮件、信息查询等服务。

（6）信息处理和交换非常灵活，信息内容图文并茂，能够充分利用企业的信息资源。

（7）能够适应不同的企业和政府部门，也可以适应不同的管理模式以迎接未来的挑战。

【例 8-1】某公司在全国各地分设分公司和办事处，还有部分出差员工。为使分公司、办事处和出差员工能随时访问总部内部的 OA 服务器、ERP 服务器、Web 服务器和 FTP 服务器等，使用 VPN 技术设计了该公司的企业内联网。

（1）请根据以上说明设计符合该公司要求的企业内联网拓扑结构，并说明网络设计思路。

（2）为公司总部、分公司和办事处的网络分配合理的 IP 地址。

（3）说明 VPN 服务器的配置过程。

（4）说明办事处、分公司和出差员工访问总部内部网络资源的过程。

【解】（1）根据题目的描述，公司使用 VPN 技术构建企业内联网，设计的企业内联网拓扑结构如图 8-25 所示。

总部 LAN 需要向当地 ISP 申请公有 IP 地址（例如 65.85.1.8），使用该公有 IP 地址通过 ISP 连接到互联网。分公司、办事处和出差员工可以通过当地 ISP 提供的 ADSL 虚拟宽带技术接入互联网。

（2）公司总部、分公司、办事处和出差员工的 IP 地址分配如表 8-1 所示。

（3）总部选择带 VPN 功能的路由器作为 VPN 服务器，VPN 服务器的配置过程如下。

① 配置并启用路由和远程访问功能，设置为允许 VPN 访问。

② 为本地网络进行 IP 地址指派，设置地址池，例如 192.166.10.6～192.166.10.254。

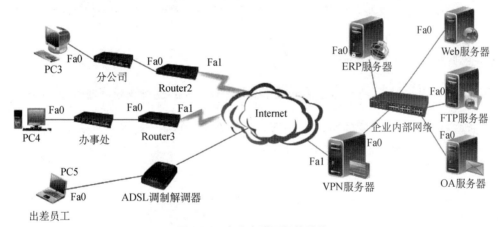

图 8-25　企业内联网拓扑结构

③ 设置用户远程连接的权限，为每个要通过 VPN 访问总部内部网络的用户分配访问权限，包括用户名和口令。

表 8-1　公司总部、分公司、办事处和出差员工的 IP 地址分配

单位	设备	端口	IP 地址	子网掩码	默认网关
总部	Web 服务器	Fa0	192.166.10.2	255.255.255.0	192.166.10.1
	FTP 服务器	Fa0	192.166.10.3	255.255.255.0	192.166.10.1
	OA 服务器	Fa0	192.166.10.4	255.255.255.0	192.166.10.1
	ERP 服务器	Fa0	192.166.10.5	255.255.255.0	192.166.10.1
	VPN 服务器	Fa0	192.166.10.1	255.255.255.0	—
		Fa1	65.85.1.8	255.0.0.0	—
分公司	PC3	Fa0	192.166.1.2	255.255.255.0	192.166.1.1
	Router2	Fa0	192.166.1.1	255.255.255.0	—
		Fa1	由 ISP 分配		—

续表

单位	设备	端口	IP 地址	子网掩码	默认网关
办事处	PC4	Fa0	192.166.6.2	255.255.255.0	192.166.6.1
	Router3	Fa0	192.166.6.1	255.255.255.0	—
		Fa1	由 ISP 分配		—
出差员工	PC5	Fa0	由 ISP 分配		—

（4）下面以分公司的主机 PC3 为例说明远程访问总部内部网络资源的过程。

① 主机 PC3 有一个本地连接，该连接负责本地局域网的访问，其 IP 地址为 192.166.1.2。

② 在主机 PC3 上创建 VPN 连接，创建连接的过程中输入远程 VPN 服务器的 IP 地址，总部 VPN 服务器的 IP 地址为 65.85.1.8，在用户名和口令栏中输入分配的用户名和口令，接入总部 VPN 内部网络。

③ 当 PC3 建立 VPN 连接后，该连接的 IP 地址由总部 VPN 服务器在地址池里取一个未被分配的 IP 地址，例如 192.166.10.6。该连接负责将 PC3 接入总部内部网络，其 IP 地址为 192.166.10.6，该地址与总部内部网络的 IP 地址属于同一个网络，使 PC3 成为总部内部网络的成员，可以访问 ERP 服务器或 OA 服务器等网内资源。

2. 企业外联网（Extranet）

企业外联网指利用 VPN 技术构建企业与客户、供应商和其他相关团体之间的互联网，客户也可以通过 Web 访问企业的客户资源。企业外联网可以方便地提供接入控制和身份认证机制，动态地提供公司业务和数据的访问权限。一般来说，如果公司提供 B2B 之间的安全访问服务，则可以考虑与相关企业建立 Extranet。

8.8 应用层安全协议

8.8.1 S–HTTP 协议

安全的超文本传输协议（Secure HTTP，S-HTTP）是一个面向报文的安全通信协议，是 HTTP 协议的扩展，其设计目的是保证商业贸易信息的传输安全，促进电子商务的发展。

S-HTTP 可以与 HTTP 模型共存，也可以与 HTTP 应用集成。S-HTTP 为 HTTP 客户端和服务器提供了各种安全机制，适用于潜在的各类 Web 用户。S-HTTP 客户端和服务器是对称的，对于双方的请求和响应做出同样的处理，但是保留了 HTTP 的事务处理模型和实现特征。

在语法上，S-HTTP 报文与 HTTP 报文相同，由请求行或状态行组成，后面是信头和主体，信头之间各不相同并且主体密码设置更精密。S-HTTP 报文由从客户机到服务器的请求和从服务器到客户机的响应组成，请求报文的格式如图 8-26 所示。

请求行	通用信息头	请求头	实体头	信息主体

图 8-26 S-HTTP 请求报文的格式

S-HTTP 响应采用指定协议 "S-HTTP/1.4"，报文的格式如图 8-27 所示。

| 状态行 | 通用信息头 | 响应头 | 实体头 | 信息主体 |

图 8-27　S-HTTP 响应报文的格式

为了与 HTTP 报文区分，S-HTTP 报文使用了指示器 S-HTTP/1.4，这样可以与 HTTP 报文混合在同一个 TCP 端口（80）内进行传输。

由于 SSL 迅速出现，S-HTTP 未能得到广泛应用。目前，SSL 基本取代了 S-HTTP，大多数 Web 交易均采用传统的 HTTP 协议，并使用经过 SSL 加密的 HTTP 报文来传输敏感的交易信息。

8.8.2　PGP 协议

优良保密协议（Pretty Good Privacy，PGP）是一套用于消息加密、验证的应用程序，采用 IDEA 的散列算法进行加密和验证。

PGP 加密由一系列散列、数据压缩、对称密钥加密以及公钥加密的算法组合而成，每个步骤支持几种算法，可以选择一个使用，每个公钥均绑定唯一的用户名或 E-mail 地址。PGP 加密系统的第一个版本通常称为可信 Web 或 X.509 系统，X.509 系统使用的是基于数字证书认证机构的分层方案，该方案后来被加入到 PGP 的实现中。目前的 PGP 加密版本通过一个自动密钥管理服务器来进行密钥的可靠存放。

PGP 提供数据加密和数字签名两种服务。数据加密机制可以用于本地存储的文件，也可以应用于网络上传输的电子邮件；数字签名机制用于数据源身份认证和报文完整性验证。PGP 使用 RSA 公钥证书进行身份认证，使用 IDEA（128 位密钥）进行数据加密，使用 MD5 进行数据完整性验证。PGP 加密的原理如图 8-28 所示。

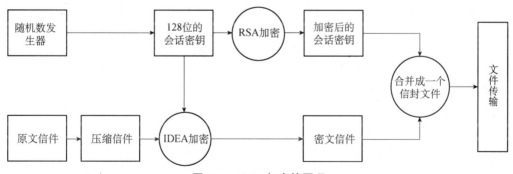

图 8-28　PGP 加密的原理

如果得到一些可信任的公钥，就可以使用 PGP 的数字签名机制得到更多真实公钥。例如，如果 Alice 得到了 Bob 的公钥，并且信任 Bob 提供给其他人的公钥，则经过 Bob 签名的公钥就是真实的，这样在相互信任的用户之间就形成了一个信任圈。网络上有一些服务器提供公钥存储器，其中的公钥经过了一个或多个人的签名，如果信任某个人的签名，就可以认为他/她签名的公钥是真实的。SLED（Stable Large E-mail Database）就是这样的服务器，该服务器目录中的公钥都是经过 SLED 签名的。

有一系列的软件工具可以用于部署 PGP 系统，在网络中部署 PGP 可分为以下三个步骤。

（1）建立 PGP 证书管理中心。PGP 证书服务器是一个现成的工具软件，用于在大型网络系统中建立证书管理中心，形成统一的公钥基础结构。

（2）对文档和电子邮件进行 PGP 加密。在 Windows 系统中可以安装 PGP for Business Security 对文件系统和电子邮件系统进行加密传输。

（3）在应用系统中集成 PGP。系统开发人员可以利用 PGP 软件的开发工具包将加密功能结合到现在的应用系统中。

8.8.3　S/MIME 协议

多用途网际邮件扩充协议（Secure/Multipurpose Internet Mail Extensions，S/MIME）由 RSA 数据安全公司开发，是与 SMTP 同样重要的一个标准，它将 SMTP 带入了一个新的层次，既能实现广泛的电子邮件连接性，又不会破坏安全性。

S/MIME 提供的安全服务有数字签名和邮件加密，这两种服务是保证邮件安全的核心，与邮件安全有关的所有概念都支持这两种服务。虽然整个邮件安全领域看上去很复杂，但这两种服务却是邮件安全的基础。

使用数字签名和邮件加密服务时，这两种服务不会改变其中任何一种服务的处理过程，对电子邮件进行签名和加密的过程如下。

（1）捕获邮件。

（2）检索用来唯一表示发件人的信息。

（3）检索用来唯一表示收件人的信息。

（4）使用发件人的唯一信息对邮件进行签名操作，生成数字签名。

（5）将数字签名附加到邮件中。

（6）使用收件人的信息对邮件进行加密操作，生成加密的邮件。

（7）用加密后的邮件替换原始邮件。

（8）发送邮件。

对电子邮件进行解密和验证的过程如下。

（1）接收邮件。

（2）检索加密邮件。

（3）检索用来唯一表示收件人的信息。

（4）使用收件人的唯一信息对加密邮件执行解密操作，生成未加密的邮件。

（5）返回未加密的邮件给收件人。

（6）从未加密的邮件中检索数字签名。

（7）检索用来表示发件人的信息。

（8）使用发件人的信息对未加密的邮件执行签名操作，生成数字签名。

（9）将邮件附带的数字签名与收到邮件后产生的数字签名进行比较。

（10）如果数字签名匹配，说明邮件有效。

8.8.4　SET 协议

安全的电子交易（Secure Electronic Transaction，SET）协议是基于信用卡在线支付的电子商务安全协议，通过制定标准和采用各种密码技术手段，解决了当时困扰电子商务发展的安全问题，已经获得 IETF 的认可，成为事实上的工业标准。

SET 协议主要是为了解决用户、商家和银行之间通过信用卡支付的交易而设计的，主要目的是保证支付信息的机密性、支付过程的完整性、商户及持卡人的合法身份以及可操作性。SET 协议中的核心技术主要有数据加密、数字签名、电子信封、电子安全证书等。

SET 协议是一个非常复杂的协议，它非常详细而准确地反映了信用卡交易各方之间的各种关系，还定义了加密信息的格式和完成一笔支付交易过程中各方传输信息的规则。事实上，SET 协议远远不只是一个技术方面的协议，它还说明了每一方所持有的数字证书的合法含义。

SET 协议采用公钥密码体制和 X.509 数字证书标准，提供了消费者、商家和银行之间的认证，确保了交易数据的机密性、真实性、完整性和交易的不可否认性，保证不将消费者的银行卡卡号暴露给商家，成为了公认的信用卡/借记卡网上交易的国际安全标准。SET 协议的交易过程如下。

（1）顾客开立银行账户。

（2）顾客收到数字认证。

（3）第三方商家也收到银行数字认证。

（4）顾客通过网页或电话等订购货物。

（5）顾客的浏览器收到商家的认证，确认商家的有效性。

（6）浏览器发送订单信息。

（7）商家检查顾客认证上的签名，确认顾客。

（8）商家将订单信息一起发送到银行。

（9）银行确认商家和信息。

（10）银行生成数字签名并把数字认证发送给商家，商家填写订单。

SET 协议涉及的当事人包括顾客、发卡机构、商家、银行以及支付网关等，SET 协议的主要目标如下。

（1）信息在公共互联网上安全传输，保证网上传输的数据不被黑客窃取。

（2）订单信息和个人账号信息隔离。在将包括顾客的账号信息在内的订单送到商家时，商家只能看到订单信息，看不到顾客的账户信息。

（3）顾客和商家相互认证。为确保交易各方的真实身份，第三方机构负责为在线交易的各方提供信用担保。

SET 协议保证了支付信息和订单信息的安全性，使用数字签名确保支付信息的完整性，使用数字签名和消费者证书进行银行认证，使用数字签名和商家证书进行商家认证，SET 协议交易的安全性如下。

（1）信息的机密性。在 SET 系统中，敏感信息（例如持卡人的账户和支付信息等）是加密传输的，不会被未经许可的一方访问。

（2）数据的完整性。通过数字签名保证在传输信息期间，信息的内容不会被修改。

（3）身份验证。通过证书和数字签名为交易各方提供认证对方身份的依据，保证了信息的真实性。

（4）交易的不可否认性。使用数字签名可以防止交易中的一方抵赖已发生的交易。

（5）互操作性。通过使用特定的协议和消息格式，SET 系统可提供在不同的软件/硬件平台操作的同等能力。

8.8.5　Kerberos 协议

Kerberos 协议是一种网络认证协议，其设计目标是通过密钥系统为客户机/服务器应用程序提供强大的认证服务。Kerberos 协议的认证过程不依赖于主机操作系统的认证，不基于主机地址的信任，不要求网络上所有主机的物理安全，并假定网络上传输的数据可以被任意地读取、修改。在以上情况下，Kerberos 协议作为一种可信任的第三方认证服务，通过传统的密码技术（例如共享密钥）执行认证服务，认证过程如下。

（1）客户机向认证服务器发送请求，要求得到某服务器的证书，认证服务器的响应包含用客户机密钥加密的证书。证书由服务器的"Ticket"（服务器秘钥加密过的客户机身份及会话秘钥的拷贝）和一个临时会话密钥构成。

（2）客户机将"Ticket"传输到服务器上。

（3）会话密钥（由客户机和服务器共享）可以用来认证客户机或服务器，也可用来为通信双方以后的通信提供加密服务，或通过交换相互独立的子会话密钥为通信双方提供进一步的通信加密服务。

上述认证交换过程以只读方式访问 Kerberos 数据库，当数据库中的记录必须进行修改（例如添加新的规则或改变规则密钥）时，通过客户机和第三方 Kerberos 服务器间的协议完成。

本章习题

8-1　杀毒软件报告发现病毒 Macro.Melissa，由该病毒的名称可以推断病毒类型是（①），这类病毒的主要感染目标是（②）。

① A. 文件型　　　　　　　　　　　B. 引导型

　 C. 目录型　　　　　　　　　　　D. 宏病毒

② A. EXE 文件或 COM 可执行文件　　B. Word 文件或 Excel 文件

　 C. DLL 系统文件　　　　　　　　D. 磁盘引导区

8-2　下列病毒中属于蠕虫病毒的是（　　　）。

A. Worm.Sasser 病毒　　　　　　　　B. Trojan.PSW.QQpass 病毒

C. Backdoor.IRCBot 病毒　　　　　　D. Macro.Melissa 病毒

8-3　以下关于钓鱼网站的说法中，错误的是（　　　）。

A. 钓鱼网站仿冒真实网站的 URL 地址

B. 钓鱼网站是一种网络游戏

C. 钓鱼网站用于窃取访问者的机密信息

D. 钓鱼网站可以通过 E-mail 传播网址

8-4　主动防御是新型的杀毒技术，其基本思想是（　　　）。

A. 根据特定的标志识别病毒程序并阻止其运行

B. 根据特定的行为识别病毒程序并阻止其运行

C. 根据特定的程序结构识别病毒程序并阻止其运行

D. 根据特定的指令串识别病毒程序并阻止其运行

8-5　下列方式中利用主机应用系统漏洞进行攻击的是（　　）。

A. 重放攻击　　　　　B. 暴力攻击　　　　　C. SQL 注入攻击　　　D. 源路由欺骗攻击

8-6　DES 是一种（　　）算法。

A. 共享密钥　　　　　B. 公开密钥　　　　　C. 报文摘要　　　　　D. 访问控制

8-7　下列选项中，同属于报文摘要算法的是（　　）。

A. DES 和 MD5　　　 B. MD5 和 SHA-1　　 C. RSA 和 SHA-1　　 D. DES 和 RSA

8-8　在公钥体系中，用户甲发给用户乙的数据要用（　　）进行加密。

A. 甲的公钥　　　　　B. 甲的私钥　　　　　C. 乙的公钥　　　　　D. 乙的私钥

8-9　在公钥体系中，私钥用于（　　），公钥用于（　　）。

A. 解密和签名　　　　B. 加密和签名　　　　C. 解密和认证　　　　D. 加密和认证

8-10　以下关于密钥分发技术的描述中正确的是（　　）。

A. CA 只能分发公钥，公钥不需要保密

B. KDC 分发的密钥长期有效

C. 可以利用公钥加密体制分配会话密钥

D. 分发私钥一般需要可信任的第三方

8-11　用户 B 收到用户 A 带数字签名的信息后，为了验证信息的真实性，首先需要从 CA 获取用户 A 的数字证书，并利用（　　）验证该证书的真伪，然后利用（　　）验证信息的真实性。

A. CA 的公钥　　　　 B. B 的私钥　　　　　C. A 的公钥　　　　　D. B 的公钥

8-12　按照 RSA 算法，若选两素数 $p=5$、$q=3$，公钥 $e=7$，则私钥 d 为（　　）。

A. 6　　　　　　　　　B. 7　　　　　　　　　C. 8　　　　　　　　　D. 9

8-13　使用 RSA 算法加密时，已知公钥为 $e=7$、$n=20$，私钥为 $d=3$、$n=20$，使用公钥对信息 $m=3$ 加密，得到的密文是（　　）。

A. 7　　　　　　　　　B. 11　　　　　　　　C. 13　　　　　　　　D. 17

附录 A　校园网组建实例

计算机网络已被广泛应用于社会的各个领域，应用到企业中就形成了企业网，应用到学校中就形成了校园网。尽管各企事业单位的网络应用系统各不相同，但网络本身的构建（网络结构、网络设备、操作系统、网络管理等）基本是相同的。组建一个计算机网络系统是一个非常复杂且技术性要求很高的工作，需要专门的系统设计人员按照系统工程的方法进行统一规划和设计。

校园网是一种基本能覆盖整个校园的计算机网络，能将学校内的各种计算机、服务器、终端设备等互联，并通过某种接口连接到互联网。

通过校园网可建立起校园内部以及校园与外部互联网的信息沟通体系，满足教学、科研和管理的网络环境需求，为学校各种人员提供充分的资源共享和网络信息服务。

A.1　校园网的功能

校园网是一个内部网络，目的是实现学校办公、教学和管理信息化，应具备学校管理、教育教学资源共享、远程教学和交流等功能，同时还应接入互联网，使用户能访问互联网。

校园网除了将覆盖整个校园的计算机设备连接起来，通常还应提供以下服务。

（1）WWW 服务。利用 WWW 服务可组建学校的网站，为学校的宣传、教学和管理提供服务。WWW 服务器可提供学习平台，供学生浏览或下载学习资源。

（2）论坛和答疑室。论坛可为学生提供交流和提问的平台，方便师生进行交流；答疑室则为教师和学生提供了一个实时的文字和语音交流的平台。对于条件有限的校园网，论坛和答疑室可与学校网站共用同一个服务器。

（3）邮件服务器。邮件是一种使用非常广泛的信息交流方式，校园网通常提供邮件服务器，以方便师生使用邮件进行交流。

（4）视频点播服务。视频点播服务可为学生提供教学视频点播服务，方便学生自主学习。

（5）电子图书馆与电子阅览室。校园网可提供电子图书查阅和资料检索等服务。

（6）代理服务。通过代理服务器，校园网用户可访问互联网。

A.2　校园网设计要求和方案

1. 设计要求

校园网正逐渐成为各学校必备的信息基础设施，其规模和应用水平是衡量学校教学与科研综合实力的重要标志。校园网在设计时应注意网络运行的安全性和可靠性，并要易于扩充和管理。

校园网的建设应本着"实用性强、扩充性好、开放性好、较先进、安全可靠、升级和使用方便"等原则进行，既要实用，又要先进，还要考虑今后的发展需要，有良好的扩充功能。在建设过程中，要注重应用和服务功能，重视软件开发并引进可靠、成熟且实用的应用软件，充分利用国内外的网络信息资源，做好服务和管理工作。根据建设原则和用户需求，校园网应能达到以下要求。

（1）建立一个以全校师生和员工为服务对象的网络平台，为教学、科研、行政和后勤服务提供高效的网络信息服务。网络具有传输数据、语音、图形和图像等多种媒体信息的功能，并具备性能优越的资源共享功能。

（2）校园网各终端具有快速交换功能，中心系统交换机采用虚拟网络技术，对网络用户具有分类控制功能。

（3）能对网络资源的访问提供完善的权限控制，能提供有效的身份识别机制，能基于校园网络对全体师生进行管理，实现考勤、门禁和学生管理等功能。

（4）网络具有捕杀病毒功能，接入互联网后具有"防火墙"功能，以防止网络"黑客"入侵网络系统。

（5）可对接入互联网的各网络用户进行访问权限控制。

2. 设计方案

在设计方案之前，还应实地考察校园内各楼宇的分布情况以及楼宇之间的距离，并确定中心机房的位置。通常中心机房应大体位于整个校园网的中心，以使各节点到中心机房的距离都较近。

非屏蔽双绞线的有效传输距离在100m以内，若从中心机房交换机到楼层配线间的距离超过100m，则应考虑使用光纤。

根据校园内各楼宇的分布，需要计算出哪些交换机之间需要光纤接口以及各楼宇需要的节点数目，并以此计算出整个校园网所需的接入层和汇聚层交换机的数目以及核心交换机需要的光纤模块的数量。

接下来就可进行校园网拓扑结构的设计并选择所使用的交换机型号和数量。拓扑结构和方案确定后，就可组织施工单位进行综合布线的设计和施工，采购相关的网络设备和服务器，组织技术人员配置网络设备，然后安装和调试网络设备。

A.3 校园网设计实例

某学校的平面位置图如图 A-1 所示，共有 3 幢学生宿舍，每幢 6 层，每层有 20 间学生寝室，每间寝室需要 1 个信息节点；教师宿舍（共 108 间宿舍）共 18 层，每间宿舍需要 1 个信息节点；教学楼共 7 层，每层有 10 间教室和 4 间教师办公室，每间教室需要 1 个信息节点，每间办公室需要 2 个信息节点；图书馆与电子阅览室在同一幢楼，共有 4 间电子阅览室，每间电子阅览室需要 40 个信息节点，图书馆需要 10 个信息节点；综合楼共 10 层，每层需要 20 个信息节点。

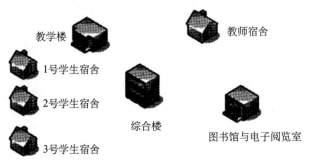

图 A-1　某学校的平面位置图

1. 设计方案

根据学校各楼宇之间的平面分布，中心机房可设置在综合楼的中间楼层部分，例如 4～6 楼中的某一层，其余各幢楼的汇聚层交换机通过光纤与中心机房的核心交换机相连。

各幢楼的汇聚层交换机和接入层交换机均放在各幢楼的配线间中，配线间设置在中间楼层。

2. 计算接入层和汇聚层交换机数目

根据各幢楼所需的节点数，计算接入层和汇聚层交换机数目，如表 A-1 所示。

表 A-1　接入层和汇聚层交换机数目

建筑物	楼层	节点数	24 口接入层交换机数目	24 口汇聚层交换机数目
1 号学生宿舍	6	6×20=120	6 台	1 台
2 号学生宿舍	6	6×20=120	6 台	1 台
3 号学生宿舍	6	6×20=120	6 台	1 台
教学楼	7	7×18=126	6 台	1 台
教师宿舍	18	18×6=108	5 台	1 台
图书馆与电子阅览室		4×40+10=170	8 台	1 台
综合楼	10	10×20=200	10 台	1 台

3. 设计网络拓扑结构

根据需求分析，设计如图 A-2 所示的网络拓扑结构。

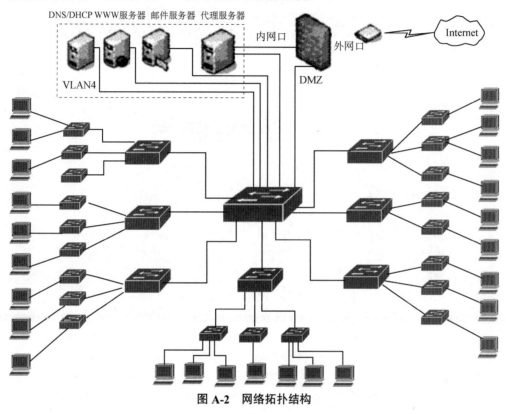

图 A-2 网络拓扑结构

4. 选择交换机型号

接入层可选择 Cisco Catalyst 2950-24 交换机，汇聚层可选择 Cisco Catalyst 3550-24 交换机，核心层可选择 Cisco Catalyst 4503 交换机（3 个插槽），并配备 6 个千兆光模块和 32 个 100MB 以太网端口。

服务器可选择 Dell 2600 系列，另外还需要选购一台硬件防火墙，以保护内网。校园网访问互联网可采用光纤直连方式，采用路由器方式或 ADSL 拨号方式接入互联网。

附录 B　常用网络命令和故障分析

B.1　常用网络命令

B.1.1　ping 命令

ping 是使用频率极高的实用程序，用于确定本地主机是否能与另一台主机交换数据，根据返回的信息可推断 TCP/IP 参数是否设置正确以及运行是否正常。简单地说，ping 就是一个测试程序，如果运行正确，大体上就可以排除网络访问层、网卡、调制解调器的输入/输出线路、电缆和路由器等存在故障，从而缩小了问题的范围。

按照默认设置，Windows 系统上运行的 ping 命令会发送 4 个 ICMP 回送请求，每个 32 字节，如果一切正常，能得到 4 个回送应答。ping 命令能够以毫秒为单位显示从发送回送请求到返回回送应答之间的时间，如果应答时间短，表示数据不必通过太多的路由器或网络连接速度比较快。ping 命令还能显示 TTL 值，可以通过 TTL 值推算数据已经通过了多少个路由器。例如，返回的 TTL 值为 119，数据离开源地址的 TTL 起始值为 128，则源地址到目标地址要通过 9 个路由器（128–119）。

1. 通过 ping 命令检测网络故障的典型次序

正常情况下，使用 ping 命令来查找问题所在或检验网络运行情况时，需要使用许多 ping 命令，如果所有命令都运行正确，就可以确认基本的连通性和配置参数没有问题。如果某些 ping 命令出现运行故障，可以说明到何处去查找问题。下面给出一个典型的检测次序及对应的可能故障。

`· ping 127.0.0.1`

这个命令用于测试本地回环地址 127.0.0.1，如果没有做到这一点，就表示 TCP/IP 协议栈的安装或运行存在问题。

`· ping 本机 IP 地址`

这个命令用于测试本地计算机所配置的 IP 地址，本机应该始终对该 ping 命令做出应答，如果没有，则表示本地配置或安装存在问题。出现此问题时，用户应断开网络电缆，重新发送该命令。如果网络电缆断开后命令运行正常，则可能有另一台计算机配置了相同的 IP 地址，还有可能是网卡出现了问题，应检查网卡的驱动程序和网卡硬件是否正常工作。

`· ping 局域网内的其他 IP 地址`

这个命令离开本地计算机后，经过网卡及网络电缆到达其他计算机再返回，收到回送应答表明本地网络中的网卡和载体运行正确。如果未收到回送应答，表示子网掩码（进行子网分割时，将 IP 地址的网络部分与主机部分分开的代码）不正确、网卡配置错误或电缆系统有问题。

> · ping 默认网关 IP 地址

执行这个命令后如果应答正确，表示局域网中的网关路由器正在运行并能够作出应答。

> · ping 远程 IP 地址

执行这个命令后，如果收到 4 个应答，表示成功地使用了默认网关。对于拨号上网用户，表示能够成功地访问互联网（但不排除 ISP 的 DNS 有问题）。

> · ping www.xxx.com（例如 www.163.com）

如果执行这个命令出现故障，则表示 DNS 服务器的 IP 地址配置不正确或 DNS 服务器有故障（对于拨号上网用户，某些 ISP 不需要设置 DNS 服务器）。

如果上面列出的所有 ping 命令都能正常运行，表明计算机进行本地通信和远程通信的功能正常。但是，这些命令的正常运行并不表示所有的网络配置都没有问题，因为某些子网掩码错误可能无法用这些方法检测到。

2. ping 命令的常用参数选项

> · ping /?

这个命令可以显示 ping 命令的详细参数列表。

> · ping IP 地址 -t

这个命令表示连续对 IP 地址执行 ping 命令，直到用户按下键盘上的 Ctrl+C 键。

> · ping IP 地址 -l 3000

这个命令指定 ping 命令中的数据长度为 3000 字节，而不是默认的 32 字节。

> · ping IP 地址 -n

这个命令表示执行特定次数的 ping 命令。

B.1.2　ipconfig 命令

ipconfig 命令用来显示计算机当前的网络参数配置情况，可以显示 IP 地址、子网掩码、默认网关、DNS 等参数，下面列举一些常用参数选项。

> · ipconfig

这个命令可以为每个已经配置的接口显示 IP 地址、子网掩码和默认网关值等。

> · ipconfig /all

使用 all 选项时，ipconfig 命令能为 DNS 和 WINS 服务器显示已配置且所要使用的附加信息（例如 IP 地址等），并且显示内置于本地网卡中的物理地址（MAC 地址）。如果 IP 地址是从 DHCP 服务器租用的，ipconfig 命令将显示 DHCP 服务器的 IP 地址和租用地址预计失效的日期。

> · ipconfig /release 和 ipconfig /renew

release 选项和 renew 选项是两个附加选项，只能在 DHCP 服务器租用 IP 地址的计算机上起作用。如果输入"ipconfig /release"，所有接口的租用 IP 地址会重新交付给 DHCP 服务器（归还 IP 地址）。如果输入"ipconfig /renew"，本地计算机会设法与 DHCP 服务器取得联系，并租用一个 IP 地址。请注意，大多数情况下网卡将被重新赋予和以前相同的 IP 地址。

B.1.3　netstat 命令

netstat 命令用于显示与 IP、TCP、UDP 和 ICMP 协议相关的统计数据，一般用于检验本地计算机各端口的网络连接情况。

1. netstat 命令的常用参数选项

> · netstat /?

这个命令可以显示 netstat 命令的详细参数列表。

> · netstat -s

这个命令能够按照各个协议分别显示其统计数据。如果应用程序（例如 Web 浏览器）运行速度比较慢，或者不能显示 Web 页面之类的数据，就可以用这个命令来查看所显示的信息。

> · netstat -e

这个命令用于显示关于以太网的统计数据，它列出的项目包括传输的数据报的总字节数、错误数、删除数、数据报数量和广播数量等。这些统计数据既有发送的数据报数量，也有接收的数据报数量，可以用来统计一些基本的网络流量。

> · netstat -r

这个命令可以显示关于路由表的信息，类似于使用 route print 命令时看到的信息，除了显示有效路由，还显示当前有效的连接。

> · netstat -a

这个命令可以显示所有的有效连接信息列表，包括已建立的连接，也包括监听连接请求的那些连接。

> · netstat -n

这个命令显示所有已建立的有效连接。

2. netstat 命令的实例

经常上网的人一般都会使用 QQ，如果自己被骚扰，想投诉对方却又不知从何入手，该怎么办？其实，只要知道对方的 IP 地址，就可以向他所属的 ISP 投诉。怎样才能通过 QQ 知道对方的 IP 呢？其实，通过 netstat 命令可以很方便地做到这一点。

当对方通过 QQ 或其他工具与本地计算机相连时（例如发一条信息），立刻在 DOS 命令提示符下输入"netstat -n"或"netstat -a"就可以看到对方上网时所用的 IP 地址或 ISP 域名。

B.1.4　arp 命令

ARP 是一个重要的 TCP/IP 协议，用于确定对应 IP 地址的网卡物理地址。使用 arp 命令能够查看本地计算机或另一台计算机的 ARP 高速缓存中的当前内容，下面列举一些常用参数选项。

・arp -a

这个命令用于查看高速缓存中的所有项目。

在命令提示符下输入"arp -a"，如果使用过 ping 命令测试并验证从这台计算机到 IP 地址为 10.0.0.99 的主机的连通性，则 ARP 高速缓存显示以下选项。

```
Interface:10.0.0.1 on interface 0x1
Internet Address Physical Address Type
10.0.0.99 00-e0-98-00-7c-dc dynamic
```

在此例中，缓存项指出位于 10.0.0.99 的远程主机被解析成 00-e0-98-00-7c-dc 的媒体访问控制地址，它是在远程计算机的网卡硬件中分配的。媒体访问控制地址是计算机用于与网络上的远程 TCP/IP 主机进行物理通信的地址。

・arp -a IP 地址

如果本地计算机有多个网卡，那么使用"arp -a"加上接口的 IP 地址，就可以只显示与该接口相关的 ARP 缓存项目。

・arp -s IP 地址 物理地址

这个命令可以向 ARP 高速缓存中人工输入一个静态项目，该项目在计算机引导过程中将保持有效状态，在出现错误时，人工配置的物理地址将自动更新该项目。

・arp -d IP 地址

使用这个命令能够人工删除一个静态项目。

综上所述，可以用 ipconfig 命令和 ping 命令来查看自己的网络配置并判断是否正确；可以用 netstat 命令查看别人与本地计算机建立的连接并找出 QQ 使用者所隐藏的 IP 地址；可以用 arp 命令查看网卡的 MAC 地址。

B.1.5　tracert 命令

tracert 是路由跟踪实用程序，用于确定 IP 数据报访问目标所采取的路径。tracert 命令用 IP 生存时间（TTL）字段和 ICMP 错误消息来确定从一个主机到网络上其他主机的路由。

1. tracert 命令的工作原理

tracert 命令向目标发送不同 IP 生存时间（TTL）值的 ICMP 回应数据报，路径上的每个路由器在转发数据报之前至少将 TTL 递减 1，当 TTL 减为 0 时，路由器应该将"ICMP 已超时"的消息发回源系统。

tracert 命令先发送 TTL 为 1 的回应数据报，并在随后的每次发送过程中将 TTL 递增 1，直到目标响应或 TTL 达到最大值，从而确定路由。通过检查中间路由器发回的"ICMP 已超时"的消息确定路由。

tracert 命令按顺序打印出返回"ICMP 已超时"消息的路径中的近端路由器接口列表，如果使用"-d"选项，则不在每个 IP 地址上查询 DNS。

如果有网络连通性问题，可以使用 tracert 命令来检查到达目标 IP 地址的路径并记录结果。tracert 命令显示将数据报从计算机传递到目标地址的一组 IP 路由器以及每个跃点所需的时间，如果数据报不能传递到目标地址，tracert 命令将显示成功转发数据报的最后一个路由器。当数据报从我们的计算机经过多个网关传输到目标地址时，tracert 命令可以用来跟踪数据报使用的路由（路径）。如果配置使用 DNS，那么常常会从产生的应答中得到城市、地址和常见通信公司的名字。tracert 命令是一个运行得比较慢的命令（如果指定的目标地址比较远），每个路由器大约需要 15 秒钟。

2. tracert 命令的常见用法

tracert 命令的使用方法很简单，只需要在 tracert 后面跟一个 IP 地址或 URL 地址。

```
tracert  IP 地址/URL 地址
```

该命令返回到达 IP 地址所经过的路由器列表，通过使用"-d"选项，可以更快地显示路由器路径，因为 tracert 命令不会尝试解析路径中路由器的名称。

tracert 命令一般用来检测故障的位置，但不能确定是什么问题。

B.1.6　pathping 命令

pathping 命令是一个路由跟踪工具，它将 ping 命令和 tracert 命令的功能以及这两个工具不提供的其他信息结合起来。pathping 命令在一段时间内将数据报发送到目标路径上的每个路由器，基于数据报的计算机结果从每个跃点返回。pathping 命令可以显示数据报在任何给定路由器或链接上丢失的程度，因此可以很容易地确定可能导致网络问题的路由器或链接。pathping 命令的常用选项如表 B-1 所示。

表 B-1　**pathping 命令的常用选项**

选项	功能
-n	不将地址解析成主机名
-h	搜索目标的最大跃点数
-g	沿着路由表释放源路由
-p	显示在 ping 命令之间等待的毫秒数
-q	显示每个跃点的查询数
-w	显示每次回复等待的毫秒数
-T	将第二层优先级标记连接到数据报并将它发送到路径中的每个网络设备

pathping 命令默认的跃点数是 30，超时前的默认等待时间是 3 秒，沿着路径对每个路由器进行查询的次数是 100。

B.1.7　route 命令

大多数主机一般都驻留在只连接一台路由器的网段上。由于只有一台路由器，所以不存在使用哪一台路由器将数据报发送到远程计算机上的问题，该路由器的 IP 地址可作为该网段上所有计算机的默认网关来输入。

当网络拥有多个路由器时，某些远程 IP 地址通过某个特定的路由器来传递，而其他的远程 IP 地址则通过另一个路由器来传递。

在这种情况下，相应的路由信息储存在路由表中。大多数路由器使用专门的路由协议来交换和动态更新路由器之间的路由表，但在有些情况下，必须人工将项目添加到路由器和主机上的路由表中。route 命令有以下几个常用选项。

`· route print`

这个命令用于显示路由表中的当前项目在单路由器网段上的输出，这些项目都是自动添加的。

`· route add`

使用这个命令可以将新路由项目添加给路由表。例如，设定一个到目标网络 209.98.32.33 的路由需要经过 5 个路由器网段，首先要经过本地网络上的一个路由器，IP 地址为 202.96.123.5，子网掩码为 255.255.255.224，应该输入的命令为：route add 209.98.32.33 mask 255.255.255.224 202.96.123.5 metric 5。

`· route change`

使用这个命令可以修改数据的传输路由，但不能改变数据的目标地址。

`· route delete`

使用这个命令可以从路由表中删除路由，例如 route delete 209.98.32.33。

B.1.8　ftp 命令

ftp 命令是标准的文件传输协议的用户接口，也是互联网用户使用最频繁的命令之一。ftp 命令的功能是在本地计算机和远程计算机之间传输文件，该命令的一般格式为"ftp 主机名/IP"，其中 "主机名/IP" 是所要连接的远程计算机的主机名或 IP 地址。在命令行中，主机名属于选项，如果指定主机名，将试图与远程计算机的服务程序进行连接；如果没有指定主机名，将给出提示符，等待用户输入命令。

`ftp >`

在 "ftp >" 后面输入 open 命令，再加上主机名或 IP 地址，将试图连接指定的主机。不管使用哪一种方法，如果连接成功，需要在远程计算机上登录。用户如果在远程计算机上有账号，就可以使用这一账号。在远程计算机上的用户账号的读写权限决定该用户能下载什么文件以及将上传的文件放到哪个目录中。ftp 命令的常用选项有以下几个。

1. 启动 ftp 会话

open 命令用于打开一个与远程计算机的会话。该命令的一般格式是"open 主机名/IP"，如果在 ftp 会话期间要与一个以上的站点连接，通常只用不带参数的 ftp 命令。如果在会话期间只想与一台计算机连接，那么需要在命令行上指定远程主机名或 IP 地址作为 ftp 命令的参数。

2. 终止 ftp 会话

close 命令、disconnect 命令、quit 命令和 bye 命令用于终止与远程计算机的会话。close 命令和 disconnect 命令用于关闭与远程计算机的连接，但使用户留在本地计算机的 FTP 程序中。quit 命令和 bye 命令都用于关闭用户与远程计算机的连接，然后退出用户机上的 FTP 程序。

3. 改变目录

cd 命令用于在 ftp 会话期间改变远程计算机上的目录；lcd 命令用于改变本地目录，使用户能指定查找或放置本地文件的位置。

4. 远程目录列表

ls 命令用于列出远程目录的内容，一般格式是"ls 目录/本地文件"。如果指定了目录作为参数，那么 ls 命令就列出该目录的内容。如果给出一个本地文件的名字，那么这个目录列表被放入本地机上指定的这个文件中。

5. 从远程系统获取文件

get 命令和 mget 命令用于从远程机上获取文件，get 命令的一般格式为"get 文件名"，这里的文件名还可以是本地文件名，是要获取的文件在本地计算机上创建时的文件名。如果不给出一个本地文件名，就使用远程文件原来的名字。

mget 命令用于一次获取多个远程文件，一般格式为"mget 文件名列表"。这个命令通过用空格分隔或带通配符的文件名列表来指定要获取的文件，对其中的每个文件都要求用户确认是否传输。

6. 向远程系统发送文件

put 命令和 mput 命令用于向远程计算机发送文件，put 命令的一般格式为"put 文件名"；mput 命令用于一次发送多个本地文件，一般格式为"mput 文件名列表"。

7. 改变文件传输模式

默认情况下，ftp 命令按 ASCII 模式传输文件，也可以指定其他模式。brinary 命令的功能是设置传输的模式，用 ASCII 模式传输文件对纯文本是非常好的，但为避免对文件的破坏，用户可以以二进制模式传输文件。

8. 检查传输状态

传输大型文件时，会发现提供关于传输情况的反馈信息是非常有用的。hash 命令使 每次传输完数据缓冲区中的数据后在屏幕上打印一个"#"字符。

9. ftp 命令中的本地命令

字符"!"用于向本地机上的命令解析器传输一个命令。如果用户要建立一个目录来保存接收到的文件,输入"!mkdir new_dir"就可以在用户当前的本地目录中创建一个名为"new_dir"的目录。

B.2　网络故障分析

Windows 10 系统自诞生以来,拥有诸多的使用人群,其网络故障也具有代表性。下面以 Windows 10 系统为例,介绍一些常见的网络故障。

B.2.1　系统网络问题

1. 查找 Windows 10 系统的网络故障

在 Windows 10 系统中可以用"疑难解答"功能快捷地完成所有网络诊断,操作步骤如下。

(1)网络疑难解答。按下键盘上的 Win+X 键,依次选择"控制面板"→"所有控制面板项"→"疑难解答"→"网络和 Internet",选择第一项"Internet 连接"进行分析诊断。

(2)重置网络。按下键盘上的 Win+X 键,选择"命令提示符(管理员)",输入命令"netsh winsock reset",按下回车键,等待命令运行完成。

(3)修改 DNS。按下键盘上的 Win+X 键,依次选择"控制面板"→"网络和共享中心"→"更改适配器设置",右键单击"网络连接",选择"属性",单击"Internet 协议版本 4",在"首选 DNS 服务器"中输入"114.114.114.114",在"备用 DNS 服务器"中输入"114.114.115.115",单击"确定"按钮。

(4)如果仍然无法修复,可能是由于设备驱动问题,建议安装最新的驱动版本。

2. Windows 10 系统无法上网

(1)如果是建立连接有问题,依次进入"工具"→"Internet 选项"→"连接选项卡",单击"设置",重新输入一遍密码即可。

(2)在确保有网卡驱动的情况下,依次进入"控制面板"→"系统"→"硬件选项卡",单击"设备管理器",卸载网络适配器(如图 B-1 所示),然后单击"确定"按钮,重启系统。这时,如果 Windows 10 系统识别出网卡,会自动安装驱动程序,否则会提示安装驱动。

安装驱动后,系统右下角会出现带黄色感叹号的连接图标,这说明需要设置 IP 地址。双击该图标,在显示的对话框中单击"属性",在跳出的"常规"选项卡中选中"Internet 协议(TCP/IP)",输入"192.168.1.X(X 为 2~10 的任意数)"IP 地址,再单击"子网掩码",系统会自动生成"225.225.225.0",最后单击"确定"按钮关闭对话框,重启系统,网络连接成功。

3. 安装双系统后无法上网

安装双系统后无法上网一般与双系统无关,问题应该出现在 TCP 协议里,解决步骤如下。

（1）首先进入命令行模式，在命令提示符下输入"ping 127.0.0.1（如图 B-2 所示）"来判断 TCP/IP 协议是否安装成功，如果安装成功则进入下一步。

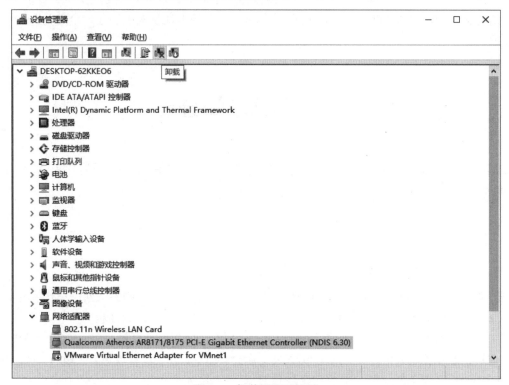

图 B-1　卸载网络适配器

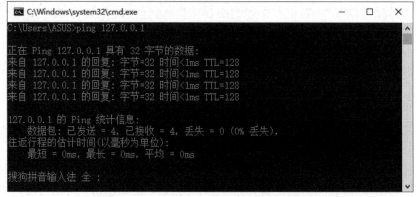

图 B-2　判断 TCP/IP 协议是否安装成功

（2）输入"ipconfig"获得本机 IP 地址及网关地址，通过"ping 本机 IP 地址"来判断网卡是否有问题。如果网卡有问题，则需要重新安装网卡驱动。

4. 网络连接导致 CPU 占用率过高

安装了 Windows 10 系统的计算机在收到端口 445 的连接请求时，将分配内存并调配少量 CPU 资源为这些连接提供服务。

当负载过重时，CPU 占用率可能过高，这是因为在工作项数目和响应能力之间存在固有的权衡关系，需要确定合适的 MaxWorkItems 设置以提高系统响应能力，如果设置的值不正确，服务器的响应能力可能会受到影响。

B.2.2　局域网问题

1. Windows XP/7/8 系统访问 Windows 10 系统的用户验证

如果需要使用 Guest 用户访问 Windows 10 系统，要进行三个设置：启用 Guest 用户；修改安全策略，允许 Guest 用户从网络访问；给 Guest 用户设置密码。

有时还会遇到另外一种情况：访问 Windows 10 系统时，登录对话框中的用户名是灰色的，始终是 Guest 用户，不能输入其他用户账号。这是因为在默认情况下，Windows 10 系统的访问方式是"仅来宾"方式，固定为 Guest 用户后就不能输入其他用户账号。

因此，访问 Windows 10 系统最简单的方法就是：不启用 Guest 用户，修改安全策略为"经典"。

2. Windows 10 系统不能互访

（1）家庭环境和办公环境

① 在这种环境下，可以依次在"开始"→"设置"→"控制面板"→"管理工具"→"安全设置"→"本地策略"→"安全选项"中找到并双击"网络访问：本地账户的共享和安全模式"，将默认的"仅来宾—本地用户以来宾身份验证"更改为"经典—本地用户以自己的身份验证"，设置完成后重新启动计算机使设置应用成功。

② 要访问 A 计算机，只需要知道 A 计算机账户的密码，先查找计算机，在弹出的对话框中输入 A 计算机的账户和密码即可。

③ 如果还不能访问 A 计算机，则应检查工作组和防火墙的设置。

（2）网络机房环境

一般情况下网络机房中 Windows 10 系统的账户都没有设置密码，可以通过以下步骤更改访问权限。

① 右键单击"此电脑"，依次选择"管理"→"本地用户和组"→"用户"，右键单击"Guest"，选择"属性"，将"账户已停用"取消勾选。

② 依次在"开始"→"设置"→"控制面板"→"管理工具"→"安全设置"→"本地策略"→"用户权利分配"中找到并双击"拒绝从网络访问这台计算机"，在弹出的窗口中删除 Guest 用户。

③ 依次在"开始"→"设置"→"控制面板"→"管理工具"→"安全设置"→"本地策略"→"安全选项"中找到并双击"网络访问：本地账户的共享和安全模式"，将默认的"仅来宾—本地用户以来宾身份验证"更改为"经典—本地用户以自己的身份验证"。

④ 依次在"开始"→"设置"→"控制面板"→"管理工具"→"安全设置"→"本地策略"→"安全选项"中禁用"账户：使用空密码用户只能进行控制台登录"。

⑤ 如果还是不能访问，则依次单击"开始"→"运行"→"gpedit.msc"→"计算机配置"→"Windows 设置"→"本地策略"→"用户权利分配"，找到并双击"拒绝从网络访问这台计算机"，删除其中的 Guest 用户。

⑥ 设置完成后重新启动计算机使设置应用成功。

3. 局域网"网络不通"

在排除是本地计算机系统核心故障原因后，网络不通经常是由以下几个方面因素造成的。

（1）网络配置不对。一般情况下，同一校园网内的每台机器所拥有的 IP 地址必须是唯一的，同一子网内所有机器的子网掩码必须相同，默认网关必须是本地计算机所在子网和其他子网能够进行信息交换的网卡的 IP 地址。为解决这类问题，可打开"网上邻居"的"属性"菜单，检查 TCP/IP 协议的配置数据，分析 IP 地址、子网掩码、默认网关配置是否正确，如果不正确，需要重新配置。

（2）网络接口故障机器不能上网往往是因为网线上的水晶头和网卡接口接触不良（特别是经常需要移动的笔记本电脑），遇到此类故障的做法是先把水晶头从网卡接口拔下并重新插一次，在保证网卡接口已插紧的情况下，用 ping 命令进行测试。例如本地计算机的 IP 地址是 192.168.0.2，另一台正常工作的机器的 IP 地址是 192.168.0.3，要在本地计算机重新启动后在命令行输入命令 ping 192.168.0.3。如果屏幕上返回的信息是"Reply from 192.168.0.3:bytes=32 time<10ms TTL=128"，说明问题已经得到解决。如果返回的信息是"Requested timed out"，说明网络不通，这时再输入命令"ping 192.168.0.2"连接本地计算机，如果返回的信息仍然是"Requested timed out"，说明所工作的机器网卡出现了物理故障，需要更换或修理。如果返回的信息是"Reply from 192.168.0.2:bytes=32 time<10ms TTL=128"，说明本地计算机网卡没有问题。这时可将接头拔下，观察水晶头上是否已生锈或者有灰尘，将其擦拭干净，再除掉网卡接口内的浮尘，接好后重新测试，在大多数情况下即可解决问题。

B.2.3 IE 浏览器问题

1. 网页出现乱码

如果用 IE 浏览器浏览日文网站，但是上面都是一些看不懂的符号，该怎么办？每次新打开一些网页时（该网页与其他子网页一同打开），内码会自动改变（例如变为日语），这个问题该怎么解决？在 IE 浏览器中，依次选择窗口菜单上的"查看"→"编码"→"其他"→"日文（自动选择）"，就可不显示日文。

某些网页使用了不同的语言编码，这样浏览器在识别这些编码的时候，会自动将内码转变为别的编码，例如日文。要解决这种问题，只需要关闭浏览器的自动选择编码功能，在浏览器中单击鼠标右键，依次选择"编码"→"简体中文"，取消自动选择即可。

2. 网站弹出公告无法显示

访问一些政府网站时，可以通过弹出的公告窗口来了解一些信息，但是在安装了 Windows 10 系统后，这些公告窗口再也看不到了，这是 Windows 10 系统中 IE 浏览器的"阻止弹出窗口"功能导致的。

如果要弹出窗口，只需要进入 IE 浏览器的属性窗口，取消对"隐私"选项卡界面中的"阻止弹出窗口"选项的选择即可。不过，这样设置之后，也会使一些无用的弹出窗口显示出来，因此建议单击"设置"按钮，在弹出的对话框中添加允许弹出窗口出现的网站。

3.IE 浏览器自动关闭

有时通过 IE 浏览器打开网页会弹出"该程序执行了非法操作，即将关闭"的提示对话框，单击该对话框中的"确定"按钮后又弹出一个对话框，并提示"发生内部错误……"，再次单击"确定"按钮后，所有打开的窗口会全部自动关闭，这可能是因为运行的程序占用内存资源过多，解决方法是关掉当前不用的程序或 IE 窗口。

另外，IE 浏览器的安全级别设置与浏览的网站不匹配、IE 浏览器与其他软件发生冲突、浏览的网站本身含有错误代码等情况都有可能导致浏览器自动关闭，可以通过以下操作解决问题。打开 IE 浏览器，依次选择窗口菜单中的"工具"→"Internet 选项"，在打开的"Internet 选项"对话框中选择"安全"选项卡，单击"该区域的安全级别"选项区域中的"默认级别"按钮，拖动滑块降低默认的安全级别即可。

有时打开某个网页，浏览器也会自动关闭，而且重新打开该网页仍然会出现相同的问题，这是因为系统文件中的 Cookie 文件发生了错误。由于某种原因导致网页产生的错误信息被保存在 Cookie 文件中，再次登录到该站点时，这个站点在网上会话中要验证 Cookie 文件，由于错误信息，致使网页被关闭。出现了这个问题后，可在"系统盘:\Documents and Settings\用户名\"目录下找到 Cookie 文件夹，把其中的信息完全删除。

参考文献

[1] 李书标，黄书林. 计算机网络基础[M]. 北京：北京理工大学出版社，2018.

[2] 吴功宜，吴英. 计算机网络教程[M]. 6 版. 北京：电子工业出版社，2018.

[3] 谢钧，谢希仁. 计算机网络教程：微课版[M]. 北京：人民邮电出版社，2021.

[4] 刘淑艳，鲁小利，张玉英. 计算机网络教程[M]. 北京：清华大学出版社，2022.

[5] 高军，陈君，唐秀明，等. 深入浅出计算机网络：微课视频版[M]. 北京：清华大学出版社，2022.

[6] 丁喜纲，刘晓霞，涂振. 计算机网络技术基础[M]. 北京：清华大学出版社，2022.

[7] 何新洲，苏绍培. 计算机网络基础[M]. 2 版. 北京：清华大学出版社，2019.

[8] 杨波. 现代密码学[M]. 5 版. 北京：清华大学出版社，2022.

[9] 闫卫刚，杨雪峰，张楠. 计算机网络基础[M]. 北京：电子工业出版社，2022.

[10] 邱洋，计大威. 网络设备配置与管理[M]. 2 版. 北京：电子工业出版社，2018.

[11] 姚向华，刘静. 无线传感器网络与物联网[M]. 北京：高等教育出版社，2022.

[12] 梁广民，徐磊，程越. 网络互联技术[M]. 3 版. 北京：高等教育出版社，2022.

[13] 杨云. 网络服务器配置与管理项目教程：Windows&Linux[M]. 北京：清华大学出版社，2015.

[14] 陈雪蓉. 计算机网络技术及应用[M]. 3 版. 北京：高等教育出版社，2020.

[15] 韩立刚，韩利辉，王艳华，等. 深入浅出计算机网络[M]. 北京：人民邮电出版社，2021.

[16] 肖川，田敬成，谢玮. 局域网组网技术[M]. 2 版. 北京：北京理工大学出版社，2019.

[17] 陈明，张永斌. 网络概论[M]. 北京：北京理工大学出版社，2014.

[18] 孙卫真. 计算机网络管理[M]. 北京：高等教育出版社，2016.

[19] 谢希仁. 计算机网络[M]. 8 版. 北京：电子工业出版社，2021.